冶金工业出版社

普通高等教育"十四五"规划教材

无损检测工程学概论

主　编　李　杰

副主编　丁红胜　张　波

U0342530

北　京

冶金工业出版社

2024

内 容 提 要

本教材共分为 10 章,主要介绍了无损检测原理及方法、材料工艺与缺陷检测、激励源与辐射源、物理场中的材料特性、传感器与探测器、探测介质与显示介质、信息显示与结果评定、无损检测自动化与智能化、无损检测质量控制体系等内容。

本教材适用于全国高等院校无损检测专业必修课、理工科相关专业选修课本科及专科教学,也可作为相关专业研究生和工程技术人员的参考书。

图书在版编目(CIP)数据

无损检测工程学概论/李杰主编 . —北京:冶金工业出版社,2024.3
普通高等教育"十四五"规划教材
ISBN 978-7-5024-9839-9

Ⅰ. ①无… Ⅱ. ①李… Ⅲ. ①无损检验—高等学校—教材
Ⅳ. ①TG115. 28

中国国家版本馆 CIP 数据核字(2024)第 075461 号

无损检测工程学概论

出版发行	冶金工业出版社	**电　话**	(010)64027926	
地　址	北京市东城区嵩祝院北巷 39 号	**邮　编**	100009	
网　址	www. mip1953. com	**电子信箱**	service@ mip1953. com	

责任编辑　王恬君　美术编辑　吕欣童　版式设计　郑小利
责任校对　郑　娟　责任印制　禹　蕊
三河市双峰印刷装订有限公司印刷
2024 年 3 月第 1 版,2024 年 3 月第 1 次印刷
787mm×1092mm　1/16;17 印张;412 千字;257 页
定价 58. 00 元

投稿电话　(010)64027932　投稿信箱　tougao@cnmip. com. cn
营销中心电话　(010)64044283
冶金工业出版社天猫旗舰店　yjgycbs. tmall. com
(本书如有印装质量问题,本社营销中心负责退换)

前　　言

　　国民经济和社会发展第十四个五年规划指出，我国将以推动高质量发展为主题，统筹发展和安全，加快建设新型经济体系，建设数字中国和平安中国。为了适应新的形势，需要编写和出版创新体系和创新内容的现代化教材。

　　本教材面向大学理工科无损检测专业，针对现有工科类教材的内容进行了增删、融合和创新。教材以日本学者石井勇五郎的《无损检测学》(1986，机械工业出版社，吴义译）为依据，定名为《无损检测工程学概论》。相比已有的概论性教材，本教材大量减少了无损检测工艺方面的内容，增加了无损检测自动化、智能化和图像化方面的论述。

　　本教材重视各检测方法的共性内容和横向联系，对无损检测学科体系进行梳理和重组，形成本教材的章节体系。第 1 章是绪论部分的拓展，称之为总论，对无损检测方法分类、技术特点和学科体系进行了深入的论述。第 2 章概述了十大类无损检测方法，是传统概论教材主体部分的浓缩。第 3~8 章按照张俊哲研究员《无损检测技术及其应用》(2010，科学出版社）中提出的无损检测方式的 5 个要素展开，分别是材料及缺陷、激励源、相互作用（材料特性）、探测仪器和探测介质、显示与评定。第 9 章无损检测自动化与智能化是本教材特色内容，分为三个部分：(1) 基础部分，包括无损检测与信息技术，以及自动检测与自动控制；(2) 自动化部分，包括运动参数传感器、运动控制器与电机控制技术和自动探伤控制系统；(3) 智能化部分，包括检测仪器智能化和智能化无损检测技术，其中介绍了无损检测机器人。第 10 章引述了无损检测质量控制方面的知识，概述了无损检测人员技术资格鉴定与认证的主要内容。

　　如果说传统的无损检测概论教材是方法论，那么本教材可以看作体系论，两种教材的章节布局和学习进程各有优势。原有教材适合学生学习无损检测方法，新编教材利于学生理解无损检测学科。这方面的说明见 1.4.3 节。

　　书中部分文字、图表和数据引用了一些专家学者的教材或论著（见参考文献），在此向他们表示感谢和敬意。书后附录了本教材相关的国际单位制（基本单位、辅助单位、导出单位）和部分无损检测专业网址，便于学习和工作时查阅。国内外无损检测学术组织和主要出版物，可参考 1.5 节。

北京科技大学无损检测课程具有多年的历史，是物理学科的特色专业课程，也曾开放为校级选修课。编著者李杰、丁红胜、张波结合多年的教学实践经验及指导研究生的科研成果，查阅和分析了大量文献，并在《无损检测概论》讲义的基础上形成了本教材。

本教材得到北京科技大学教材建设经费资助，以及学校教务处的全程支持。钢研纳克检测技术公司为本教材提供了技术资料。中国钢研科技集团贾慧明教授和北京科技大学王云良教授审阅评议了书稿，提出了宝贵的指导意见，在此一并表示诚挚的谢意。

本教材涉及学科众多，而编写时间又有限，不妥之处在所难免，敬请各位读者批评指正。

编著者
2023 年 12 月

目 录

1 无损检测技术总论

【本章提要】

本章概述了无损检测技术的含义、地位和作用，详述了无损检测方法（常规方法和电磁方法等）和技术特点，分析了无损检测学科体系和检测技术共同特征（五个要素），简介了无损检测学术组织、高等教育和技术发展趋势。其中 1.4 节和 1.5 节从学科角度展开论述，说明了无损检测工程学的继承与发展。

1.1 无损检测与评价技术

1.1.1 无损检测与评价的含义

无损检测与评价（NDT&E）是无损检测（NDT）的现代称谓。无损检测的内涵与外延在不断地深化和拓展，但在当今的许多文献中，还是习惯地将其简称为无损检测。

无损检测的内涵有一个从探伤到评价的演变过程。无损检测不仅指某类检测技术，更是一门技术科学。按照国内专家学者编写的《无损检测手册》开篇所述，无损检测是指以不损及将来使用和使用可靠性的方式，对材料或制件进行宏观缺陷检测、几何特性测量，化学成分、组织结构和力学性能变化的评定，对材料或制件特定应用的适用性进行评价的一门技术学科。

不损伤试件的使用可靠性是无损检测的前提。材料或制件受损，必然影响其使用。试件在检测过程中如果受到强烈磁化，外观上虽是无损的，但一般要做退磁处理，否则会影响其使用性能。

无损检测的技术手段主要依靠物理原理和各种能量形式。例如，利用放射线和超声波进行缺陷探测、尺寸测量、密度分析、材料组织与特性表征；利用感生电流（涡流）探测导体缺陷、测量电导率和薄层厚度；利用悬浮液磁粉、液体渗透剂等探测工业产品的表面缺陷；通过测量物体温度（红外检测）、应力应变（激光全息、错位散斑）、声发射信号探知设备使用状态等。

无损检测的应用对象主要是固体材料，包括金属材料和非金属材料，以及由材料制造的零部件和机械设备。检测参数或评价指标都是关系到材料或构件的质量、性能和状态的，如缺陷（不均匀性、不连续性）、应力应变、热处理状态、温度分布、振动幅度、剩余强度、剩余寿命等。

现代无损检测的内容包括产品缺陷的检测（定位、定性、定量）、材料的力学或物理性能测试（如强度、硬度、电导率等）、产品的性质和状态评估（如热处理状态、显微组织、应力大小等)、产品的几何度量(如管壁厚度、镀层厚度等)、大型设备的动态监控及安全评估等,以此对检测对象的完整性、可靠性、使用性能等进行综合评价。

1.1.2　无损检测与评价的意义

无损检测与评价技术是工业发展必不可少的科学技术,在一定程度上反映了一个国家的工业现代化水平。无损检测在国民经济中占据重要地位,这是由其可靠性、安全性和经济性决定的。在工业发达国家,无损检测技术在产品的设计、研制、生产、使用各阶段已被大量应用。

1.1.2.1　无损检测在国民经济中的地位

无损检测技术诞生于工业生产领域,发展到今天,几乎所有的生产领域都离不开无损检测技术。一方面,无损检测技术在保证产品质量、提高品牌价值等方面具有重要作用;另一方面,无损检测技术并非生产工艺,实施无损检测将产生附加成本。两方面综合起来则是收益大于投入的。无损检测技术对于产品的竞争力有着深远的影响。

无损检测技术不仅具有检验产品质量、保证产品安全、延长产品寿命的作用,而且能够使产品增值,给企业带来更大的经济效益。统计资料显示,经过无损检测的产品增值情况大致是:机械产品为 5%,国防、航空、原子能产品为 12% ~ 18%,火箭产品为 20%。

工业先进国家都设立高等级的无损检测管理机构和研究中心,及多领域的无损检测学会/协会和教育培训机构,无损检测持证人员的规模和水平成为企业质量保证体系的重要内容和产品质量的认可条件。

在我国,无损检测技术得到了国家有关部门的高度重视,不仅设有国家级的研究机构,各行业还有专门的学术组织、管理部门和专业化的技术队伍。在一些国家级、省部级的高水平科研计划中,也时常出现无损检测方面的攻关课题。

"中国制造 2025"的核心之一就是"质量为先",无损检测是实现"工业 4.0"必要技术之一。"工业 4.0"对无损检测的基本要求主要涉及三个方面:(1)数字化和自动化;(2)智能化和无人化;(3)标准化和统一化。

1.1.2.2　无损检测在产品质量控制中的作用

A　产品设计阶段——损伤容限设计

产品的质量在很大程度上取决于设计水平。制定设计要求、材料研制与生产、材质无损评价、材质冶金分析、材料力学性能测试,建立无损评价方法和验收标准,这些工作已成为设计与生产过程中不可分割的系统工程,将决定产品的性能、可靠性和可维修性。

在产品设计阶段,无损检测是损伤容限设计的一项支撑技术。损伤容限设计承认结构中存在一定程度的初始缺陷,通过实际工作条件和材料分析试验,对不可检结构给出最大允许初始缺陷尺寸,对可检构件给出最大允许初始缺陷尺寸和检修周期,以保证设备在给定的使用寿命期间不会由于裂纹扩展而出现事故。

损伤容限设计必须和无损检测技术密切配合,因为最大初始缺陷尺寸的确定、使用期间缺陷是否萌生或发展到什么程度,都取决于无损检测的检出能力和可靠性。设计人员正是利用无损检测所能达到的能力作为基础之一进行设计的。

B 研制生产阶段——工艺检测

原材料中的原始缺陷和冷热加工中的新生缺陷是难以避免的，因此应用无损检测技术检查把关是十分必要的。产品的质量、可靠性、寿命要求越高，对产品质量的控制越严格，对无损检测的要求也就越高。

无损检测技术的实施，可以改进生产工艺、提高生产效率、保证产品质量。在冶金生产和机械制造的各个阶段，铸件、锻件、焊件、冲压件、热处理工件、热轧冷轧产品（管棒线等）、机加工产品（各种零件），都是无损检测的常见对象。

无损检测在生产制造阶段的具体作用可以归纳为：（1）原材料检验，即剔除不合格的原材料、毛坯料；（2）工艺研究，即鉴定生产工艺对产品质量要求的适应程度，用于改进制造工艺；（3）工序检验，即剔除工序不合格品；（4）成品检验，即鉴定产品对验收标准的符合性，判断产品合格与否。

C 产品使用阶段——在役检测

由于磨损、疲劳和腐蚀等原因，设备构件在使用过程中，可能产生裂纹等缺陷并不断扩展，导致设备出现故障甚至发生重大事故，带来巨大损失和恶劣影响。无损检测技术可以保障重大装备的安全运行，特别是对关系到生命和财产安全的设备进行监测和诊断。

这些重大装备涉及各行各业，关系到国计民生。例如特种设备（压力容器、压力管道、起重设备、升降电梯等），能源设备（电力设备、核反应堆、海洋平台等），交通设施（飞机、车辆、铁路、桥梁等），以及航空航天、石油化工、土木建筑等。其中典型的重要构件有钢丝绳、机车轮对和钢轨、风机叶片和齿轮、杆索构件等。

在役检测常用的无损检测技术有电磁检测、超声检测、声发射技术、红外检测、微波检测、渗透检测、渗漏检测等。在役检测的目的是发现危及设备安全运行的各种隐患并予以消除，更重要的是及时发现早期缺陷及其发展程度，在确定其性质、位置、取向、形状、大小等信息的基础上，还要对设备或构件能否继续使用以及使用期限进行评估。在役设备无损评估是无损检测技术的重要分支，涉及许多研究课题。

1.1.2.3 无损检测是一种全领域的综合技术

高温、高压、高速度、高效率是现代工业的特征，而这是建立在高质量基础之上的。高质量的设计、工艺和检验是保证产品质量和使用性能的关键技术和必要环节。

设计单位根据该用户需求，考虑材料科学与工程发展水平设计产品；制造单位进行研制生产，合格产品交用户使用；使用单位将产品问题或更高要求反馈给设计单位，进一步改进设计；之后进入下一个循环。在整个过程中，无损检测既是一门区别于设计、材料和工艺的相对独立的技术，又是一门贯穿于产品设计、制造和使用的全过程的综合技术。

此外，无损检测技术在科学研究、资源勘探、桥梁建筑、轨道管线、水利工程、农作物优种、自然灾害监测、军事侦察、文物保护等方面都有诸多应用实例。

综上所述，无损检测是一种涉及科研、设计、生产和使用环节的全领域的技术（图1-1），可以说，现代工业是建立在无损检测技术基础之上的。无损检测技术涉及知识之博、研究领域之多、应用范围之广，是其他任何学科都难以比拟的。

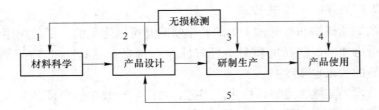

图 1-1　无损检测技术是全领域的综合技术
1—材料表征；2—损伤容限设计；3—工艺检测；4—在役检测；5—反馈改进

1.1.3　无损检测技术的发展阶段

无损检测由最初的零散应用逐渐发展成为一门技术学科，大致经历了无损探伤（Non-destructive Inspection，NDI）、无损检测（Non-destructive Testing，NDT）、无损评价（Non-destructive Evaluation，NDE）几个发展阶段。各阶段之间没有明确的时间界限，它们之间既有继承和发展，又有不同的研究重点，具体如下：

（1）无损探伤阶段。在无损检测发展初期（20 世纪 60 年代之前），无损探伤主要是利用超声、射线等技术来推断被检对象中是否存在缺陷或异常。在无损探伤发展阶段，无损探伤研究的重点是如何检出缺陷，其基本任务是将被检对象区分为有缺陷和无缺陷两大类。

（2）无损检测阶段。随着生产和科技的发展，人们不满足于回答被检件中是否存在缺陷，还希望进一步提供有关缺陷的性质（类型）、位置等方面的定性和定量信息，以及其他影响材料性能的参数检测，这个阶段称为无损检测阶段。对工业发达国家来说，无损检测发展阶段大致始于 20 世纪 70 年代。

（3）无损评价阶段。目前，无损检测已进入无损评价发展阶段，在这个阶段中，不仅要对缺陷的有无、性质、位置等进行检测，还要进一步评价缺陷对被测对象性能指标（如强度、寿命）的影响，如建立检测信息与材料性能之间的关系，评价检测结果对材料性质和服役性能的影响等。

为及时反映无损检测的这种变化趋势，20 世纪 70 年代末 80 年代初，美国无损检测学会把其会刊刊名由 *Materials Testing* 改为 *Materials Evaluation*，无损检测领域的国际期刊 *NDT International* 改名为 *NDT&E International*。

无损检测与评价技术向集成化和网络化不断发展，形成了"无损检测集成技术"。无损检测集成技术与云计算技术相结合，诞生了"云检测/云监测"。这些创新概念是由我国学者专家首倡的，其技术实现工作已经在我国开展。

1.2　无损检测方法分类

无损检测方法多为物理方法，每一种能量形式构成一大类检测方法。根据检测原理不同，无损检测技术可分为射线检测法、声学检测法、电学检测法、磁学检测法、光学检测法、热学检测法、渗透检测与渗漏检测、微波检测与介电测量等，其中每一种方法又可分为更加细化的检测方法。

1.2.1 无损检测方法大类

无损检测方法很多，有必要分类统计和认知。从不同的视角、按不同的规则有不同的分类方法。按照学科门类或激励能量/探测介质分类是最常见的分类方法。此外，还有几种分类方法值得关注和思考。

据不完全统计，世界各国报道的无损检测方法，大的方法有十种左右，小的方法有几十种，细分方法则有数百种甚至更多。参考其他教材和论著，将无损检测方法按学科门类分成大类，再列出一些较为常见的小类，大致情况如表 1-1 所示。

表 1-1 无损检测方法分类

检测方法大类	检测方法小类（部分）
声学检测法	超声波检测、声发射检测、声-超声检测、声振检测、声成像与声全息、超声显微镜、电磁超声、激光超声
射线检测法	X 射线检测、γ 射线检测、中子射线照相、射线计算机层析检测、质子射线照相、正电子湮没检测、中子活化分析、穆斯堡尔谱法、电子射线照相
电学检测法	涡流探伤、涡流测厚、涡流分选、电位差和交流场检测、电流微扰检测、带电粒子检测、电晕放电检测、外激电子发射检测
磁学检测法	磁粉探伤、漏磁检测、磁记忆检测、巴克豪森噪声检测、磁声发射检测、核磁共振检测、磁吸收检测
光学检测法	内窥镜目视检测、激光全息照相检测、错位散斑干涉检测、紫外成像检测
热学检测法	红外成像检测、光热光声检测、温差电方法、热敏材料法
微波检测法	微波测湿、微波探伤、微波测厚、介电测量
物理化学法	渗透检测（荧光法、着色法），渗漏检测（有示踪气体、无示踪气体）

利用声学特性的无损检测技术有：脉冲超声波、相控阵超声、声发射检测、声振检测、声全息、激光超声、电磁超声、超声频谱分析、超声波 CT 等。

利用电磁特性的无损检测技术有：涡流探伤、涡流分选、涡流测厚、远场涡流、脉冲涡流、磁粉探伤、漏磁检测、巴克豪森噪声检测、电磁分选、微波检测、太赫兹波、金属磁记忆、介电法、电容法、核磁共振等。

利用电磁辐射或粒子辐射特性的无损检测技术有：X 射线照相、γ 射线照相、射线实时成像、射线 CT、中子照相、X 线残余应力测试、正电子湮没检测、穆斯堡尔谱法、辐射测厚等。

利用光学特性的无损检测技术有：激光全息照相、激光散斑干涉、紫外成像、荧光测温、内窥镜目视检测、光声光热检测等。

利用热学特性的无损检测技术有：红外检测（成像或测温）、光热光声检测、温差电方法（热电法）、热敏材料法（含液晶法）等。

利用物理化学方法的无损检测技术有：渗透检测（着色法、荧光法、着色荧光法）、渗漏检测（有示踪气体法、无示踪气体法）等。

不同的方法有不同的特点、不同的适用性，它们在无损检测方法体系中发挥着各自的、不可替代的作用。针对不同的检测对象和不同的应用场合，检测方法的选择是无损检测工作者应具备的重要能力。

作为特例，无损检测中的渗漏检测（又称泄漏检测，Leak Testing）属于结构完整性测定技术的一种（针对压力容器或真空系统），与其他按物理量及其检测原理的分类方法不同。渗漏检测使用多种物理量，但基于同一物理原理有多种方法，如氦质谱法、卤素检漏法、氨检漏法；压力变化法、气密性试验、气体放电法等。渗漏检测的结论多以客观显示直接给出，而不需要检测人员从经验上对结果做出判断。

1.2.2 常规无损检测方法

按照检测方法的技术成熟度和应用广泛性，可将无损检测方法分成两大类，即常规无损检测方法和非常规无损检测方法。

理论比较成熟、应用比较广泛的常规无损检测方法包括超声检测（Ultrasonic Testing，UT）、射线检测（Radiographic Testing，RT）、涡流检测（Eddy Current Testing，ET）、磁粉检测（Magnetic Particle Testing，MT）、渗透检测（Penetrant Testing，PT）这五种常规方法，见表1-2。

表1-2　五种常规无损检测方法对比

项目	超声检测 UT	涡流检测 ET	磁粉检测 MT	射线检测 RT	渗透检测 PT
方法原理	超声波遇到缺陷或界面的反射现象；脉冲反射法	通电线圈和导电试件之间的电磁感应原理	用微细磁粉检测缺陷的漏磁场	衰减系数不同的部位透过的射线强度不同	渗透和显像过程中的毛细现象；分子间的作用力
材料种类	固体材料	导电材料	铁磁性材料	固体材料	非多孔材料
缺陷类型	缺陷平面与声束垂直	表层缺陷	表层缺陷	缺陷平面和射线平行	表面开口缺陷
设备器材	超声探伤仪、探头、试块	涡流检测仪、检测线圈、对比试样	磁化装置、磁粉或磁悬液	射线发生器、胶片或探测器、像质计	渗透剂、去除剂、显像剂，试块
缺陷显示方式	屏幕上的脉冲反射信号或图形	检测线圈的感应电压信号	磁粉聚集的磁痕	照相底片或显示屏的深浅影像	显像剂的图形图像
突出优点	探测深度大，定位准确，应用领域最多	对表面缺陷灵敏，探测速度快，探伤以外应用多	显示直观，灵敏度高；设备与工艺相对简单	显示直观，易判缺陷的种类、大小	原理工艺简单，有时无需电源，显示直观、灵敏
自动化程度	可人工、可自动化	可人工、可自动化	人工或半自动化	胶片照相非自动化；数字射线可自动化	人工或半自动化

以上五种常规方法是要求无损检测人员取得技术资格证书的主要方法，每种方法的资格证书具有初、中、高三个级别。每种常规方法中又派生出多个新技术分支，常规方法不包含这些新技术，但这些新技术分支可以发展为培训取证的方法，例如超声相控阵检测（PAUT）、超声衍射时差检测（TOFD），射线实时成像检测（RRTI）。

非常规无损检测方法中，GB/T 9445—2015 或 ISO 9712—2012 规定可以取证的无损检测方法有：目视检测（VT）、声发射检测（AE 或 AT）、红外热成像检测（TT）、应变检测（ST）、渗漏检测（LT）。其中，目视检测是指利用光学仪器或光学系统的检测方法，不包括直接目视检测。渗漏检测不包括水压试验。国防科工系统还增加了计算机层析成像检测（CT）、全息干涉检测/错位散斑干涉检测（H/S）。

五种常规无损检测方法的介绍详见第 2.1~2.5 节，其中也包含了近些年派生的一些新技术，有的已比较成熟，开始了大规模应用。

1.2.3 电磁无损检测方法

电磁检测是以电磁基本原理为基础的无损检测技术，即利用材料在电磁作用下呈现出的电学和磁学性质判断材料内部组织、性能和形状变化的检测方法。由于电磁检测一般具有灵敏、快速、检查参数多等优点，所以在各个工业部门得到了广泛的应用，成为无损检测技术的重要组成部分。

1.2.3.1 电磁检测方法分类

电磁无损检测技术（Electromagnetic Non-destructive Testing，EMNDT）方法众多，各方法之间既有共性又有个性，由此形成无损检测技术的最大家族。电磁检测方法分类主要如下。

（1）按电磁波频率分类：

1）直流或准直流电磁检测，如直流电位法、直流漏磁法、直流磁粉法、金属磁记忆法；

2）低频电磁无损检测，如交流磁粉法、涡流法、巴克豪森法、磁声发射法，工作频率低于射频波段（300 kHz）；

3）射频电磁无损检测，如射频检测和微波检测，以及部分涡流检测，工作频率处于射频波段（300 kHz~300 GHz）；

4）太赫兹无损检测，工作频率位于太赫兹波段（0.1~10 THz）。

此外，红外线、可见光、紫外线、X 射线、γ 射线虽然都属于电磁波，但在无损检测领域通常把它们划分为光学无损检测和射线无损检测。

（2）按所涉及的物理场分类：

1）电场法，如电位法、电阻法、电容法等；

2）磁场法，如磁粉法、漏磁法、磁记忆法；

3）电磁场法，如涡流法、交变磁场法等；

4）电磁波法，如微波法、太赫兹法等；

5）多物理场法，如电磁超声法、磁光成像法、涡流热成像法、磁声发射法等。

（3）按激励信号的模式分类：电磁检测激励信号模式可分为直流或准直流信号激励、单频信号激励、多频信号激励、脉冲信号激励、调制信号激励。例如，涡流检测分为单频涡流法、多频涡流法、脉冲涡流法和调频涡流法；微波检测分为单频激励法、脉冲激励法和调制信号激励法。

（4）按电磁波与材料的相互作用关系分类：微波等电磁无损检测技术可以分为穿透法、反射法、散射法和干涉法。

1.2.3.2 电磁检测方法对比

电磁检测方法包括涡流法、漏磁法、微波法、静电法、电位法、巴克豪森效应法、磁致伸缩效应法等，其中前三种方法应用最多，其他方法在特定的场合也发挥着自己的优势。这些方法的概要列于表1-3。

表 1-3 电磁无损检测方法对比

检测方法	基本原理	适用材料	检测对象	仪器显示
静电法	静电场规律	绝缘材料	表面缺陷	静电粉末
电位法	金属的导电性	导电材料	裂纹深度、材料厚度、夹层	电子仪器
涡流检测	电磁感应定律	导电材料	表层缺陷、成分组织、几何变量、振动转速	涡流仪器、示波器或显示器
漏磁检测	漏磁场的形成和检出	铁磁性材料	表层缺陷、不连续性	磁化设备、磁粉或磁敏元件
电磁分选法	磁特性曲线	铁磁性材料	成分组织、力学性能、残余应力、硬化深度	桥式比较仪、分钢仪
微波检测	介质的电磁特性	非金属材料	缺陷、成分、湿度、几何量、介电常数	微波检测仪器（传输线、谐振腔）
	微波的物理性质	金属材料	表面裂纹、粗糙度、板厚、位移	
巴克豪森法	巴氏噪声和磁声发射	铁磁性材料	应力、塑性变形、晶粒度、相含量	磁弹性仪
磁致伸缩法	磁致伸缩效应	铁磁性材料	残余应力	应力测定仪
磁记忆检测	磁记忆效应	铁磁性材料	应力集中	磁记忆诊断仪

1.2.3.3 电磁检测研究方法

电磁检测研究内容包括系统设计、传感器设计、特征量提取、信号处理和定量评估等，这些研究内容可以归结为正问题（Forward Problem）或反问题（Inverse Problem）。正问题是由原因推断结果的问题；反问题（逆问题）是由已知结果反推原因或过程的问题。

电磁检测场源为探头（传感器）受激励信号驱动而产生的电磁场；媒质为含有缺陷的被检材料。电磁检测正问题为已知传感器、激励信号、被检材料及缺陷的材料下，求解电磁场的分布。解析分析、数值计算和试验研究是解决电磁检测正问题的三种重要方法。

电磁检测反问题为已知电磁场分布或电磁场信息的情况下，求解场源或媒质分布（被检材料属性分布和缺陷信息）。模型法（数值计算）和黑箱法（模式识别）是电磁检测反问题的求解方法，常用的模式识别方法有人工神经网络（Artificial Neural Network，ANN）和支持向量机（Support Vector Machine，SVM）。

1.2.3.4 电磁检测技术特点

电磁检测利用材料的电磁性质探明材料性能的方法，必须测定电磁性质因缺路和组织变化而引起的变化。然而，在多数情况下，电磁性质和缺陷组织之间的对应关系受多种因素影响。这些影响因素可以归结为成分组织和形状尺寸两大方面，仅成分组织就因钢种和加工处理方法不同而异，所以要尽可能地消除干扰因素，简化对应关系。根据具体情况，往往不得不应用两种以上的检查方法进行推断。抑制干扰因素有两个要点：一是在信号检出时控制各种变量，二是在信号处理电路上采取有力措施。信号检出时采用的重要方法是标准试样比较法。在信号处理电路中则应用了当今最先进的信号处理技术。

电磁检测法影响因素多，这是应用的不利方面，而应用的另一面是检测参数多、用途广。这两方面是既对立又统一的。原则上讲，材料成分组织的任何改变都会影响其电磁特性，关键是能否将待测量与某个电磁参量建立起确定的对应关系。可以检测的材料特性有物理性能、化学成分、力学性能、金相组织、应力变形等方面，还包括评价材料的连续性，即检测缺陷。由于激励源和被测物的作用间距以及被测物的形状尺寸也是重要的影响因素，电磁检测法还可以测量这类几何变量，如厚度、位移、振动、尺寸变化等。

电磁法中有的可以检测导电或导磁材料，有的可以检测非金属材料。有的方法限于检测材料的表层，有的方法还可以检测材料的内部。电磁检测不仅可以评价材料的质量和寿命，还可以对各种非电量进行测量。可以说，电磁检测是无损检测方法中检测材料种类及性质范围最广的方法。

电磁检测方法容易实现自动化。由于直接探测电磁信号，使得信号的采集、变换、放大、处理、存储、显示简便易行且速度快。探头和试件不需接触的特点也为实现自动化提供了必要条件。其中涡流检测法、漏磁检测法、电磁分选法和微波检测法对于规则材料的自动化检测应用最多。

从电磁检测的原理可知，该方法多属间接测量法。检测前要先以标准试样标定才能确定检测结果，而标准试样的取得是不易的。建立待测量和电磁量的对应关系也是有难度的，往往脱离不开生产环境。科研与生产的紧密结合是电磁检测技术的一个特点。

1.2.4 其他重要分类

（1）接触式检测和非接触式检测。接触式检测和非接触式检测是按探测器与被测材料是否接触分类的。例如压电超声为接触式检测，电磁超声为非接触式检测；磁粉检测为接触式检测，漏磁检测为非接触式检测。

（2）表面检测和内部检测。表面检测和内部检测是按探测部位或者探测深度分类的。例如超声检测和射线检测为内部检测（包含表面），磁粉检测、涡流检测、渗透检测为表面检测。

（3）波形显示和图像显示。波形显示和图像显示是按检测结果的显示内容和形式分类的。例如超声检测时 A 型显示、涡流检测时基显示，漏磁检测显示都是波形显示，显示结果不直观。超声检测 B 型、C 型、D 型显示，3D 显示，射线照相/成像显示，磁粉检测和渗透检测显示，都是图像显示，显示结果较为直观。

（4）仪器探测和介质探测。仪器探测和介质探测是按探测能量或探测物质分类的。一种是利用仪器探测隐含材料信息的信号，另一种是直接利用某种物质显示缺陷状况或温度分布。属于仪器探测的有超声检测、漏磁检测、数字射线检测等，属于介质探测的有渗透检测、磁粉检测、胶片射线检测等。

（5）外部激励和自身产生。外部激励和自身产生是按信号能量来源或信号产生方式分类的。多数情况是使用仪器设备对被测试件主动施加能量并探测材料信息，一般称为主动检测，例如超声检测、射线检测、涡流检测和漏磁检测。少数情况下，被测试件自身产生能量信号，利用相应的检测仪器直接探测，一般称为被动检测，例如声发射检测、磁记忆检测、热辐射检测等。显然，这里的主动和被动是以人为主体的。如果以检测对象为主体，主从关系就反转了。无损检测的人和物之间，人是主导，物是主体，似应如此看待。

1.3 无损检测技术特点

1.3.1 无损检测与理化检验

与无损检测相对应的是破坏性试验，一般称为理化检验，包括力学性能测试（静态试验和动态试验）、金相检验、化学检验等。理化检验应用分类见表1-4。

表1-4 理化检验应用分类

理化检验	应用分类
力学性能试验	静态（拉伸、压缩、剪切、扭转、弯曲、硬度）、动态（冲击、疲劳）
金相检验	显微组织检验、缺陷组织检验、宏观检验、断口分析
化学检验	化学分析、火花检验、微区分析、光谱分析

理化检验既有其必要性，又有其局限性。与理化检验比较，无损检测与评价技术具有以下显著特点：

（1）理化检验是破坏性检测，只能抽取少量试样。无损检测是非破坏的，可对大批量产品进行 100% 的全面检测，同一产品可以用同一种方法重复检测（必要时）。

（2）理化检验一般只适用于对原材料进行检测，如金属材料力学性能试验中普遍采用的拉伸、压缩、弯曲、疲劳等破坏性检验，都是针对制造用原材料进行的。无损检测技术可对制造用原材料、各中间工艺环节，直至最终产品包括服役中的设备进行全程检测。

（3）无损检测技术的基础工作离不开理化检验。无损检测结果必须与理化检验结果相比较，才能建立可靠的基础并得到合理的评价。无损检测需建立检测信号或图像与试件状况的对应关系，对缺陷来说还需要确定判废尺寸，这些都依赖于理化检验。当然，这种依赖关系建立起来以后，无损检测技术是可以独立实施的。

1.3.2　无损检测的应用特点

为了适应不同的检测对象和检测目的，并考虑可靠性和便利性等，发展并应用了各种不同的检测方法。所有这些无损检测方法都是很重要的，但没有哪一种方法是万能的。每一种检测方法都有可取之处，也有一定的局限性，因此很难互相代替。

对无损检测结果的评定，只应作为对材料或构件的质量和寿命评定的依据之一，而不应仅仅据此得出最终结论。同时采用几种检测方法，以便让各种方法取长补短，从而得到更多的信息是很重要的，但还应结合材料和工艺的情况进行综合判断。

从无损检测的原理和实践看，采用多信息的、智能化的综合检测系统效果更佳。例如，对运行中核反应堆的在役检查就同时应用了着色法、磁粉法、涡流法、超声法、射线照相法、潜望镜法、水下闭环电视或视频光纤内窥镜，以及声发射监测等方法。

各种物理场与被检材料相互作用，可以产生多种信号。目前，对这些信号携带的信息只有部分被认识和利用。这不仅是由于使用的仪器设备不够完善，而且在很大程度上是由于理论的缺乏和对信号包含的信息认识不足所致。进一步充分利用这些信息正是今后无损检测发展和努力的方向。

对于无损检测技术应用，通过上述分析可以得出以下几点结论：

（1）每种方法都有自身的优越性和局限性，都有其存在价值，不能用其他方法替代；

（2）各方法检测原理差别很大，对同样缺陷的敏感性不同，导致检测结果不完全相同；

（3）每种方法检测结果的可靠性是相对的，几种方法集成应用会使检测的可靠性提高；

（4）无损检测的技术基础离不开理化检验，例如验收标准的确立和疑难结果的解析等；

（5）将无损检测和理化检验结果以及材料、工艺、结构、状态等信息进行综合判断，会使诊断结论更加准确。

1.3.3　无损检测方法要素

参考张俊哲研究员在《无损检测技术及其应用》第1章总论中的论述，归纳出无损检测方法的共同环节。任何一种无损检测方式（方法），都包括以下5个基本要素：

（1）要有一个源，它提供适当的探测介质或激励能量作用于被测对象；

（2）探测介质或激励能量因被测对象的结构异常或性能改变而引起变化；

（3）要有一个探测器，它检测出探测介质或激励能量信号的变化；

（4）有显示和记录装置，以便指示或记录由探测器发出的信号；

（5）解释这些信号的方法，由技术专家或智能机器完成。

这5个要素——源、变化、探测、指示和解释，是所有无损检测方法所共有的。由源所提供的能量形式与被检材料相互作用形成多种物理场，如声场、热场、电场、磁场和电磁辐射场等。电磁辐射场又包括微波、红外线、可见光、紫外线、X 射线和 γ 射线等。各种物理场与被测物体之间相互作用，可以产生多种可测信号。

　　分析整理上述内容，绘出无损检测方法要素流程（图 1-2）。方框中的符号代表相应的章号。该图有两条主线，分别对应仪器探测和介质探测。仪器探测流程：激励能量→材料特性→探测仪器→结果显示→信息解读（例如超声检测）。介质探测流程：探测介质→材料特性→显示介质→结果显示→信息解读（例如渗透检测）。还有两条副线：激励能量→材料特性→显示介质→结果显示→信息解读（例如磁粉检测）；探测介质→材料特性→探测仪器→结果显示→信息解读（例如氦质谱检漏）。

图 1-2　无损检测方法的 5 个要素

1.4　无损检测学科体系

1.4.1　无损检测与其他学科的关系

　　无损检测技术的理论基础是材料的物理性质，与金属学及成形工艺、功能材料和物理学等学科密切相关。材料的组织结构及几何形状的改变会引起某些物理量的变化。用多种方法检测这些变化，可以评估各种材料的完好性和适用性，监测生产工艺过程。无损检测技术的进展与材料物理性质的研究是同步发展的。

　　目前的无损检测技术所利用的材料物理性质已有多种，如材料受射线辐照时呈现的性质及它们之间的相互影响，弹性波与材料的相互作用及所呈现的性质，材料的电学性质、磁学性质及在电场、磁场或电磁场中的表现，材料的热力学性质，材料的光学性质，以及与光相互作用所呈现的性质，材料表面能量性质等。因此，作为一名中高级无损检测技术人员，应该具备较好的大学物理知识基础。

　　此外，为了对材料、产品、构件等选择最适合的检测方法和最适当的检测时机，无损检测人员还必须掌握各种加工方法可能产生的缺陷种类和位置，以及缺陷的形态特征、形成时间与缺陷成因、缺陷对材料的使用性能影响，还有缺陷的冶金分析方法等。因此，无损检测工程师应具有材料科学和机械工程方面的知识，必须对各种生产制造过程和工艺，以及使用环境与使用条件等具有充分的了解。

　　无损检测技术的仪器设备与传感测试技术、电子技术、计算机技术和自动化技术等密切相关。弄清材料的物理性质并以适当的方法和手段测量、分析这些物理性质的微小变化，需要先进的传感器、电子电路、软件技术和数据通信技术来实现。有时需要使用多种无损检测方法得到的结果来进行综合的判断与评价。

　　无损检测是产品质量控制体系中的重要技术，在检测人员、设备器材、检测方法、产品验收等各方面都需要规范化和标准化。各种规范规程和各级检验标准是无损检测质量控制的重要内容。

1.4.2 无损检测是高度综合的交叉学科

综上所述，作为一名无损检测中高级人才，不仅应当熟知有关无损检测技术本身的理论、方法、检测工艺等内容，还必须对有关的结构设计、制造工艺、材料应力与强度（包括断裂力学、损伤容限设计等）等各方面的知识有较多的了解，才能正确选择无损检测方法和检测工艺，并能根据无损检测的结果正确判断和评价材料、产品、构件等能否满足使用性能的要求，确定适当的无损检测验收标准等。

无损检测的实质是对材料或试件的信息实施探测并综合判断，携带材料信息的能量信号包括机械波、电磁波、磁场、电场、光热信号、应力应变等。根据信号的产生与作用过程，探测方法可以分为两类：

探测方法1，被测材料自发能量信号，典型技术如声发射检测技术、热辐射检测技术。

探测方法2，人为地向材料发射能量，该能量形式与材料特征相互作用，成为携带材料信息的信号，再探测之。典型技术如超声检测法、射线检测法、电磁检测法等。

因此，无损检测与评价技术是一门高度综合的交叉学科，是一门工程学，不能狭义地认为它就是某些检测技术。图书馆将其划分在金属材料类（按照技术起源和应用对象），大型书店将其划分在工程科学类或测试仪器类（按照学科体系或技术装备）。

总之，无损检测与评价技术是物理、化学、冶金、机械、材料、断裂力学、电子技术和自动化、计算机和智能化、质量控制与标准化等高度综合的工程学科。

1.4.3 无损检测工程学

1.4.3.1 无损检测工程学命名依据

本教材章节体系的依据是三本专著：《无损检测学》，日本东京大学教授石井勇五郎著，吴义等人译（1986）；《现代分析仪器原理》，武汉大学曾繁清和杨业智编著（2000）；《无损检测技术及其应用》第2版，中国工程物理研究院张俊哲编著（2010）。

石井先生曾任日本无损检测学会会长，首次著书命名了《无损检测工程学》，并按"理论基础：材料性质""设计、应力与破坏""材料及工艺缺陷""无损检测方法（大章）"，"缺陷检出度"等章节展开。全书偏重于论述材料性质和缺陷检出，且由于年代较早，缺乏现代化检测技术及装备相关内容。

曾繁清等编著教材的目录为"分析仪器概论""光辐射源""光辐射与物质的相互作用""分析器""仪器光学系统""光电、射线、离子探测器"等。仪器分析属于理化检验，是和无损检测相伴的材料测试技术，二者在材料信息探测学科体系方面具有可比性。

张俊哲研究员在其专著第1章总论部分论述了无损检测方式（方法）的5个基本要素：源、变化、探测、指示、解释，对无损检测信息探测过程进行了分析归纳，使用了"激励源""探测介质""特殊运动方式""物理场"等词语。

为了适应无损检测学科体系及发展趋势，依据《无损检测学》作者序言和译者所言，将本教材命名为《无损检测工程学概论》。

1.4.3.2　无损检测概论教材章节体系

已出版的无损检测概论教材的章节体系是相似的：开始是绪论（概述）部分，中间各章是各种常规方法分述（各章前面是物理基础和方法原理，后面是仪器设备和检测工艺），后边一章或几章是新技术或非常规方法介绍，有的最后一章是本行业无损检测技术应用实例，少数教材再加上材料工艺缺陷内容。教材主要面向工科院校的非物理类专业。

这些教材的主要章节体系是按检测方法分列布局的，对无损检测学科的总体论述和检测方法之间的横向关联涉及较少。这种体系有工科专业面向应用的优点，也有理科专业知识体系受到分割或分散的缺点。从学科角度来说，上述教材不利于用一门概论课学习无损检测学科的完整知识体系。

针对上述情况和理科特点，编者对无损检测学科体系进行梳理和重组，重视各检测方法的共性内容和横向联系，形成本教材的章节体系。相对于已出版的概论性教材，本教材第 1 章是绪论部分的拓展，称之为总论；第 2 章概述了 10 大类检测方法，是已有教材主体部分的浓缩；第 3~8 章按照无损检测方式（方法）的 5 个要素展开，分别是材料及缺陷、激励源、相互作用、探测器、探测介质、显示与评定；第 9 章的无损检测自动化与智能化是新编特色内容，第 10 章是无损检测质量控制与标准体系。

1.5　学术组织与高等教育

1.5.1　国内学术组织与出版物

1949 年之前，中国只有从发达国家进口的部分常规检测设备的零散应用。从新中国成立之初到改革开放年代，是中国无损检测发展的初级阶段，起步工作得到了苏联援华专家的指导和帮助。四十年间，中国有了自己的常规设备器材和技术资料，以及专业化的技术队伍。应用领域从 20 世纪 50 年代的以军工项目为主的科研机构和工业体系，发展到 60 年代的以机械工业为主的大部分工业领域。

我国于 1978 年成立了全国性的无损检测学术组织——中国机械工程学会下设无损检测学会（对外称"中国无损检测学会"，已被中外认可），创办了自己的学术期刊《无损检测》。1979 年末，中国无损检测学会加入了国际无损检测委员会。1993 年，在中国上海举办了亚太地区无损检测会议（APCNDT）。

2002 年，由中国无损检测专家学者合编的《无损检测手册》第 1 版问世（共 177 万字），2012 年更新为第 2 版，期待更新力度更大的第 3 版早日完成。2008 年 10 月在中国上海，我国首次举办了第 17 届世界无损检测大会（WCNDT）。

中国无损检测学会在 2009 年和欧洲无损检测联盟签订了无损检测人员技术资格多国互认协议，并且还被欧盟以外的多个国家所认可（日本、加拿大及东南亚各国等）。目前，中国无损检测学会已成为国际无损检测委员会无损检测人员技术资格多国互认协议（ICNDT MRA）的正式成员国，进一步得到了全世界的认可。

我国的无损检测专业期刊是《无损检测》，由中国机械工程学会无损检测分会主办。另一个无损检测专业期刊是《无损探伤》，由辽宁省无损检测学会主办。此外还有《物理测试》《理化检验》《冶金分析》等相关中文期刊。

　　无损检测中文图书有多种类别和层次。有国内多位专家学者合编的《无损检测手册》，有理工科大学和高职高专院校编写的本科和大中专教材，有各大无损检测管理机构主持编写的各系列培训教材，还有无损检测资深专家编写的技术专著，以及无损检测标准汇编、学术会议论文集等。

　　中国在冶金、机械、电力、石油化工、航空、船舶、核工业和特种设备等领域还成立了各自系统的无损检测学会或协会。部分省区、直辖市及地级市成立了省市级无损检测学会或协会。其中，中国机械工程学会、国防科技工业技术委员会、中国特种设备检验协会是国内规模较大的组织机构。中国金属学会下设的无损检测分会是面向冶金行业的无损检测学会。我国无损检测人员的培训考核已经形成了规模化、规范化和国际化，各行业部门每年都有计划地开展培训和取证（复证）工作。

1.5.2　国外学术组织与出版物

　　随着科学技术不断进步，无损检测技术越来越受到重视，很多国家的无损检测学术组织相继成立，积极开展学术活动，并有正规的出版物，推动无损检测技术交流和发展。

　　发达国家都有国家级或行业部门级的无损检测组织，如美国无损检测学会（ASNT，1941）、德国无损检测学会（DGZfP，1933）、英国无损检测学会（BINDT，1954）、法国无损检测学会（COFREND，1967）、日本非破坏性检查协会（JSNDI，1952）、俄罗斯无损检测与技术诊断学会（RSNTTD，1957）、澳大利亚无损检测学会（AINDT，1963）、加拿大无损检测学会（CINDE，1976）等。括号中数字为成立年份。

　　除各国的学术组织外，在世界范围内还成立了区域性的学术组织，如国际无损检测委员会（ICNDT，1955）、亚太地区无损检测委员会（APCNDT，1976）、欧洲无损检测联盟（EFNDT，1998）等。表1-5列出了部分无损检测学会和专业期刊。

表 1-5　无损检测学会和专业期刊（部分）

学　会	期　刊	网　址
中国无损检测学会	《无损检测》	www. chsndt. com
日本无损检测学会	《非破坏检查》	www. soc. nii. ac. jp
美国无损检测学会	*Materials Evaluation*	www. asnt. org
美国材料与试验学会	*Journal of Testing and Evaluation*	www. astm. org
英国无损检测学会	*Insight-Non-Destructive Testing and Condition Monitoring*	www. bindt. org

　　以上学术组织都定期、不定期地开展学术活动，如国际无损检测委员会每3~4年召开一次世界无损检测大会（WCNDT），亚太地区无损检测委员会每两年召开一次亚太地区无损检测会议（APCNDT）。欧洲无损检测联盟也开展经常性的学术交流活动。

　　有关无损检测的专业期刊，除知名度较高的 *Materials Evaluation*（美国）和 *NDT&E International*（英国）外，影响力比较大的还有 *The ICNDT Journal*（ICNDT 会刊）、*Insight-Non-Destructive Testing and Condition Monitoring*（英国）、*ZFP-ZEITUNG*（德国、奥地利、

瑞士联合会刊）、《非破坏检查》（日本）、*Non-Destructive Testing-Australia*（澳大利亚）、*CINDE Journal*（加拿大）等。

1.5.3　无损检测高等教育

1.5.3.1　国内无损检测高等教育

据资料报道，全国有数十所本科院校设置了无损检测类课程，最少的是开一门综合课程，再多一些的是开几门主干课程，如超声检测、射线检测、电磁检测等。有少数院校以无损检测为专业方向在办学，但挂靠在其他专业目录之下，如测控技术及仪器、材料加工工程、应用物理学等。

南昌航空大学是国内无损检测专业创办最早的高校（1982），目前的专业名称是测控技术与仪器，实际课程按无损检测专业设置，包括理论课和实验课。多年来，该专业教师编写了无损检测的系列教材，成为国内其他院校的主要教材或参考资料。这种做法属于特色办学，是教育部提倡的，2007 年该专业被教育部批准为国家特色专业建设点。

1996 年起，西南交通大学为测控技术及仪器专业的本科生开设了"无损检测技术及应用"的课程，并于 2010 年编写了特色教材《无损检测及其在轨道交通中的应用》。2012年 9 月，北京理工大学珠海学院开办了广东省第一个无损检测本科专业——应用物理（无损检测方向），资深无损检测专家夏纪真教授主持编写了无损检测本科系列教材。

此外，中国工程物理研究院、中国科学院声学所、中国科学技术大学、中国矿业大学、北京航空航天大学、北京交通大学、北京科技大学、大连理工大学、西安交通大学、西安理工大学、西南石油大学、华中科技大学、武汉测绘科技大学（2000 年并入武汉大学）等高校或研究院都出版过无损检测类教材，培养了相关专业的本科生和研究生。

2007 年底清华大学机械系施克仁教授主持编写了《无损检测新技术》专著（87 万字），汇集了数年来工程中心培养的 10 名博士生的高水平论文（改编为 10 章），涉及相控阵超声和弱磁检测等前沿技术。

2015 年以来，反映现代电磁无损检测技术进步的学术丛书陆续出版，包括《电磁无损检测传感与成像》《电磁无损检测集成技术及云检测/监测》《钢管漏磁自动无损检测》《现代漏磁无损检测》《电磁无损检测数值模拟方法》等。这是由国家两院院士任丛书编委会顾问和主任，由国内电磁检测资深专家编写的力作，是国家重点图书出版规划项目。

除了本科生和研究生培养，2000 年以来，我国无损检测专业的高等职业教育发展很快，人才培养规模逐年扩大，近 30 所高职高专院校开办了无损检测专业，每年招生达到数千人。开设无损检测专业的学校数量以及招生规模均超过本科院校，每年为工矿企业输送大量新生力量。高职高专院校已成为我国各个行业一线无损检测技术人员的主要来源。

1.5.3.2　国外无损检测高等教育

根据世纪之交时美国无损检测学会公布的资料，全美有 100 多所高等院校开设无损检测课程，其中 62 所大学本科院校每年选修无损检测课程人数达到 2000 多人，有 28 所院校招收硕士研究生，23 所院校招收博士研究生，44 所大学专科院校每年选修无损检测人数超过 2000 人。还有 5 所军事高等院校每年选修无损检测人数也达到 2000 多人。

美国很多高等院校都开展无损检测与评价技术的研究工作，知名度较高的有爱荷华州立大学、霍普金斯大学、俄亥俄州立大学和斯坦福大学等，这些院校都建立了无损检测与评价研究中心。

此外，国外开展无损检测技术研究的高校及研究院还有：美国宾夕法尼亚州立大学、路易斯安那州立大学、美国西北工业大学、德国柏林联邦材料研究所、德国奥格斯堡大学、德累斯顿工业大学、英国巴斯大学、纽卡斯尔大学、诺丁汉大学、加拿大科学院工业材料研究所、加拿大皇家军事学院、瑞士苏黎世联邦理工学院、日本东京工业大学、日本东北大学、俄罗斯托木斯克理工大学、白俄罗斯明斯克应用物理研究所、奥地利维也纳工业大学等，相关专业多数是在材料、机械、物理、航空、军事、计算机等院系。

1.6 无损检测技术发展趋势

1.6.1 无损检测与评价的技术进展

进入 21 世纪后，无损检测技术进入快速发展时期，其特点是计算机及自动化、智能化技术不断应用于无损检测领域，同时基于不同原理的无损检测的新方法和新技术也不断涌现，从而使无损检测技术与评价能力得到很大提高。不同无损检测技术的发展现状为：

（1）超声检测方面，各种数字化超声波探伤仪得到广泛应用（A 型、B 型等）。相控阵超声检测系统、TOFD 超声检测系统、超声成像检测系统（C 型、D 型、P 型等）、超声导波检测系统获得了更多应用。在检测方法和应用技术研究方面，自动化超声检测技术、人工智能与机器人检测技术、电磁超声检测、激光超声检测等都取得了大量的研究成果。超声检测设备不断向小型化、智能化方向改进，形成了适应不同用途的多种超声检测仪器。近十几年来，数字式检测仪器日益成熟，已基本取代了模拟式仪器。

（2）射线检测方面，射线成像和缺陷识别技术、IP 板射线照相检测技术（CR）、阵列探测器实时成像检测技术（DR）和射线断层扫描成像技术（CT）都获得了快速的发展。数字射线检测的图像分辨率已经接近或达到胶片照相的水平，微焦点 X 射线 CT 可以检测微米级缺陷。X 射线实时成像系统、多种射线源的 CT 检测系统已应用到多个领域。随着数字射线技术的快速发展，已将 CR 技术应用于航空发动机叶片检测，并建立了完善的 CR 检测标准及验收标准体系。

（3）涡流检测方面，常规涡流检测仪器全部实现数字化，探伤仪器普遍采用阻抗平面显示，发展了阵列探头和多通道仪器，出现了多种形式的涡流传感与成像技术。远场涡流、多频涡流、脉冲涡流和磁光涡流检测技术都得到了发展。多频、预多频、频谱分析涡流仪，多频远场涡流检测仪等专用涡流探伤仪在不断进步。

（4）漏磁检测方面，在某些特种设备的钢丝绳和钢绞线、电力系统的高压输电线缆、大型桥梁斜拉索的巡查检测中实现了数字化和自动化。时域滤波、空间滤波、时空混合滤波等信号处理技术发展越来越成熟。利用电磁检测原理的钢管、钢棒、钢坯自动探伤线已在冶金企业广泛应用。

（5）渗透检测方面，出现了手动、半自动、全自动生产线，静电喷涂生产线，同时研究不同的渗透液施加方式和显像方式的灵敏度和控制要求。

（6）声发射检测方面，各种性能先进的多通道声发射仪不断涌现，全数字多功能声发射检测系统正在成为主流。在声发射信号分析和处理方面，包括常规参数分析、时差定位、关联图形分析、频谱分析、小波分析、人工神经网络、模糊分析等都获得了应用。

（7）微波检测方面，出现了微波波导检测、基于波导传输的检测、探地雷达检测等新技术，用于介电材料厚度测量、复合材料脱粘检测、金属管道检测等方面。检测仪器正朝着电路小型化、固态化、多功能、计算机快速处理数据和成像方向发展。

（8）红外检测方面，用于检测列车轮轴、监视热轧机轧辊发热、检测热力管道渗漏、检测印刷电路板和太阳能电池质量等，还有用飞机遥测电网和电站运行状态，有的已实现自动化和在线检测。压力容器红外热成像检测已纳入我国特种设备安全监察法规体系。

（9）激光散斑检测方面，已经开发了可用于生产试验现场的测试系统，主要用于军工领域。激光错位散斑和红外检测技术已被美国宇航标准纳入培训考核取证的方法中，标志着这两项技术在工业应用方面已得到认可。

我国的电磁、涡流、超声、射线等检测技术的某些方面已经接近或达到世界先进水平，无损检测基本理论研究，无损检测设备的研制、生产及应用等都在跟进和赶超，成为公认的无损检测大国，并且正在向无损检测强国迈进。

1.6.2 无损检测与评价的发展趋势

目前，无损检测技术正在向数字化、自动化、智能化、集成化、网络化、规范化和标准化的方向发展，无损检测与评价技术进入了崭新的阶段，呈现出以下发展趋势：

（1）检测仪器数字化和图像化。随着新型传感技术、微电子技术和计算机软硬件技术的发展，体积更小、重量更轻、功能更强的检测设备不断出现。掌上型数字化探伤仪非常便于携带，检测结果可以保存成数据文件，便于传输和存储。现代检测设备一般都带有标准通信接口，可与计算机进行数据传输并接受控制，实现不同检测设备间的协同工作。

成像技术是无损检测信息的重要表达方法，涉及图像形成、采集、传输、处理和显示等技术，包括扫描成像和面阵成像、2D 图像和 3D 图像等不同形式。近年来无损检测成像新技术不断涌现，其中基于多物理场的成像方法尤其令人瞩目。

（2）检测过程自动化。检测过程自动化体现最多的是冶金行业，应用于钢管、钢棒、板材、线材等产品的检测中，普遍实现了全过程的自动化。实现自动化的传感器是各种接近开关，执行器是电磁阀和交流电机，而控制核心是代替继电器系统的可编程序控制器（PC 或 PLC）。

自动化检测系统采用的主要方法是超声检测、涡流检测和漏磁检测。以超声检测为例，用于板材检测的超声波自动探伤系统，可以实现多达 256 通道的自动化检测，大大提高了检测效率，降低了检测人员的劳动强度。

（3）检测结果评定智能化和网络化。借助现代信号处理技术、人工智能技术等学科的研究成果，以及计算机网络的发展，人们正在进行超声波检测中对缺陷种类的智能识别、射线检测的智能评片和远程评片等方面的探索。通过建立专家系统，集中多名专家的智慧和经验，使评判结果更具权威性。检测结果的智能化评定，可以在一定程度上减少人为因素的影响，提高结论的可靠性。不同地区的专家利用互联网共同参与重要检测的评定工作，提高了评判的准确性和便捷性。

（4）无损检测集成技术及云检测。自动无损检测技术向集成化和网络化的深入发展，形成了"无损检测集成技术""云检测/云监测"的创新概念。无损检测集成技术定义为，融合两种或两种以上的独立技术而成的能够实施无损检测功能的集成技术。

各种现代无损检测集成技术，通过计算机技术和通信技术，都可以成为网络化的无损检测集成技术。网络化无损检测集成技术和云计算结合之后，无损云检测就应运而生了。无损云检测和无损云监测已成为无损检测集成技术发展的重要方向。

（5）新技术、新方法不断涌现。除了五种常规检测方法以及较为成熟的声发射、红外成像、激光全息和微波检测，相控阵超声、电磁超声、激光超声、数字化射线成像、电磁传感与成像、金属磁记忆等新技术不断涌现。可以预见，这些新技术会不断地发展并走向成熟。

（6）规范化、标准化工作不断加强。世界范围内，国际标准化组织（ISO）的TC135等技术委员会负责制定有关无损检测的国际标准。各发达国家都有专门机构负责制定本国的无损检测标准，如英国标准（BS）、美国标准（ASTM03.03）、德国标准（DIN）、日本标准（JIS）。

我国除国家标准（GB）和国家军用标准（GJB）外，各主要工业部门还根据各自的产品和工艺特点，制定相应的行业标准，以规范和指导本行业的无损检测工作。除了技术标准和产品标准，无损检测技术人员的考核和认证也日趋标准化和国际化。

（7）检测对象日益广泛，应用领域不断拓展。在无损检测的早期研究与实践活动中，检测对象以金属材料为主，应用领域集中在冶金材料、车辆船舶、化工石油、航空航天等行业。如今，无损检测的对象不再局限于金属材料，无机非金属材料、有机高分子材料、复合材料及制品已成为无损检测对象，相关技术在向电力设施、土木工程、林业农业等领域拓展。

1.6.3 无损检测集成技术及云检测

自动无损检测技术向集成化和网络化的深入发展，形成了"无损检测集成技术""云检测/云监测"的创新概念和技术融合，并于近年推出了国家标准（GB/T 38896—2020）和学术专著《电磁无损检测集成技术及云检测/监测》。

无损检测集成技术中的独立技术有狭义和广义之分。狭义的独立技术仅指各种无损检测技术，而广义的独立技术还包括机械化、自动化和计算机等技术。无损检测集成技术不断发展，形成五类不同形式的现代无损检测集成技术：

第一类现代无损检测集成技术，即声光机电一体化的各种单项自动化NDT技术，是目前已经得到广泛应用的NDT集成技术。近年来，该技术朝着无损检测机器人的方向发展。

第二类现代无损检测集成技术是集成了多项NDT技术（例如超声+涡流）和声光机电一体化的自动化NDT集成技术。

第三类现代无损检测集成技术是集成了多项NDT技术（例如涡流+漏磁+磁记忆）和便携式一体机形式的NDT集成技术。

　　第四类现代无损检测集成技术是跨行业、跨领域的 NDT 集成技术。

　　第五类现代无损检测集成技术是网络化的 NDT 集成技术。原则上，上面四类现代无损检测集成技术，通过计算机技术和通信技术，都可以成为网络化的 NDT 集成技术。

　　无损检测集成技术和云计算技术相结合，形成了无损云检测。无损云检测是包含了多种物理化学原理的无损检测方法，是实现信息共享和远程控制的无损检测集成技术。

————本 章 小 结————

　　（1）无损检测技术是无损检测与评价技术的习惯称谓，经历了无损探伤、无损检测和无损评价三个阶段，正在向数字化、自动化、图像化、智能化和网络化方向发展。

　　（2）各种无损检测方式（方法）都可以归结为五个要素：激励源（探测介质）、材料性质、探测仪器（介质）、显示记录、解释评价，这五个要素对应本教材的第 3~8 章。

　　（3）无损检测不仅是一些检测技术，更是一门技术科学，一门高度综合的交叉学科，可以称为无损检测学或无损检测工程学。

复习思考题

1-1　简述英文缩写释义：NDT、NDE；UT、RT、ET、MT、PT。

1-2　简述无损检测与评价的含义、作用及三个发展阶段。

1-3　无损检测方法如何分类，有哪些主要的检测方法？

1-4　我国全国性的无损检测学术组织和学术期刊有哪些？

1-5　无损检测工程学与其他学科的关系是怎样的？

1-6　简述无损检测的技术特点，无损检测和理化检验的关系。

1-7　无损检测方法的五个要素是什么，通常的方法分类是按哪一个要素进行的？

1-8　利用互联网浏览无损检测网站（参考本教材附录），了解无损检测现状。

2 无损检测方法概述

【本章提要】

本章概括了 10 类、26 种重要的无损检测方法，目的是使初学者能够了解无损检测方法的全貌并在后续学习中查阅。可重点学习五种常规方法，初步了解其他检测方法。这些检测方法包括超声检测技术（脉冲反射法、相控阵超声、电磁超声、激光超声、TOFD）、射线检测技术（胶片照相、数字成像、层析成像、中子照相）、涡流检测技术（自动探伤、材质试验、厚度测量、多频涡流、脉冲涡流）、磁性检测技术（磁粉探伤、漏磁检测、磁记忆检测、巴克豪森、磁声发射）、渗透检测技术、声发射检测技术、微波检测、激光检测（激光全息检测、错位散斑干涉检测）、红外检测、目视检测（工业内窥镜）。

2.1 超声检测技术

超声检测是工业无损检测中应用最为广泛、研究最为活跃的方法之一。超声波能量高、方向性好（定位准）、穿透力强（深度大），既有干涉、衍射等特性，又有反射、折射和波形转换现象，容易产生和接收，适用于固体材料的质量检测，且对人体无害。

超声检测具有多种形式的显示与存储方式，可以使用人工操作的模拟式超声仪或数字式超声仪，也可以采用多通道、自动化检测系统。

声学检测方法丰富多样，既有常规的检测技术，又有相控阵、电磁超声、激光超声、TOFD 等新技术，更有独具特色、自成体系的声发射检测技术。

超声检测是综合性的检测技术，不仅用于探测材料和工件的缺陷，还用于测量管道壁厚，以及材料科研与产品试制中的材料表征。

2.1.1 脉冲反射法检测

2.1.1.1 检测基本原理

脉冲反射法是应用广泛的超声探伤方法，已经从模拟式探伤仪发展到数字式探伤仪。超声脉冲一般由几个周期的振荡波形构成（窄脉冲时可能不到一个周期），这个振荡频率即为超声波频率（探伤频率）。

当被检测的均匀材料中存在缺陷时，将造成材料的不连续性，这种不连续性往往伴随着声阻抗的突变，超声波在两个不同声阻抗的界面上将发生反射，反射能量的大小取决于界面两侧声阻抗的大小与界面的取向和尺寸。如果材料或工件中存在缺陷，在满足方向和大小等条件下，在仪器屏幕上会看到反射回波，根据回波的位置和高低可以评定缺陷的深度位置和当量尺寸。

　　A 型脉冲反射式探伤仪只能给出缺陷的位置和当量尺寸，不能直接显示缺陷的几何形状和实际大小。为了更好地对缺陷进行定性和定量，二维显示和三维显示仪器引起了人们的关注，设计了各种显示缺陷几何形状的设备，平面显示（B 型显示和 C 型显示）是应用较为广泛的一类。

　　平面显示与 A 型显示比较，最大的优点是可以显示缺陷的声像，但缺点是成像时间长。A 型显示的是探头声轴上的一维信息，B 型显示的是探头声轴扫过截面的二维信息，C 型显示的是探头声轴垂直截面上的二维信息（截面位置由闸门波控制）。为形成一个画面，A 型显示探头可以不动（有扫描电路），B 型显示探头必须扫过一条线（图形截面的一个边），而 C 型探头需要扫过一个平面（截面图形的平行面）。

　　值得注意的是，B 扫描和 C 扫描显示的影像是受缺陷回波调制的（亮度和位置），而缺陷的形状和表面状态是多种多样的，反射波幅度和缺陷的形貌关系很大，所以影像大小并不完全对应缺陷大小，有时甚至相差很大。三种显示的表现形式不同，但是声波和缺陷的作用原理是一样的。

2.1.1.2　探头、仪器、耦合剂

　　超声探头又称超声换能器（Transducer），是超声检测的传感器。超声探头的工作基础是压电效应和压电材料，主要类别有纵波直探头、横波斜探头、表面波探头、双晶探头、聚焦探头和相控阵探头。超声检测试块（Test Block）是仪器和探头性能测试、缺陷定位定量的标准样品，常用ⅡW 系列、CSK 系列、CS 系列，RB 系列和半圆试块。

　　除了较低频率下的空气耦合，压电超声探头和工件之间必须填充耦合剂（Couplant），原因是固体和空气的声阻抗相差几个数量级，超声波无法透过探头和工件之间气隙。超声检测的耦合剂应该具有较大的声阻抗、较好的润湿性以及无腐蚀无污染等性质，常用的耦合剂有水、甘油、水玻璃和机油等。

　　数字式超声检测仪是在模拟式超声检测仪的基础上，采用计算机技术实现超声信号的快速采集、模数转换、信号处理以及图形显示，检测结果的可记录和可再现。数字超声仪具有模拟超声仪的基本功能，同时又增加了数字化带来的数据测量、显示、存储、打印和通信等功能，现在已经成为超声检测的常用仪器。

　　超声脉冲反射法除了用于探伤，还可用于测厚。脉冲式超声测厚仪用于厚度 1 mm 以上的材料，测量精度偏低（约 1%），而共振式超声测厚仪可以测量厚度 0.1 mm 以上的材料，测量精度可达±0.1%。超声波测厚主要应用于无法用长度计量器具进行直接测量的场合，如封闭的容器壁厚等。

2.1.1.3　缺陷定位、定量、定性

　　缺陷位置的确定是超声波检测的主要任务之一。检测中发现缺陷波以后，应根据示波屏上缺陷波的位置以及扫描速度来确定缺陷在工件中的位置。在常规超声波检测中缺陷定位方法分为纵波直探头定位和横波斜探头定位两种。

　　实际缺陷形状是多种多样而且不规则的，难以确定反射声压和缺陷大小的关系，为此采用几种简化的规则形状的模型进行理论分析，作为人工模拟反射体，用于仪器基准的调整和缺陷当量的评定。常见的规则反射体可大致分为大小平面、长短小圆柱面、凸凹大圆柱面、小球面和刻槽几种类型，在实际应用时还有具体的分类。

　　在超声检测中，对缺陷的定量的方法很多，但均有一定的局限性。常用的定量方法有

当量法、底波高度法和测长法三种。当量法和底波高度法用于缺陷尺寸小于声束截面的情况，测长法用于缺陷尺寸大于声束截面的情况。常用的当量法有当量试块比较法、当量公式计算法和当量 AVG 曲线法。

对于脉冲反射法的 A 型显示，缺陷的定性是比较复杂和困难的。要根据工件的材质、结构、制造工艺和缺陷的位置、大小、方向及分布，特别是波形的静态和动态特征等进行综合分析，估计缺陷的性质。采用 B 扫描、C 扫描、P 扫描、S 扫描等超声成像技术，通过缺陷图像的观测进行缺陷定性会更加准确和方便。不同缺陷对超声的反射会改变它的频率，因此，频谱分析也有助于对缺陷的定性。

2.1.2 相控阵超声检测

相控阵超声技术综合了压电复合材料、纳秒级脉冲信号控制、数据处理和计算机模拟等高新技术，检测效率高、可靠性高、显示方式多样，是蓬勃发展的无损检测技术。

20 世纪 80 年代中期，压电复合材料的研制成功，使制作复合型相控阵探头成为可能。20 世纪 90 年代初，相控阵超声检测技术在能源动力工业中开始应用，主要用于核反应压力容器和汽轮机等零部件的检测。进入 21 世纪，随着"西气东输"重大工程的进展，相控阵超声成为高效检测超长管道质量的重要方法。如今，相控阵超声以其独特的魅力成为超声检测技术中的一支生力军。

2.1.2.1 基本原理——发射与接收

相控阵超声技术（Phased Array Ultrasonic Technology，PAUT）的概念源于相控阵雷达技术，其基本原理是在计算机控制下对超声换能器晶片阵列进行激励，分别控制每个阵元发射信号的波形、幅度和相位延迟量，使各阵元发射的超声子波在空间叠加合成，从而形成发射聚焦和声束偏转等效果。因此，只需通过改变控制软件，相控阵换能器就可方便地实现对不同方向、不同深度和不同位置的缺陷的检测。

相控阵超声的基础是惠更斯原理和叠加原理：（1）各阵元声场中的任何一个波面相当于一个次级声源，次级声场可通过波面上各点产生的球面子波叠加干涉计算得到；（2）从几何角度描述则是，相控阵超声合成声束的波前是各阵元球面子波的波前的包络面。

如果换能器各阵元的激励时序是两端先激励，逐渐向中间加大延迟，使得合成的波面最后指向探测面正前方的某个曲率中心，即形成垂直聚焦发射。如果各阵元的激励时序是从左到右间隔延迟发射，使合成波阵面具有一个指向角，即形成倾斜聚焦发射。

发射电路产生触发脉冲信号，分时作用于各相控阵单元，产生宽度、延时可编程控制的高压电脉冲，激励各个阵元产生超声波。根据上述原理，各阵元发出的子波将合成一个聚焦、偏转或平移的超声波，见图 2-1。

换能器发射的超声波遇到缺陷后产生回波信号，回波到达各阵元的时间存在差异。按照回波到达各阵元的时间差对各阵元接收信号进行延时补偿，然后相加合成，就能将特定方向回波信号叠加增强，而其他方向的回波信号减弱甚至抵消。

2.1.2.2 三种声束扫描模式

（1）线性扫描（L 扫描、E 扫描）——声束平移。换能器阵列可由上百个阵元组成，在计算机的控制下每次只激励少部分阵元，并从左向右逐个变换激励阵元，形成从左向右移动的扫描声束。由于每次激励作用于各个阵元上的脉冲的延时规律都完全一样，因此形

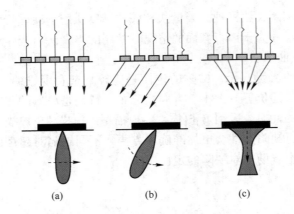

图 2-1　相控阵超声的三种扫描方式
（a）线性扫查；（b）扇形扫查；（c）动态深度聚焦

成垂直方向的聚焦声束。该法以电子扫描代替了机械扫描，在不移动探头的情况下，就可实现一定范围内缺陷的检测，提高了检测速度。

（2）动态深度聚焦（DDF）——声束聚焦。作用于换能器阵列各个阵元上的激励脉冲的延时规律是两端阵元先激励，逐渐向中间增大延时，这样就形成一定深度的聚焦声束。相对延时越大，聚焦深度越浅，焦点越小。利用此动态聚焦功能，可方便地对不同深度的缺陷进行检测。

（3）扇形扫描（S扫描）——声束偏转。作用于换能器阵列上各个阵元的激励脉冲的延时规律是从左向右逐渐增大延时，这样就形成一定倾角的聚焦声束。改变相对延时量，即可控制声束的倾斜角度，方便对不同取向的缺陷进行检测。该技术解决了单晶片超声对缺陷取向过于敏感而可能漏检的难题。

实现三种扫描模式的关键是激励脉冲延时的精确控制——数字电路和聚焦法则。聚焦法则（Focal Laws）是指，为了控制声束的扫描模式，而设定的脉冲激励与接收的时间延迟的预调图形，即时间延迟与阵元位置的关系。例如，"FOCUS 32∶128"是指系统最大可以支持128个晶片，一个聚焦法则中最大可以调用32个晶片形成所需要的声场。相控阵超声检测系统的聚焦法则数量越多，控制力和功能性越强。

2.1.2.3　相控阵超声技术特点及应用

相控阵超声检测技术的优越性：（1）检测效率高。采用电子方法控制声束聚焦和扫描，一个相控阵探头便可代替多个不同角度、不同焦距的单晶片探头，可以在不移动或少移动探头的情况下快速扫查，提高效率。（2）适应性强。通过软件调整参数设置，能快速适应工件形状和尺寸的变化，对复杂形状的工件进行检验。（3）可靠性高。通过优化控制焦点尺寸、焦区深度和声束方向，可使检测分辨力、灵敏度和检出率等性能得到提高。

相控阵超声检测技术的局限性：（1）超声相控阵的检测范围和检测能力受到阵列的频率、压电元件的尺寸和间距及加工精度的限制，还受到应用软件的制约。（2）相控阵超声技术涉及知识多，仪器调节过程较复杂，对工作人员的技术要求较高。

在工业无损检测应用领域，相控阵超声检测技术以其突出的特点，在实现高效、可视化的超声检测中，特别是对复杂形状工件的检测中发挥着重要作用。如核电站和电厂重要零部件涡轮盘、涡轮叶片、转子、法兰盘的检验，压力容器和管路的腐蚀检测和腐蚀图绘制，铁路机车和车辆轮轴的检测，金属管棒材的缺陷探测等。

2.1.3 电磁超声检测

2.1.3.1 电磁超声基本原理

非铁磁性导体中电磁超声的产生和接收可以用洛伦兹力（Lorentz）原理来解释；而铁磁性导体中除洛伦兹力外，磁致伸缩效应是主要原因，磁致伸缩力占主导地位。

把通有高频电流的线圈放在导体表面上，在交变磁场的作用下导体中感生涡流 J，如果同时施加稳恒磁场 B，则构成涡流回路的原子将受到洛仑兹力 F 的作用而产生往复振动，形成某种形式传播的超声波，声波频率等于线圈中交流电的频率。这种能量转换是可逆的，相应的装置称作电磁超声换能器（Electromagnetic Acoustic Transducer，EMAT）。通过改变外加偏转磁场的大小和方向、高频电流的大小和频率、线圈的形状和尺寸可以控制 EMAT 产生超声波的类型、强弱、频率及传播方向等参数。

铁磁性材料中电磁超声的产生和接收一般通过磁致伸缩原理来实现。当线圈中通过交变电流时，产生交变磁场。根据磁致伸缩原理，由于磁场的交变作用使铁磁材料的磁畴发生转向，从而形成材料内部的机械振动，并最终以声波形式将振动向外传播。

2.1.3.2 电磁超声技术特点及应用

与压电式换能器相比，电磁超声具有一些独特的优势，主要表现为：（1）与被测物体不接触，无须耦合剂，检测速度快，重复性好，可以在高温下和低温下实现自动化检测，在我国北方冬季应用有优势。（2）无须对试件表面进行处理，例如不必清除氧化皮，检测效率高。（3）通过探头结构设计，可以产生多种类型的超声波。

电磁超声技术也存在一些不足，主要表现为：（1）超声转换效率低，声束较宽，接收到的信号弱小，常需使用 40dB 左右的前置放大器。（2）对周围环境噪声敏感度高，接收信号常被淹没在噪声中。（3）灵敏度与探头试件间距关系大，常需用夹具固定。

随着 EMAT 性能的不断提高，电磁超声技术已在超声测厚、钢管探伤、钢板探伤和车轮踏面探伤等领域得到了应用。国内只有少数几个厂家可以生产成套设备，主要应用于冶金和铁路等少数行业。美国、日本、德国以及加拿大等国对 EMAT 进行了大量的研究，目前已进入电磁超声技术的工业应用阶段。电磁超声性能独特，是压电超声技术的有力补充，将来会得到更多的发展。

2.1.4 激光超声检测

激光超声技术（Laser Ultrasonic Technology），是利用激光来激发和检测超声波的一种新兴的技术，是一种涉及光学、声学、热学、电学、材料学等多学科的综合技术。激光超声技术原理清晰，方法独特，已逐渐成为材料无损检测的重要方法。

2.1.4.1 激光超声的激励

用于激发超声波的激光器有 Nd:YAG 激光器、CO_2 激光器、氮激光器、染料激光器等，且脉冲激光器居多。按激光与试件表面的相互作用的情况，激光超声的激励分为三种：

（1）激光束作用于自由表面。激光器每隔一定时间向材料的自由表面 T 时间内发射 N

个脉冲，材料将受到周期性的冲击热激励，靠近表面的材料因快速胀缩而形成机械振动，产生频率为 N/T 的声辐射。因为材料表面半边是不受约束的，膨胀体的大部分自由进入相邻的空气，使产生的纵波并不沿垂直表面的法线方向传播，而是按半顶角为 60° 的锥形传播，横波的传播方向半顶角在 45° 左右。

（2）激光束作用于约束表面。为了提高法线方向的声能，可在材料表面激光照射区上放一玻璃条或涂覆一层透明液体，这样当材料受热时，会约束材料表面凸入空气，使纵波向前传播，对于横波则有一较宽的指向性分布。激光对材料的热力作用称为热弹性效应。

（3）激光束烧蚀材料表面。要使法线方向的声能更强，可用更强的激光束烧蚀试件材料表面或表面上的涂层。材料表面被烧蚀气化，产生很强的垂直于表面的反作用力脉冲而形成声场。该法可获得最大的声能，不过此时检测已不再是无损的了。

2.1.4.2 激光超声的检测

激光超声的检测分为以下两种情况：

（1）压电换能器检测法。采用压电陶瓷等常规超声换能器，检测时换能器不仅要和被测物体表面接触，还需要耦合剂，多在实验室应用。换能器灵敏度较高，但带宽有限，不适合检测宽频带的激光超声信号。

（2）光学系统检测法。用探测器接收物体表面的反射激光，从反射光的相位、振幅、频率等的变化中检出激光超声信号。光学系统检测法又分为非干涉法和干涉法两种。目前，非干涉技术主要有探测器偏转技术、表面栅格衍射技术、反射率技术及超声多普勒-光吸收谱技术等。干涉技术主要有光外差干涉技术、差分干涉技术和时延干涉技术等。

2.1.4.3 激光超声检测技术特点

与压电超声检测相比，激光超声检测具有如下特点：（1）超声波的产生和探测通过激光进行，易于实现远距离遥控激发和接收，并可实现快速扫描和在线检测。（2）通过玻璃窗口将激光束导入特定的空间，应用于高温、高压、高湿、有毒、酸碱等检测环境或存在核辐射、强腐蚀性和化学反应的恶劣环境。（3）探测激光束可被聚焦成非常小的点，即使是常用的激光系统，也能实现微米量级的空间分辨率。

激光超声技术具有非接触、宽带、点激发/点接收等优点，有利于材料的无损评估和其他应用。例如，数十微米级的缺陷检测、复合材料或纳米材料的力学性能测试，复合涂层表面性能的研究、加工过程监测，以及恶劣环境下设备的监测等。

激光超声具有许多突出的优点，因而具有很好的发展应用前景，但目前还存在声光转换效率低，或干涉仪灵敏度低，设备造价高等问题。

2.1.5 超声衍射时差法

超声衍射时差法（Time of Flight Diffraction，TOFD）采用一发一收两只探头，利用缺陷端点处的衍射信号探测缺陷和测定尺寸的一种自动化超声检测方法。该方法主要应用于金属焊缝的无损检测，具有缺陷检出率高、缺陷定量准确、检测速度快、显示信息多且全程记录等优点，是一项很有发展前景的超声无损检测技术。

2.1.5.1 TOFD 检测原理

当超声波作用于一条裂纹时，除在裂纹的表面产生反射波外，还会在裂纹的尖端产生衍射波。这个衍射现象可以用惠更斯原理解释，即超声波振动作用在裂纹端部后，裂纹端部成为新的子波源而产生球面波向四周传播。利用适当的方法可以接收这种衍射波，并按照声波传播时间和几何声学原理计算工件内部裂纹的高度或表面裂纹的深度。

发射探头和接收探头按一定间距相向配置，尽可能使被检缺陷处于两探头中间正下方，然后使小晶片发射探头向被检焊缝发出指向角足够大的纵波声束，充分覆盖整个板厚范围内的焊缝区域，在缺陷上下端部产生的衍射波被同尺寸、同频率的接收探头接收到。

根据沿探测面传播的直通波、缺陷上端点衍射波、下端点衍射波和底面反射波到达接收探头的传播时间差与声速的关系，即可准确地测出缺陷的埋藏深度和自身高度。

超声信息以二维灰度色带图形和脉冲幅度波形显示，TOFD 检测能提供 A 扫描、B 扫描及 D 扫描显示，利用这些图形特征（相位和幅度）可以识别缺陷并定位定量。

2.1.5.2 TOFD 技术特点

TOFD 检测技术的优越性：（1）缺陷检出率高。采用超声衍射技术，缺陷取向不会对衍射信号产生影响。（2）定量精度高。TOFD 衍射法对于缺陷高度的定量精度远高于脉冲反射法。（3）检测效率高。TOFD 检测系统配有自动扫查装置，可使探头对称于焊缝两侧沿焊缝方向扫查，相对于斜探头脉冲反射法的锯齿形扫查，效率明显提高。（4）显示信息多。TOFD 检测系统能够确定缺陷与探头的相对位置，信号通过处理可以转换为 TOFD 图形，显示信息量比脉冲反射法大得多，有利于缺陷的识别和分析。

TOFD 检测技术的局限性：（1）TOFD 图形的缺陷特征不如射线胶片直观，缺陷定性比较困难，判读图像需要丰富的经验。（2）受直通波和底面波影响，对应回波时间宽度，在上下表面附近存在盲区。（3）限于定量原理，TOFD 技术对横向缺陷检测比较困难，点状缺陷的尺寸测量不够准确。（4）由于衍射信号较弱，需要加大仪器增益，因此对噪声敏感，只适合检测超声衰减小的钢铁材料。

2.2 射线检测技术

2.2.1 射线检测概况

射线检测是五种常规无损检测技术之一。它依据被检工件由于成分、密度、厚度等的不同，对射线（电磁辐射或粒子辐射）产生不同的吸收或散射的特性，对被检工件的质量、尺寸、特性等做出判断。

由于射线检测原理是依靠射线透过物体后衰减程度的不同来进行检测的，故适用于所有材料，无论是金属还是非金属。射线检测技术能有效检测沿射线方向的材料厚度或密度的变化。对于平面型缺陷的检测能力取决于被检件是否处于最佳辐射方向；而在所有方向上都可以检测体积型的缺陷。

射线检测结果成像直观，对缺陷的性质和大小判断比较容易。用计算机辅助断层扫描技术可检测缺陷的断面情况；用胶片或存储器可使检测结果长期保存；用图像处理技术还可使评定分析自动化。

射线对物体既不破坏也不污染，但对人体有害，必须妥善防护。射线检测工作属于特殊工种，有专门的机构监督管理。相对其他几种无损检测法，射线检测的费用较高。

X 射线是 1895 年由德国物理学家伦琴（Rontgen）发现的。1913 年，美国人库利吉

（Coolidge）研制出了可以承受高电压、高管流的热阴极 X 射线管。同年，盖特（Gaede）真空泵的出现使射线管的真空度达到 0.013Pa。1913—1918 年间，柯达公司推出了双面乳剂的射线胶片。20 世纪 70 年代以后，图像增强器射线实时成像检验技术、射线层析检测技术等发展迅速。1990 年以后，射线检测技术开启了数字化检测新时代。

在我国，射线检测同超声检测、磁粉检测一样，发展历史较长，技术力量雄厚，是目前工业生产和科学研究中应用最广泛的无损检测方法之一。

2.2.2　胶片射线检测

射线检测历史最长、技术最成熟的是胶片检测法。射线照相的影像质量取决于对比度、清晰度和颗粒度。作为一种射线的探测和显示介质，胶片的感光特性曲线及其主要特性是需要重点关注的。

2.2.2.1　影像质量的基本因素

射线照相影像质量的基本因素，可以从金属边界的射线照相的影像分析中得出。图 2-2 为影像质量的基本因素。

如图 2-2（a）所示，当透照整齐而垂直的金属物体边界时，理想的情况应得到图 2-2（b）所示的黑度分布曲线，即当从一个厚度过渡到另一个厚度时，对应的黑度从一个黑度阶跃变化到另一个黑度。但测量结果显示，实际的黑度分布并不是这种阶跃变化，而是如图 2-2（c）所示，在两个黑度之间存在一个缓慢变化的区域，逐渐地从一个黑度过渡到另一个黑度。这个过渡区的宽度就是射线照相的不清晰度（Unsharpness），一般记为 U。

进一步的研究发现，过渡区的细致情况如图 2-2（d）所示，即实际的黑度存在不规则的起伏不定的不断变化，并不是单调均匀的变化。黑度不规则变化的随机偏差称为影像颗粒度（Granularity），记为 σ_D。对应金属边界的黑度差称为该影像的对比度（Contrast），记为 ΔD。

射线照片的影像质量由对比度 ΔD、不清晰度 U、颗粒度 σ_D 三项要素共同决定，它们是决定影像质量的基本因素，可称之为影像质量三要素。

对比度是影像与背景的黑度差，不清晰度是影像边界扩展的宽度，颗粒度是影像黑度的不均匀性程度。影像的对比度决定了在射线透照方向上可识别的细节尺寸，影像的不清晰度决定了在垂直于射线透照方向上可识别的细节尺寸，影像的颗粒度决定了影像可显示的细节最小尺寸。

表征数字射线检测图像质量的三个基本参数是对比度（$\Delta S/S$）、空间分辨力 R_{im}（不

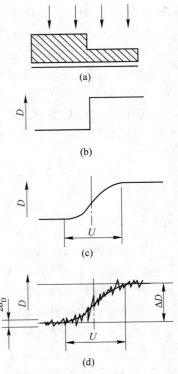

图 2-2　影像质量的基本因素

清晰度 U_{im}）和信噪比（s/σ）。这三个参数与胶片的影像质量基本因素本质相同，主要差别是表现形式有变化，例如用相对值代替绝对值。

2.2.2.2　射线照相灵敏度

决定射线照片影像质量的基本因素是对比度、不清晰度、颗粒度。在射线照相工作中并不直接测量这三个因素，而是设计一些方法综合地测定影像质量。现在广泛采用射线照相灵敏度这个概念和方法，描述射线照片记录、显示细节的能力。

射线照相灵敏度（Sensitivity）的表示方法有两种，即相对灵敏度和绝对灵敏度。相对灵敏度以百分比表示，即以射线照片上可识别的像质计的最小细节的尺寸与被透照工件的厚度之比的百分数表示。绝对灵敏度则直接以射线照片上可识别的像质计的最小细节尺寸表示。像质计（Image Quality Indicator，IQI）是用来评价射线照相检测影像质量和射线照相灵敏度的标准试样。像质计早期称作透度计，现在少数资料仍在沿用。

各种像质计设计了自己特定的结构和细节形式，规定了自己的测定射线照相灵敏度的方法，不同像质计给出的射线照相灵敏度不能简单互换。像质计的设计关键是在透照厚度的基础上，人为地增厚（系列金属丝）或减薄（多个钻孔或开槽）一个系列尺寸（例如 0.1~3.2 mm），用于确定在某种透照条件下的最小可检测尺寸。像质计灵敏度的绝对数值并不代表一定能发现同样尺寸的自然缺陷。

像质计的细节形式及形状和尺寸都有严格规定。广泛使用的像质计主要有三种：*丝型像质计、阶梯孔型像质计、平板孔型像质计*，此外还有槽型像质计等。两种特殊类型的双丝型像质计和线对卡，仅用于测定图像的不清晰度（空间分辨力）。

丝型像质计结构简单、易于制作，型式、规格已逐步统一，已被世界各国广泛采用，也是我国无损检测标准规定使用的像质计。阶梯孔型像质计主要在欧洲应用，平板孔型像质计主要在美国使用。

2.2.2.3　射线照相基本技术

射线照相检验的基本透照参数是：射线能量（Energy）、焦距（Focus to Film Distance）、曝光量（Exposure），它们对射线照片的质量具有重要影响。简单来说，采用较低能量的射线、较大的焦距、较大的曝光量可以得到更好质量的射线照片。

确定透照技术参数的依据是曝光曲线。曝光曲线是在一定条件下绘制的透照参数（射线能量、焦距、曝光量）与透照厚度之间的关系曲线。这些条件主要是：（1）透照工件材料；（2）射线源；（3）胶片、暗室处理技术、增感类型等；（4）射线照相质量要求。给定的曝光曲线只适于在给定的条件下使用，如果使用时的条件与绘制的条件不一致，则必须对从曝光曲线得到的数据进行修正，或重新制作曝光曲线。

X射线照相的曝光曲线有两种类型：第一种类型曝光曲线以透照电压为参变量，给出一定焦距下曝光量对数与透照厚度之间的关系；第二种类型曝光曲线以曝光量为参变量，给出一定焦距下透照电压与透照厚度之间的关系。

2.2.2.4　暗室处理和评片工作

射线照片的质量不仅与透照过程有关，而且也和暗室处理过程密切相关。暗室处理是射线照相检验的重要技术环节，可分成自动处理和人工处理两类。

自动处理采用自动洗片机完成暗室过程，需要使用专用显影液、定影液，一般是在高温下进行处理，得到的射线照片质量好并且稳定，完成全部处理过程为 7~14 min。人工处理可分为盘式处理和槽式处理两种方式，二者的工艺过程基本一致。

　　暗室处理的基本过程一般都包括显影、停显（或中间水洗）、定影、水洗、干燥这五个基本环节。经过暗室处理，胶片的潜在影像成为固定下来的可见影像。暗室装备包括上下水系统、照明系统、通风设备、烘干机、温湿度计、定时器、安全灯等。根据条件和需求，可以配备自动洗片机。

　　评片与报告是射线检测的最后一道工序，也是对检测结果作出结论的重要工作。首先根据底片黑度范围和像质指数等情况，评定底片曝光和显影工艺是否合格。底片质量合格之后，根据底片上的工件缺陷数据，按照有关技术标准对工件质量作出评定。

　　底片评定需要专用光源和仪器，包括观片灯、黑度计、放大镜、尺子和光阑等。

2.2.3　数字射线检测

　　数字射线检测技术（Digital Radiology）就是可获得数字化图像的射线成像检测技术。获得数字射线检测图像是数字射线检测技术的基本特征。从获得检测图像的角度，可将工业射线检测技术分为胶片射线检测技术和数字射线检测技术。

　　2.2.3.1　数字射线检测技术体系

　　在工业领域应用的射线检测技术已形成由射线照相检测技术（Radiography）、射线实时成像检测技术（Radioscopy）、射线层析成像检测技术（Computed Tomography）构成的比较完整的射线无损检测技术体系，见表 2-1。

表 2-1　射线无损检测技术体系

射线检测技术	检测技术类别	重要说明
射线照相检测	常规胶片射线照相检测	模拟图像，可后数字化
	IP 板射线照相检测技术	CR 检测技术，间接数字化
射线实时成像	图像增强器实时成像检测	真空管、高压电源，间接数字化
	平板探测器实时成像检测	DR 检测技术，面阵 DDA 和线阵 LDA
	CMOS 数字平板成像检测	活性像元探头，扫描式，轴外检测
射线层析成像	CT 层析成像检测	多扇面透射，数字图像
	CST 层析成像检测	康普顿散射，数字图像

　　数字射线检测技术可分为三种情形：（1）直接数字化射线检测技术；（2）间接数字化射线检测技术；（3）后数字化射线检测技术。CT 技术、CST 技术是特殊的直接数字化射线检测技术，可称为层析数字射线检测技术。

　　直接数字化射线检测技术是指采用分立探测器阵列完成射线检测的技术，包括面阵探测器和线阵探测器两种类型。分立探测器阵列（Discrete-Detector Arrays，DDA）也称为数字探测器阵列。这些技术系统在辐射探测器中完成图像数字化，从探测器直接给出数字化检测图像。直接数字化射线检测技术采用 DR（Direct Radiography）表示。现在 DR（Digital Radiography）也常泛指数字射线检测技术。

间接数字化射线检测技术的探测器不完成图像数字化（A/D 转换），检测图像的数字化过程需要采用单独的技术单元完成。现在工业应用的是采用 IP 板的 CR 技术和采用图像增强器的成像检测技术。

后数字化射线检测技术是指采用图像数字化扫描装置，将胶片射线照相检测技术的底片图像转换为数字检测图像的技术。

日常所说的数字射线检测技术，通常仅指采用 IP 板成像的 CR 检测技术和采用 DDA 成像的 DR 检测技术。CR 本来是 Computed Radiography 的缩写，现在看来当初命名有些宽泛了，不过由此反映出 CR 是较早的数字化射线检测技术。

数字射线检测与胶片射线照相的主要区别有：（1）采用辐射探测器代替胶片完成射线信号的探测和转换；（2）采用图像数字化技术，代替暗室处理获得数字检测图像。

2.2.3.2 数字图像质量表征参数

按照普遍接受的 ASTM E2736—2017《X 射线检测器阵列射线检测技术导则》标准的相关内容，表征数字射线检测图像质量的三个基本参数是对比度、空间分辨力（不清晰度）和信噪比，它们决定了检测图像的细节（缺陷）的识别和分辨能力，具体如下：

（1）检测图像对比度（Contrast）。对比度 C 定义为检测图像上两个区域的信号差 ΔS 与图像信号 S 之比，即对比度 $C = \Delta S / S$。对比度表征的是检测图像分辨厚度差或密度差的能力。基于探测器系统的线性转换特性，可给出小厚度差 ΔT 获得的对比度 C 与技术因素的关系，即：

$$C = \frac{\Delta S}{S} = \frac{\Delta I}{I} = -\frac{\mu \Delta T}{1 + n} \tag{2-1}$$

式中，I 为射线强度；μ 为线衰减系数；n 为散射比。即检测图像对比度由射线检测的物体对比度（$\Delta I / I$）决定。实际上它还受到图像数字化过程、图像空间分辨力的影响。

（2）检测图像空间分辨力（Spatial Resolution）。检测图像的空间分辨力表征的是图像在垂直射线方向上的分辨力，它限定了在该方向上可分辨的细节（缺陷）最小尺寸。

检测图像空间分辨力常用图像不清晰度 U_{im}（mm）或可分辨的最高空间频率 R_{im}（Lp/mm），以及单位长度（1 mm）的像素个数或像素尺寸 P_e 表示，它们之间的关系为：

$$R_{im} = 1/U_{im}; \quad U_{im} = 2P_e \tag{2-2}$$

例如，某图像的不清晰度为 0.2 mm，则对应的空间频率为 5 Lp/mm，像素尺寸为 0.1 mm。

检测技术总不清晰度 U 由透照布置的几何不清晰度 U_g 和探测器的固有不清晰度 U_D 确定。检测图像不清晰度 U_{im} 是在工件处测定的不清晰度，它与检测技术总不清晰度 U 的关系是 $U = MU_{im}$，其中 M 为透照布置的放大倍数。

（3）检测图像信噪比（Signal to Noise Ratio）。检测图像的信噪比 SNR 定义为检测图像某区的平均信号 S 与该区信号的统计标准差之比，即：

$$SNR = \frac{S}{\sigma} \tag{2-3}$$

图像信号是探测器对输入射线信号的响应，噪声是探测器对输入射线信号响应的波动（偏差）。信噪比是表征图像质量的基本因素，它与对比度共同决定了检测图像识别细节（缺陷）的能力。

如果形成检测图像信号的射线光子数为 N，则有 $S = N$，$\sigma = \sqrt{N}$，故有：

$$\text{SNR} = \frac{N}{\sqrt{N}} = \sqrt{N} \tag{2-4}$$

该式表明了图像信噪比与技术因素的关系，即信噪比随曝光量增加而增加。当曝光量增加到一定程度后，探测器结构噪声将限制信噪比的增大。

2.2.3.3　IP 板间接数字化射线检测系统（CR）

采用 IP 板系统构成的间接数字化射线检测系统，简称为 CR 系统。CR 系统由 4 部分组成：（1）射线源；（2）IP 板；（3）IP 板图像读出器；（4）图像显示与处理单元。

IP 板的荧光物质受到射线照射时，射线与荧光物质相互作用所激发出的电子，在较高能带被俘获，形成光激发射荧光中心，以准稳态保留在 IP 板荧光物质层中。这样，在 IP 板中就形成了射线照射信息的潜在图像，这些潜像可以采用激光激发扫描读出。

读出时光激发射荧光中心的电子将返向它们初始能级，并以发射可见光的形式输出。所发射的可见光与原来接收的射线强度成比例。这样将 IP 板上的潜在图像转化为可见的图像。对该图像进行数字化处理，可得到射线检测的数字图像。

为重新使用 IP 板，在完成图像读出后，采用适当光强照射 IP 板，擦除 IP 板上残留的部分潜在射线图像，这样 IP 板可再次用于记录。IP 板一般可重复使用 5000 次以上。

CR 检测比胶片检测速度快，但不能实时成像。IP 板价格昂贵，但总体上比胶片费用低。先进的 CR 系统分辨力是 25 Lp/mm（像素 20 μm），达到胶片射线检测技术水平。

2.2.3.4　DDA 直接数字化射线检测系统（DR）

采用辐射探测器阵列（DDA）的直接数字化射线检测系统，简称 DR 系统，可分为两类，一类是面阵探测器检测系统，另一类是线阵探测器检测系统：

（1）面阵探测器数字射线检测系统。面阵探测器直接数字化射线检测系统的基本组成是：（X、γ）射线源、面阵探测器、图像显示与处理单元。

面阵探测器常用的是非晶硅面阵探测器、CMOS 面阵探测器或非晶硒面阵探测器。探测器完成对射线的探测与转换，同时完成图像数字化，直接获得数字检测图像。常用的面阵探测器像素尺寸为 200μm、150μm、100μm 等。

面阵探测器直接数字化射线检测系统应用时，通常都采用静态检测方式获取检测信号。如果配备适当的机械装置和软件，这类系统也可以采用动态方式完成检测。

（2）线阵探测器数字射线检测系统。线阵探测器直接数字化射线检测系统包括：射线源、线阵探测器、机械装置、图像显示与处理单元。线阵探测器常用的是非晶硅、CMOS 或 CCD 阵列结构辐射探测器，完成射线的探测、转换和图像数字化，常见像素尺寸有 84 μm、127 μm。

线阵探测器每次采集的仅是图像的一行数据，只能通过扫描方式完成整个图像。一般是射线源与探测器固定不动，机械装置驱动工件运动，完成图像采集。

线阵探测器的像素尺寸一般小于面阵探测器像素尺寸。另外，线阵探测器直接数字化检测技术可用准直缝窄束射线，有效地限制散射线，使图像质量得到提高。

DR 数字射线检测系统的主要特点是可获得很高对比度的检测图像。如果探测器像素尺寸较小，也可获得较高的空间分辨力。非晶硅和非晶硒探测器不如胶片的空间分辨力，而 CMOS 探测器的空间分辨力较高。DR 射线检测系统获得图像的信噪比，远高于其他射线检测技术的图像信噪比和对比度灵敏度。

DR 系统检测速度快，从透照曝光到获取图像的整个过程一般仅需几秒到十几秒。DR 数字射线检测系统价格昂贵，是影响该技术推广应用的原因之一。

2.2.4 CT 射线检测

CT（Computed Tomography）是计算机层析成像检测或断层扫描成像检测的简称。CT 技术被认为是 20 世纪后期的重大科技成果之一，最引人注目的应用是在医学诊断领域。医用 CT 对人体检查可以提供高质量的图像，但不适于检测大尺寸、高密度物体。经过近 40 年的发展，工业 CT（ICT）研究已成为一个技术分支，取得了突破性进展。

我国从 20 世纪 80 年代中期开始研究 CT 技术，1987 年和 1990 年清华大学分别对 γ 射线 CT 和 X 射线 CT 装置进行了研究。1993 年以后，重庆大学、中国科学院高能所等单位陆续研制出 γ 射线源 ICT 装置。近年来，国内研发了不同用途的 ICT 检测设备。

2.2.4.1 层析成像检测原理

CT 技术可以概括为测量射线从不同角度穿过物体指定层面的大量衰减数据，利用计算机重建被测物体射线穿过层面的二维图像，以获取待测物体内部信息的无损检测方法。CT 检测技术与射线照相技术在成像方面明显不同。射线照相技术是将物体信息压缩为一幅与射线束垂直的平面图像，而 CT 技术却是给出射线束穿过层面的物体断面图像，需要扫描断层和重建图像。图 2-3 为射线 CT 的工作原理。

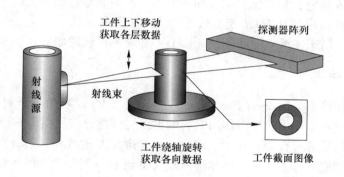

图 2-3 射线 CT 的工作原理

如图 2-3 所示，射线源经准直器形成扇形线束穿过被检工件待测断层，透过射线作用于探测器阵列的各个单元，经数据采集电路得到一组衰减数据，例如 $n = 256$。工件绕轴转动 $m = 256$ 个分度即可得到 256×256 个衰减数据。把这些数据送至主计算机，经必要的数据校正后即可按一定的算法（如卷积反投影算法）进行图像重建。

重建的 256×256 的灰度图像就是所测断层的二维影像。采用必要的图像处理和测量技术可得到被检工件各个壁厚形状和尺寸。若把工件沿 z 轴移动一个层距，重复上述过程，可获得一个新的断层图像。测得足够多的二维断层图像就可建立工件的三维图像。

2.2.4.2　检测系统扫描方式

为了获得断层图像重建所需要的射线衰减数据，射线源和被测对象之间必须有相对运动，或者与探测器有特定的空间配置，这就是 CT 系统中的技术分类——扫描方式。按技术发展的先后次序，形成了五代（或者说五种）不同的扫描方式：

第一代至第三代的扫描方式用于工业 CT，其中第二代和第三代应用较多。第二代采用高能窄束射线，适于检测大型工件，第三代采用中低能量宽束射线，适于检测中小工件。从第一代到第三代，射线束变宽，探测器变多，扫描运动变少，检测效率得到提高。

第四代扫描方式用于医学 CT，射线源旋转而人体不动，采用环形阵列探测器（数量最多），因此速度快，成本高。第五代是一种特殊的工业 CT，采用多源多探测器，用于钢管质量与壁厚的在线检测，钢管仅做直线运动，可以快速获得各截面的环形 CT 图像。

2.2.4.3　CT 技术特点与应用

CT 技术的主要优点是可对缺陷定性、定位、定量，检测结果直观，灵敏度高。CT 可给出工件任一层面的图像，可以发现平面内任何方向的缺陷，容易准确地确定缺陷的位置和性质。空间分辨率 1~65 Lp/mm，密度分辨率 0.1%~1%，几何灵敏度 2~25 μm。检测对象基本不受材料、尺寸、形状的限制。CT 技术主要缺点是检测成本高和检测效率低。CT 技术的应用分为以下几方面：

（1）缺陷检测，主要用于检验小型、精密的铸件和锻件和大型固体火箭发动机；

（2）尺寸测量，如精密铸造的飞机发动机叶片的尺寸测量，尺寸误差小于 0.1 mm；

（3）结构密度检查，检查工程陶瓷和粉末冶金产品制造过程发生的材料或成分变化；

（4）反馈工程技术，利用 CT 技术获得的结构和密度信息，完成复杂产品的复制和新产品的辅助设计，用于计算机辅助设计（CAD）和计算机辅助加工（CAM）中。

2.2.5　中子照相检测

中子射线照相检测（Neutron Radiography Testing，NRT）利用中子射线（中子流）与被测物质的原子核发生作用，探测作用之后的射线强度与分布从而得知物质内部的信息。

中子在穿越物质的过程中，作用机理和衰减规律与 X 射线和 γ 射线完全不同，使得中子检测有特异的功能和特点，中子照相检测是 X 射线和 γ 射线检测的重要补充。

2.2.5.1　中子照相检测原理

中子是组成原子核的基本粒子之一，呈电中性。中子具有 β 衰变，能够放出一个电子而成为质子。中子的半衰期为 10~12 s，因此，自由中子在自然界中很难存在。中子具有波粒二象性，在穿越物质的过程，与原子核发生作用而衰减。中子能使射线胶片间接感光。

由于中子不带电荷，它在穿透物体时，与原子壳层电子不发生电子库仑力作用，而是直接击中原子核发生核反应。核反应越强烈，中子强度衰减越大，具体衰减程度与物体内部单位体积内核素性质、种类、密度、厚度等因素有关，从而使穿透中子束的强度变化与物体内部结构相对应，用转换屏和射线胶片检测这些中子射线，即可得到与物体内部结构相对应的图像。

中子与原子核的作用机制主要有弹性散射、非弹性散射、核反应、核裂变、辐射俘获。对于中能的中子，弹性散射是其损失能量的主要原因。

各种能区的中子都可以用作中子照相的中子源，而且各有不同的特点和用途。到目前为止，热中子照相技术最为成熟，应用也最广。

热中子本身几乎不能使 X 光胶片感光，因此采用转换屏。转换屏在中子的照射下可以发射 α、β 或 γ 射线，其强度与照射的中子射线强度成正比例。利用转换屏所产生的射线使胶片曝光，可以真实地记录中子射线图像。

2.2.5.2　中子照相检测特点

（1）一些轻原子材料和某些特定材料对中子的吸收能力比重原子材料大，可利用这一特点检测重金属内所含轻材料的分布和状态。例如金属弹壳里装填火药的状况。

（2）中子对于相邻原子序数的材料的分辨力比 X 射线和 γ 射线强。例如，可用中子照相来检查石墨（C）中含硼（B）量及其分布。因为石墨和硼原子序数虽然相近，但对中子的反应截面却相差数百倍。

（3）中子对某些元素的同位素敏感。同位素原子核中质子数相同，而中子数不同，因此原子序数相同，但其核反应截面相差很大。例如，用中子照相可鉴别氢的三种同位素。

中子射线照相由于需要核反应堆或加速器而使设备体积庞大、价格昂贵，且有辐射危害，需要特别培训过的专业人员操作。中子射线检测作为 X 射线和 γ 射线检测的补充手段，主要应用于航空航天、兵器工业和原子能领域。

2.3　涡流检测技术

由于电磁感应而在导体中产生的旋涡状电流称为涡电流或电涡流（Eddy Current），简称涡流。涡流信号包含着导电试件的信息，由此形成的无损检测方法称为涡流检测。涡流检测是无损检测的五种常规方法之一，在冶金、机械、能源、航空等领域应用广泛。

将导电试件置于通有交流电的线圈附近，线圈的交变磁场就会与导体发生电磁感应作用，在导体中感生出涡流。导体中的涡流也有自己的磁场，涡流磁场同样会与线圈发生电磁感应作用，在线圈上感生电压。线圈中的总电压是激励电压与感应电压的矢量和。

当导体中的某些因素发生变化时，例如缺陷或电导率、磁导率、形状、尺寸等发生变化，会影响到涡流的强度和分布，涡流的变化又引起了线圈感应电压的变化。通过测定和分析线圈电压的变化，就可以得知导体的性质状态及有无缺陷等信息。

2.3.1　技术特点和应用范围

2.3.1.1　涡流检测技术特点

作为电磁无损检测方法之一，涡流检测具有鲜明的特点，归纳为以下几方面：

（1）涡流检测只适用于导电材料。涡流检测的对象绝大多数是金属材料（包括铁磁性和非铁磁性两大类），还有很少的非金属材料例如石墨等。

（2）涡流检测是一种表面和近表面的检测方法。由于趋肤效应，涡流检测特别适合检测金属薄壁管、金属薄板、金属丝材等，而对于厚大的试件，只能做表面和近表面检测。

（3）涡流检测不需要耦合剂。与超声检测不同，线圈和试件之间的电磁感应不需要耦合剂，但是耦合间隙（填充系数或提离）对感应电压信号影响很大。

（4）涡流检测速度快。涡流检测是非接触方式，检测速度很快。例如金属管、棒材的涡流探伤，速度可达到每分钟几百米。高速线材的检测，速度更可达到每分钟 6000 m 以上。

（5）涡流检测能实现高温下的检测。对高温坯材以及加工中的高温管材、棒材和线材进行检测，使不合格品不再进入后续工序，可以节约产品成本，提高生产效率。

（6）涡流检测容易实现自动化。涡流检测的过程是电磁感应过程，对检测信号的处理和判别通过电路或计算机进行。所以，涡流检测可以脱离人的操控而实现自动化检测。

（7）涡流检测能用于复杂形状工件的检查。涡流检测线圈可以绕制成各种形状，适应各种截面的材料检测。涡流线圈可以做得很小，深入管道内壁和工件的孔腔进行检测。

（8）涡流检测是一种当量比较的检测方法。涡流检测方法仍是将检测结果与标准人工缺陷进行对比，来判断缺陷的有无或是否超标。

（9）涡流检测应特别注意信号处理。电磁感应的影响因素很多，需要采用鉴别电路和技术，区分各种因素的响应，实现对某一因素的有效检测。

在涡流检测技术的研发中，小波分析、人工神经网络等现代信号处理技术相继引入涡流检测领域，为从涡流检测信号中获取更多的有效信息提供了可能；有限元数值仿真方法的引入，则为涡流检测的理论研究和应用基础研究提供了新的思路和新的工具，从而改写了涡流检测主要依靠实验研究的局面。

2.3.1.2 涡流检测应用范围

因为涡流检测是以电磁感应原理为基础的检测方法，所以所有与电磁感应有关的影响因素，都可以作为涡流检测方法的检测对象。涡流检测应用范围具体如下：

（1）电导率。涡流法可以用来测量非铁磁性金属材料的电导率，也可以用来检验与电导率有数值对应关系的金属性能，如化学成分、硬度、应力、温度、热处理状态等。

（2）磁导率。涡流法可以用来测量铁磁性金属材料的磁导率，也可以用来检验与磁导率有数值对应关系的金属性能，如铁磁性材料的热处理状态、化学成分、应力、温度等。涡流检测一个很重要的应用就是按牌号分选合金（俗称分钢）。

（3）几何形状和尺寸。涡流法可以测量工件的形状、尺寸，如棒材的直径、管材的壁厚及薄板材的厚度等。

（4）检测线圈与被检工件之间的距离。检测线圈与金属间的距离对在其中感生的涡流强度有直接影响。因此，涡流法可以用来检验金属表面上非金属膜层的厚度以及间隙的大小（如金属旋转轴的振动和位移）等。

（5）不连续性缺陷。涡流探伤对于导电材料表面上或近表面内的不连续性缺陷，诸如裂纹、孔洞、夹杂物等，具有良好的检出灵敏度。

涡流检测广泛应用于各工业领域，用于对各种金属和非金属导电材料及其制件、加工工艺过程、使用与维修等各个环节的质量检测与控制。既可用于检测金属试件的缺陷、测量电导率与材料分选，还可用于测量厚度、位移、振动等物理量，涡流检测技术应用类别见表2-2。

表 2-2 涡流检测技术应用类别

检测目的	检测原理	技 术 应 用	技术关键
涡流探伤	几何不连续性，裂纹效应、直径效应等	管、棒、线、板、坯等探伤，机加工件探伤，飞机维护、管道检查疲劳裂纹的监测	对比试样，当量评定
材质试验	电导率效应	金属材料成分含量、杂质含量的测量，金属热处理状态的鉴别，金属材料的分选	标准试样，数值（范围）测量
尺寸及状态检查	提离效应	金属涂层、镀层、渗层厚度的测量，非导电材料厚度测量（配金属板），位移、振动测量，液位、压力监控	位移标定（校准）
	厚度效应	金属薄片厚度测量，绝缘材料上的导电薄膜	厚度标定（校准）

利用涡流检测中的提离效应，不但可以测量金属试件上的膜厚，还可以测量位移、振动、转速等的非电量参数，例如机器转轴轴向位移的测量、径向振动的测量、轴振矢量的测量，材料线膨胀系数的测量，利用压力膜盒测量容器压力（膜片位移对应压力），监测工件几何尺寸的变化，旋转体转速、线速度的测量（利用圆周上等距的凸起或凹槽）等。

2.3.2 涡流自动探伤

本节内容以冶金产品（管棒线板带坯）的自动化探伤为例，内容体系侧重原理知识的衔接和技术应用的介绍，不针对探伤方案的制定和探伤工艺的实施等专业技能。

2.3.2.1 涡流自动探伤方法

按照线圈与试件的匹配形式，分为三种类型：（1）穿过式线圈；（2）探头式线圈（点探头、点式线圈、放置式线圈）；（3）马鞍式线圈（扇形线圈）。穿过式线圈和探头式线圈的性能比较见表2-3。马鞍式线圈专门用于焊管直焊缝的在线检查。检测线圈基本形式中的内插式线圈不适合冶金产品自动化探伤。

表 2-3 穿过式线圈和探头式线圈的性能比较

线圈类型	工件形状	相对运动/扫描方式	检测效率	灵敏度
穿过式线圈	管、棒、线	环形探头不动，工件前进，直线扫描圆周	较高	较低
探头式线圈	管、棒、板、带	点探头旋转，工件前进，螺线扫描圆周 点探头平移，工件不动，折返扫描平面	较低	较高

按照线圈绕组的线路连接方式或者说比较方式，分为三种类型：（1）绝对式线圈；（2）自比式线圈；（3）他比式线圈。其中绝对式和他比式线圈主要用于材料性能测试与钢种分选，自比式线圈主要用于材料自动化探伤。自比式线圈又包括差动式和电桥式两种，其中差动式因激励绕组和测量绕组分开、可各自优化设计而应用较多。

检测线圈与待测试件的相对运动方式共有五种类型：（1）探头不动，工件直线前进；（2）探头旋转，工件直线前进；（3）探头不动，工件螺旋前进；（4）工件原地旋转，探头轴向扫描；（5）工件直线前进，探头横向扫描。其中（1）和（2）应用较多，而（4）和（5）类似打印机的工作方式。

2.3.2.2　涡流自动探伤设备

涡流自动探伤设备由检测线圈、检测仪器、机械装置和电控系统组成。钢管涡流自动探伤系统包括：（1）上料台架（包括上料机构）；（2）传送辊道（输入和输出两部分）；（3）检测台架（探头及探头架等，连接探伤仪）；（4）直流退磁装置；（5）下料槽架（包括下料分选机构）；（6）操作台柜（控制中心）。

检测台架是执行探伤工作的主体装置（主机部分），包含探头和探头架（磁饱和装置、信号耦合装置）、驱动压轮、升降台等。

磁饱和装置是克服工件磁性影响的必要单元。铁磁性金属因为磁导率很大而探测深度很浅。另外，经过冷加工处理后材料各处磁导率不均匀，涡流检测磁噪声大。从磁特性曲线可知，当外加恒定磁场 H 达到一定值后，金属的磁感应强度 B 增加缓慢、接近饱和，磁导率 μ_r 降至很小且均匀化。采用直流磁饱和技术可以有效解决上述问题。

信号耦合装置常用非接触的电感耦合、电容耦合、无线传输耦合等方式。采用旋转点探头对金属管棒材涡流探伤时，由于探头旋转，探头与仪器之间无法使用导线进行信号传输。要完成这些信号的传输，就需要在探头和仪器之间配备信号耦合装置。

操作台柜是对机械传动装置的各种动作进行自动和人工控制的单元。在自动化程度较高的场合，可以采用 IPC 或 PLC 作为控制核心。

2.3.3　金属材质试验

金属材料电导率和磁导率不仅是反映材料电磁特性的两个重要物理量，而且与材料的其他性能和状态密切相关。随着金属种类、纯度、热处理状态、组织结构和塑性加工的不同，它们的电磁特性都会产生相应的变化。长期以来，电阻分析和磁性分析一直是研究金属时广泛采用的物理方法。

利用金属电磁特性来推断试件成分、结构和性能的测试方法称为材质试验。根据材料性质的不同，通常分为非磁性材料的材质试验和铁磁性金属材料的材质试验两种情况。材质试验的要点是确立电磁特性参数与某个材质因素之间的对应关系，根据被测试件的电磁参数变化来推断试件的材质变化。

电磁方法还常用来测量一些几何量或力学量，包括金属涂层、镀层、渗层等厚度，金属薄板厚度以及设备关键部位的位移、振动等。

2.3.3.1　金属电导率及其测量

非磁性金属材料的材质试验一般是通过电导率（或电阻率）的测定进行的。根据电导率随材质变化的对应关系，由测定的电导率可以对金属试件的材质作出判断。表2-4是几种典型金属的电阻率和电导率。

表 2-4　几种金属材料的电阻率、温度系数、电导率（20℃）

金属材料	铜	银	金	铝	钨	铁（99.98%）	轴承钢
电阻率/$\mu\Omega \cdot cm$	1.724	1.59	2.44	2.82	5.6	10	11.9
温度系数/$10^{-3} \cdot ℃^{-1}$	3.93	3.8	3.4	3.9	4.5	5.0	4.0
电导率/%IACS	100	108	70.7	61.1	31	17	9.6
电导率/$MS \cdot m^{-1}$	58.0	63	41.0	35.4	17.9	10	8.4

注：IACS 为国际退火铜标准，一种相对电导率（百分数），某种金属电导率与退火纯铜电导率的比值；

电导率单位换算：$1\dfrac{MS}{m} = 10^6 \dfrac{1}{\Omega \cdot m} = 10^{-2} \dfrac{1}{\mu\Omega \cdot cm}$ 或 $\dfrac{1}{\mu\Omega \cdot cm} = 100\dfrac{MS}{m}$。

当金属内原子按规则整齐排列（如单晶或经过充分退火的高纯度金属）时，电子做定向运动受到碰撞次数减少，电阻降到最小；当金属含有杂质，或掺入其他元素形成合金时，将使晶格点阵产生变形，电阻将增大；金属经过不同的热处理，晶格点阵将产生不同的变形，内部显微组织会产生相应的变化；金属经过冷作加工，内部含有残余应力等等都会使金属的电阻率发生变化。

电导率的测量是采用已知量值的电导率标准试块校准涡流电导仪后对材料或零件的电导率进行测量，不需要选择与被检测对象材料、热处理状态相同或相近的材料制作对比试块，因此在电导率测试中只有标准试块而不存在对比试块。

采用涡流方法测量电导率时，如果试件很薄，会受涡流趋肤效应的影响，一般要求试件厚度大于涡流渗透深度的 3 倍。

2.3.3.2　材质鉴别与混料分选

A　材质状态及性能鉴别

用涡流法进行材质检验的实质，是材料电导率的变化对检测线圈阻抗的影响。而材料的电导率受其成分、热处理状态、硬度和强度等因素的影响。因此，采用涡流法检测材料的电导率，即可鉴别材料的成分、热处理状态以及混料分选等。这种方法不会损伤零部件表面，且检测过程方便快捷，特别适合现场应用。

金属纯度与电导率有着密切的关系。当金属溶入少量杂质时，电导率会显著下降。例如在铜中含有 0.1%~0.2% 像铁、硅、铍这类杂质时，它的电导率就会急剧下降。相同材料经过不同的热处理，电导率是有差异的，可以通过测量电导率鉴别其热处理状态。时效硬化铝合金的硬度与电导率有对应关系，通过测量电导率可以跟踪硬度变化。

B　非铁磁材料的混料分选

在工厂、仓库等场所难以避免地会遇到材料混杂的情况，包括不同牌号，相同形状的材料工件的混料，或是同一牌号，但加工程序不同，或热处理状态、硬度不同的材料或零件混料。电磁方法是进行混料分选的有效方法（表2-5），利用这些材料合金成分、热处理状态、硬度等性质上的区别，测出其电导率，然后与各自应有的电导率相比较，就可以对混料做出鉴别。

表 2-5　电磁分选的应用范围

金属种类	分选类别	利用的材料特性
非铁磁性金属	合金成分、硬度（退火、淬火）、强度	电导率
铁磁性金属	合金成分、硬度（退火、淬火）、表面硬化（渗碳、渗氮）	磁滞回线、磁导率、饱和磁感应强度、剩磁、矫顽力

C　铁磁性材料的材质试验

对于铁磁性材料，由于它们的相对磁导率都很大（$10^2 \sim 10^4$ 数量级），材质试验时，磁效应往往比电导率效应要大得多，因此，铁磁性材料的材质试验通常都利用磁性效应进行。

铁磁性材料的材质试验是依据磁特性参数（初始磁导率 μ_i、最大磁导率 μ_{max}、剩磁 B_r、矫顽力 H_c 等）与材质状况（化学成分、组织结构、热处理状态、内应力等）之间的关系进行的。按照试件的磁化程度不同，分为弱磁化法（μ_i）和强磁化法（μ_{max}、B_r、H_c 等）。

采用强磁化方法的材质试验，也可以不涉及具体的磁特性参数，而是测量受试件材质影响的磁路中磁通量或感应电压的变化，对试件的材质做出鉴别。

2.3.4　膜层薄板厚度测量

2.3.4.1　膜层厚度测量

膜层又称覆盖层或覆层，是材料表面保护装饰或强化性能的涂层、镀层、渗层、贴膜等薄层，这些情形的厚度测量是涡流检测的重要应用之一。常见的覆盖层/基体材料的组合有以下几种：

（1）绝缘材料/非铁磁性金属，例如铝合金上的阳极化层，非磁性金属上的油漆层等；

（2）非铁磁性金属/非铁磁性金属，例如非磁性金属上的铜、铬、锌等镀层；

（3）一切膜层/铁磁性金属，例如钢件上的塑料、油漆层、镀铬、镍层、渗碳层等。

基体和膜层材料组合不同，采用的检测方法也不同。对上述（1）和（2）两种材料组合采用涡流方法，而第（3）种组合采用电磁感应方法。厚度范围一般为几微米至几百微米。

对于第（1）种材料组合，膜层测厚的基本原理是利用涡流检测中的提离效应。当载流线圈放置在不同膜层厚度的试件上，试件中产生的涡流是随膜层厚度而变化的，只要作出间隙距离-线圈阻抗的定量关系曲线，就能测量金属膜层厚度了。

采用涡流法测表层厚度，常见的干扰因素是基体金属的厚度和电导率。当基体厚度达到渗透深度的 3 倍以上，其厚度变化对测量结果的影响可以忽略。基体材料的电导率变化则会影响测量结果，而随着激励频率的提高，其影响将减小。涡流测厚仪一般都取用较高频率，有利于抑制基体厚度变化和电导率变化产生的影响。

对于第（2）种材料组合（非磁性金属/非磁性金属），由于膜层为导电层，只有在基体和膜层两者电导率差距比较大时，才能采用涡流法测量。

对于第（3）种材料组合，即磁性材料基体上的膜层测厚，通常采用电磁感应方法。用电磁轭与基体材料构成磁回路，当磁化磁场一定时，磁路中的磁通量与膜层厚度有关。建立磁通量与膜厚的对应关系，就能测量磁性金属膜层厚度了。

2.3.4.2 导电薄板厚度测量

涡流法可用于导电薄板厚度测量，测量的原理是利用放置式线圈阻抗的厚度效应。当试件的板厚小于涡流渗透深度时，板厚的变化对涡流的分布影响很大，使线圈的阻抗有明显的改变。由阻抗分析可知，板厚越小，线圈阻抗随板厚变化越大，测量效果越好。建立板厚与线圈阻抗之间的对应关系，即可对待测试件进行厚度测量。

按检测线圈的所放位置或工作方式，涡流法金属薄板厚度测量可分为反射式和透射式两种。降低激励电流的频率，可以增大涡流渗透深度，从而扩大测量范围。在测量时，一些干扰因素会对测量结果带来不良影响，例如试件电导率的变化、提离变化等，应设法将它们的影响降低到最低程度。

2.3.5 多频涡流检测技术

2.3.5.1 单频涡流和多频涡流

按照仪器的工作频率特征，涡流检测仪可分为单频涡流仪和多频涡流仪。单频涡流仪并不是只有唯一的激励频率（检测频率），而是在同一时刻仅以单一频率工作，即多个频率选择其一。多频涡流仪是指同时可以选择两个或两个以上激励频率工作的涡流检测仪器。多频涡流探伤仪具有多个信号激励与检测通道，因此又称多通道涡流探伤仪。

单频自动涡流探伤仪的信号处理方法包括相位分析法、调制分析法和幅度分析法。相位分析是在交流载波状态下，利用缺陷信号和干扰信号相位的不同来抑制干扰和检出信号。调制分析和幅度分析是在去掉了交流载波后的准直流信号的处理方法，分别利用了缺陷信号与干扰信号调制频率的不同、缺陷信号与干扰信号幅度上的差异来抑制干扰和检出信号。单频涡流仪器只能抑制一个主要干扰（振动），适合管棒材自动化探伤。

多频涡流检测技术是实现多参数检测的有效方法，该方法对检测线圈同时施加几个不同频率的激励信号，能有效地抑制多个干扰因素，一次提取多个所需信号（如缺陷信号和工件厚度等）。

2.3.5.2 多频涡流检测

理论与实践表明，缺陷信号和干扰信号对探头的作用是相互独立的，两者共同作用时的结果为单独作用时结果的矢量叠加。利用这一特点，可以通过改变检测频率来改变涡流在被检材料中的大小和分布，使同一缺陷或干扰在不同频率下产生不同的涡流效应（表现为涡流阻抗曲线变化的大小和方位不同），最后通过多频分析处理法，有效地消除干扰的影响，仅保留缺陷信号。

多频涡流（Multi-frequency Eddy Current）的每一个检测通道都是工件所有影响参数作用的结果。对于 n 个作用参数，要求有 n 个独立的检测通道，以便能将所有的参数分离，使每一个通道表示一个参数。涡流检测时，使用一个频率在复数阻抗图中就有虚数分量 X 和实数分量 R 两个信号。用 n 个频率，理论上就存在 $2n$ 个通道。

在多频涡流检测中，实现参数分离的常用方法有高斯消元法和坐标旋转法：（1）高斯消元法是求解线性代数方程组的一种方法，反映在方程组系数矩阵的计算上。根据高斯消元法工作的转换电路可以逐次消除信号中的干扰参数，最后取出需要的信号。（2）在坐标旋转法中，如果只使用一个坐标旋转器来抑制噪声，其原理同单频相敏检波方法相同，都是通过使输出信号方向与噪声方向垂直来抑制噪声。可以多次利用坐标旋转，消除需要抑制的参数，从而实现参数分离。

多频涡流检测技术的典型应用是电站热交换器配管的在役检测。热交换器设备复杂，内部和外部困扰很多，智能化多通道多频涡流检测是少数有效的无损检测技术。

2.3.6 脉冲涡流检测技术

2.3.6.1 脉冲涡流检测原理

对时间函数做傅里叶变换就是求这个函数的频谱。只要满足条件，一个时间函数可以表示为多个谐波分量之和，而这些分量的频率和振幅就构成了这个函数的频谱。一个脉冲信号可以展开为很多谐波分量之和，具有很宽的频谱。当用脉冲电流作激励信号进行涡流检测，同样也可以获得试件的多参数信息。

脉冲涡流（Pulsed Eddy Current）的工作原理和信号流程为：由脉冲发生器给探头提供一个激励信号，探头得到的响应信号和补偿装置给出的补偿信号相减后，将差值信号送入滤波器和放大器，然后把信号展开并送入频谱分析器与脉冲信号发生器提供的参考信号相结合，得到一系列函数信号 C_i 送入转换电路，把信号分离成 q_i。

脉冲涡流法与多频涡流法的工作原理基本相同，不同之处在于脉冲涡流法的激励信号是脉冲信号，并采用了脉冲分析技术。

2.3.6.2 脉冲涡流检测特点

（1）单频涡流检测或多频涡流检测对感应磁场进行稳态分析，通过测量感应电压的幅值和相位角来确定缺陷的位置，而脉冲涡流是对感应磁场进行时域的瞬态分析，可提取的特征量较多，易于对缺陷尺寸和位置进行定量评估。

（2）由于作为检测元件的霍尔传感器对低频信号灵敏度较高，而且探头采用脉冲信号激励，可以提供更高的激励能量，故脉冲涡流检测系统能提供更深的渗透深度，并可实现不同深度缺陷的检测。

（3）多频涡流检测系统的价格一般随着频率通道数目的增加而增加。脉冲涡流检测系统的价格低于多频涡流系统，但效果相当于数百通道的多频涡流系统，检测效率高。

脉冲涡流检测技术具有特征量多、频谱宽、检测深度大、灵敏度高、易于定量等优势，已在多个领域得到应用，包括航空铝合金中应力变化的测量、海洋环境中钢结构大气腐蚀的检测、碳纤维复合材料撞击损伤检测、蜂窝夹层结构复合材料缺陷检测等。

2.4 磁性检测技术

磁性检测技术应用最多的是磁粉检测和漏磁检测，这两种方法的物理基础相同，磁化方法相似，只是检测漏磁信号的方法不同。

磁粉检测（Magnetic Panicle Testing，MT）是基于缺陷处漏磁场与磁粉的相互作用而显示铁磁性材料表层缺陷的无损检测方法。当被检材料或零件被磁化到近饱和状态时，表面或近表面缺陷处会形成漏磁场，借助漏磁场处吸引和聚集磁粉形成的显示（磁痕）而检出缺陷。磁痕可显示出缺陷的位置、尺寸、形状和严重程度。

磁粉检测的主要优点是：显示直观；检测灵敏度高，可检测开口小至微米级的裂纹；设备原理和结构简单，结果可靠，价格便宜。磁粉检测的主要局限是：只能检测铁磁性材料的表面或表层缺陷，而不适用于非铁磁性材料。

漏磁检测（Magnetic Flux Leakage Testing，MFL）采用磁传感器检测漏磁信号，是一种磁电信号检测与处理系统，可成为一种自动化无损检测方法。由于检测信号的方法和装备不同，漏磁检测和磁粉检测的某些技术特点是互补的。虽然漏磁检测设备复杂，检测结果不直观（信号波形），检测灵敏度也不如磁粉探伤法，但该法检测效率明显提高，对缺陷可实现部分量化，也可降低检测人员的劳动强度。

以上两种方法都是检测缺陷的漏磁场，检测原理基本一致，只是探测磁场的方法有差别，可分别称为"磁粉探伤法"和"磁电检测法"，而将漏磁检测法作为二者的统称。但是，人们已经习惯于将后者称为漏磁检测，后人只好沿用前人的说法了。

2.4.1 磁粉探伤法

磁粉探伤工艺流程可以归纳为：预处理→按规范磁化→施加磁粉或磁悬液→磁痕观察与评定→退磁→后处理。磁粉探伤法的磁化原理和工艺，以及缺陷漏磁场的形成等方面也适用于漏磁检测法。本节介绍剩磁法和连续法，概括磁化方法和磁化规范，简介磁粉探伤设备和磁场检测仪器。

2.4.1.1 剩磁法和连续法

剩磁法是利用工件中的剩磁进行缺陷检测的方法。先将工件磁化，切断磁化场后再对工件施加磁粉或磁悬液进行检查。剩磁法只适用于剩磁 B_r 在 0.8 T、矫顽力 H_c 在 800 A/m 以上的硬磁性材料，一般说来，经淬火、调质、渗碳、渗氮的高碳钢、合金结构钢都可满足上述条件，而低碳钢和处于退火状态或热变形后的钢材都不能采用剩磁法。

剩磁法检测效率高，中小零件可多个同时进行磁化，效率远高于连续法；剩磁法的缺陷磁痕显示干扰少，易于识别并有足够的检测灵敏度。但剩磁法只限于剩磁、矫顽力满足要求的工件，在交流磁化时，要对磁化电流的断电相位进行控制，否则剩磁将会有大的波动。

连续法是在外磁场作用的同时，对工件施加磁粉或磁悬液。连续法并不是指磁化电流连续不断地磁化，它通常是断续性通电磁化。磁场的最后切断应在施加磁粉或磁悬液完成之后，否则，已形成的磁痕容易被扰乱。连续法适用于一切铁磁材料，比剩磁法有更高的灵敏度，但它的效率要低于剩磁法，有时还会产生干扰缺陷磁痕评定的杂乱显示。表 2-6 比较了连续法和剩磁法的优缺点。

表 2-6 连续法和剩磁法的优缺点

磁化方法	材料与磁性	优点	缺点
连续法	各种铁磁性材料	适应材料种类多； 具有最高的检测灵敏度； 能用于复合磁化	检测效率比剩磁法低； 易现干扰磁痕的杂乱显示

磁化方法	材料与磁性	优点	缺点
剩磁法	硬磁性材料： 剩磁 $B_r \geqslant 0.8$ T； 矫顽力 $H_c \geqslant 800$ A/m	检测效率高； 有足够的探伤灵敏度； 杂乱显示少，判断磁痕方便； 磁痕观察便利（亮度、角度等）	剩磁低的材料不适用； 不能用于复合磁化； 不能采用干法探伤； 交流磁化需加相位控制器

2.4.1.2　磁化方法和磁化规范

磁性检测常用的磁化电流种类有交流电、整流电、直流电和脉冲电流，不同种类的电流有不同的磁化特点。磁化电流种类和磁化方法及磁化规范密切相关。

待检工件有各种形状，待测缺陷有多种取向，因此形成了多种磁化方法（磁化装置）。选择磁化方法的一个重要原则是磁场方向和缺陷取向的夹角尽量大，若夹角偏小缺陷可能会漏检。当然，磁化装置和工件形状相匹配也是必须考虑的。

根据工件磁化时磁场方向的不同，可将磁化方法分为周向磁化、纵向磁化和复合磁化。根据磁场产生的两种方式，可将磁化方法分为通电磁化和通磁磁化（感应磁化）。

要保证磁粉检测的灵敏度，必须要合理地选择磁化方法和磁化规范。磁化规范就是在工件中建立探伤必要的磁感应强度时所需的磁化场强或磁化电流，这是确定磁化规范的最终目的。同时必须考虑与磁化电流密切相关的检验方法、磁化方法、电流种类和验收等级，这些是磁化规范的相关内容。

磁化规范选取的常用方法有：（1）经验数值法（经验公式法）；（2）磁特性曲线法；（3）标准试片法或仪器测量法。

2.4.1.3　磁粉探伤设备

无论是一体化磁粉探伤机还是分立式磁粉探伤机，它们都是由磁化电源装置、夹持装置、指示与控制装置、磁粉施加装置、照明装置和退磁装置所组成。磁化电源装置是磁粉探伤机的核心部分，它的作用是产生磁场，使工件磁化。

按使用场合及活动能力分类，有固定式、移动式、携带式三类设备。按检测产品的适用性不同，分为通用设备和专用设备。按探伤自动化程度分类，有普通探伤机、半自动和全自动探伤设备。按探伤机结构分类，有一体型和分立型两大类。

由于电子技术的发展，国内外磁粉探伤机普遍采用了晶闸管整流技术和计算机程控技术，使得磁粉探伤机体积向小型化、多功能化方向发展。大功率直流磁化装置、快速断电控制器、强功率紫外线灯及高亮度荧光磁粉的应用使得固定式设备应用更为广泛。一些原来由人工控制的磁化电流调节及浇液系统已实现自动控制，包括适配的计算机化的数据采集系统和激光扫查组件也得到应用。半自动磁粉探伤专业设备应用越来越多，特别是在汽车、内燃机、铁道、兵器等行业中使用较多。全自动化检测的主要方向是磁电检测法，即通常所说的漏磁检测法。

2.4.1.4　磁场测量仪器

（1）材料磁性测量仪器。材料的磁性可以用多种方法测定，冲击法是最常用而且精度较高的一种。冲击法测磁仪器可以测量各种铁磁材料的磁性参数及静态磁特性曲线。

（2）（毫）特斯拉计、高斯计。（毫）特斯拉计、高斯计是采用半导体霍尔元件的测磁仪器，可以测量工件表面的磁场强度，以及退磁过程中工件的磁场强度。

（3）袖珍式磁强计。袖珍式磁强计是一种利用力矩原理做成的简易测磁仪器，量程较小，不能测强磁场。磁强计用于测量工件的剩磁和检验工件的退磁效果。

2.4.2 漏磁检测法

磁粉探伤法虽然有多项优点，但其显示判读依赖于目视检查，检测效率低、劳动强度大，并且检查结果含有人为因素。近些年来，采用磁敏元件和漏磁检测仪器测量缺陷漏磁场，并提供电信号显示的方法得到了较快的发展。这种方法可以借助现代化电子技术对工件缺陷做出判断，还可对缺陷进行磁粉探伤中不能做到的定量分析，对于工业自动化检查具有重要意义。

2.4.2.1 磁场测量技术

在检测元件选定以后，应根据对象特点和检测目的选择最佳的磁场测量方法，包括元器件的布置、安装、相对运动关系、聚磁和屏蔽技术等，具体如下：

（1）单元件单点测量。单元件测量的是其敏感面内的平均磁感应强度，当元件的敏感面很小时，可认为测量的是点磁场。单元件一般用在主磁通法、磁阻法和磁导法中。

（2）多元件多点测量。当需要提高测量的空间分辨力，覆盖范围和防止漏检时，可采用多元件阵列组合起来进行测量。

（3）对管测量技术。为减小温漂的影响，除了可采用低温漂放大器之外，还可采用对管差分测量技术，将特性相近的两个元件尽量靠在一起，且磁敏感方向相反，形成"对管"。

（4）差动测量技术。为降低测量过程中检测元件和工件间隙变化等因素的影响，可布置一对测量单元，并将两单元信号进行差分处理，形成差分测量技术或梯度测量技术。

（5）聚磁检测技术。聚磁检测采用高导磁材料将测量磁场主动引导至检测元件中。高导磁的聚磁器在这里起着收集、引导、均化测量磁场的作用。

（6）磁屏蔽技术。磁场测量最易受到外界磁场的干扰，采用磁屏蔽技术可以减弱这种影响。采用高导磁材料做成壳体，使腔体内的测量单元受到的干扰降到很低，一般可将体外磁场减弱至 $1/10 \sim 1/5$。

传感器一般采用霍尔元件或磁敏二极管，测量时应能保持传感器到工件表面的距离一致。缺陷漏磁场的水平（x）分量，垂直（y）分量都可作为检测量，实用中较多采用垂直分量。测量时应在已知裂纹深度的标准试样上反复校准，标准试样材质应尽量与被测材料一致，以避免因磁性差异引起测量误差。标准伤可以分为点状伤、线状伤和体积伤。

2.4.2.2 缺陷信号量化

缺陷的各个形状参数对检测信号都有影响，如缺陷的深度、宽度、倾斜角度、形状、距表面的距离等。对表面缺陷来说，最重要的形状参数深度、宽度以及倾斜角度。缺陷信号量化可包括：

（1）裂纹三向尺寸的量化。材料中的裂纹等缺陷是空间位置的三维函数，需要采用等空间间隔脉冲编码器（可分辨 0.1 mm）和多元件阵列组合实现漏磁信号对应位置的检测。

裂纹长度的确定：采用多元件组合检测法，根据相邻元件输出信号的特征，可以确定裂纹的长度。

裂纹宽度的确定：分析和实验表明，裂纹漏磁信号的峰峰间距 S_{PP} 主要取决于裂纹宽度 w，与裂纹深度 h 无关。即根据 S_{PP} 和 w 的关系式，可以求出裂纹宽度。

裂纹深度的确定：试验结果表明，在传感器距离 L 和裂纹宽度 w 一定时，裂纹深度 h 和漏磁信号峰峰值 V_{PP} 之间近似线性关系。当裂纹宽度达到一定数值（约 $0.2mm$）后，信号峰峰值对裂纹宽度的变化不再敏感。因此，通过检测 V_{PP} 可以得到裂纹深度 h。

针对不同的试件和检测条件，国内外研究者提出了一些定量关系式，但大部分是针对矩形裂纹模型的计算和实验结果，而实际裂纹形状和工件磁性是复杂的，有待于深入研究。

（2）裂纹倾斜方向的判定。在讨论裂纹漏磁场时，通常采用裂纹垂直于工件表面的模型，这样获得的漏磁场是对称形的：H_x 对称于 y 轴，H_y 对称于原点。但在实际检测中更多的裂纹却是与工件表面呈任意角度的。这种裂纹倾角的变化将改变漏磁场的分布情况，使之不再对称。理论分析和实验测定都表明，裂纹倾斜方向的漏磁场将大于另一侧，数值差异越大，倾斜越大。

由此，漏磁信号测定可以判断裂纹的倾斜方向，无论 H_x 分量还是 H_y 分量都是同样的原则，如 H_x 分量：

$$(H_x)_{+x} = (H_x)_{-x} \qquad 裂纹与表面垂直$$

$$(H_x)_{+x} > (H_x)_{-x} \qquad 裂纹向 x 轴正向倾斜$$

$$(H_x)_{+x} < (H_x)_{-x} \qquad 裂纹向 -x 轴方向倾斜$$

（3）裂纹埋藏深度的判定。裂纹埋藏深度越深，表面漏磁场的分布范围越宽。也就是说，在空间域中，表面裂纹的漏磁信号频率比内部裂纹的漏磁信号频率高。采用计算机频谱分析方法可以判别缺陷是在材料的表面还是在材料的内部。总之，采用先进的检测元件和现代信号处理技术可以实现铁磁材料表面和近表面裂纹的自动定量检测。

2.4.2.3 漏磁检测技术应用

漏磁检测主要用在钢管和钢棒的检测，可以检测横向缺陷、纵向缺陷等。在油管、抽油杆、输油管道等方面的应用较多。还可以检测钢丝、钢丝绳、钢绞线、高压输电线缆等。漏磁检测的应用主要有：

（1）管棒材在线探伤。漏磁探伤对于一些形状规则的工件如管材、棒材等可构成自动化程度很高的检测线，一些设备可达到大口径管 $1 \sim 2$ m/s，小口径管达 6 m/s，可适用于 $\phi 10 \sim 500$ 的管材。漏磁传感器多采用磁敏二极管和霍尔元件，裂纹检测深度 $0.1 \sim 0.3$ mm。这类装置通常采用局部磁化方法，采用电磁轭与工件局部耦合，在检测部位设置漏磁传感器。

（2）输油管道在役检查。对于在用管道的维护检查，管道较长，外表面检查往往不方便或不允许，这时可以使用爬行器。爬行器由仪器单元、磁化检测单元和驱动单元组成。根据管道的受蚀和缺陷大小状况，按不同的检测要求，爬行器可携带数十至近二百个探头，可对上百公里的输油管道进行在役检测，检测信号可以区分出 0.5 mm 的壁厚变化。

（3）钢丝、钢丝绳、钢绞线的检测。录井钢丝的直径一般在 $\phi1.8\sim2.4$ mm，裂纹产生的漏磁场相对较弱。录井钢丝裂纹定量检测单元由探伤传感器和光电编码器两部分组成。实现裂纹定量检测的关键在于传感器的结构设计，裂纹位置的精确定位则取决于光电编码器的性能。

钢丝绳、钢绞线由高性能钢丝绞制而成，钢丝规格和绞制方式种类繁多，直径范围 $0.6\sim120$ mm，钢丝直径范围 $0.1\sim5$ mm。钢丝绳、钢绞线用于升降机（含电梯）和斜拉桥等，其质量检测和安全评估非常重要。

2.4.3 磁记忆检测法

随着服役时间的延长，铁磁性金属构件不可避免地存在应力集中及缺陷萌芽，成为事故发生的隐患。金属磁记忆（Metal Magnetic Memory，MMM）检测是 1998 年由俄罗斯学者杜波夫提出的一种磁性检测技术，可对铁磁性金属构件进行早期诊断。

2.4.3.1 金属磁记忆原理

铁磁性工件在外载荷和地磁场的作用下，在应力集中区会发生磁致伸缩性质的磁畴组织定向的和不可逆的重新取向，而且这种磁状态的不可逆变化在工作载荷消除后仍会保留，并且和最大应力有关，这就是金属材料的磁记忆效应。

理论和实验表明，金属设备及构件运行时，受工作载荷的作用，其残余磁性会发生改变和重新分布，并在工件表面形成漏磁场，可通过检测工件表面的磁场分布间接地对工件缺陷或应力集中位置进行诊断，这就是磁记忆检测的基本原理（图2-4）。

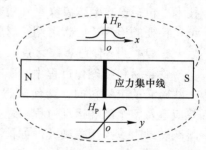

图2-4 磁记忆检测原理

如图2-4所示，处于地磁环境下的铁磁性工件受到载荷的作用时，在应力与变形集中区形成最大的漏磁场 H_P 的变化，即磁场的切向分量 $H_P(x)$ 具有最大值，法向分量 $H_P(y)$ 改变符号且具有零值点。通过漏磁场法向分量 $H_P(y)$ 的测定，便可以准确地推断工件的应力集中部位（微缺陷集中区域），从而确定工件将要产生缺陷的危险区域。

磁记忆检测的漏磁信号是一种"记忆磁"，相当于一种剩磁，具有剩磁的规律和特点。在原理上，磁记忆检测类似于剩磁探伤，所不同的是磁记忆检测时不用磁痕来显示漏磁场，而是用传感器进行检测。

磁记忆检测技术利用了缺陷和应力对材料磁特性的影响，即应力处发生了硬磁化转变。缺陷在形成和发展过程中，总伴随着应力集中，缺陷处的材料有变硬的趋势，磁记忆检测也适用于软磁材料。

2.4.3.2 检测特点及应用

（1）磁记忆检测的局限性。地磁场具有恒定的方向，由此产生的磁记忆也有空间方向性，其强度不仅与应力大小有关，还与应力或缺陷在空间的取向甚至工件所处的地理位置有关。如对于法向应力和平面缺陷，当应力平行于地轴，或缺陷垂直于地轴时能产生最强的磁记忆现象；而应力垂直于地轴，或缺陷平行于水平面时，产生的磁场平行于缺陷平面，磁记忆现象会很弱。

　　因此，东西方向的工件上的横向（南北向）裂纹，其检测灵敏度会很低；竖直工件上的横向缺陷在位于工件南北两侧和东西两侧时，其磁记忆现象会明显不同。另外，磁致伸缩应力常数是偏磁场的函数，而地磁场在北方和南方会略有差异，因而磁记忆现象也与地理位置有关。

　　（2）磁记忆检测的应用。机械应力集中是各种构件损坏的主要原因之一。常规的无损检测方法只能用来检查普通的缺陷，但不能进行构件破损前的早期诊断。利用金属磁记忆检测技术可以检测金属内部的应力分布状态，以达到早期诊断的目的。

　　金属磁记忆检测方法的优点是：不需要清理被测构件表面，可在构件的原始状态下检测；传感器和被测表面不需要填充耦合剂；不需要专门的磁化装置，而是利用构件工作过程中的自磁化现象；可以较准确地确定应力集中点。

　　磁记忆检测已应用于电力、石油、化工、天然气、锅炉和压力容器等工业领域，例如管道（电站汽水管道、输油输气管道等）的检测，汽轮机叶片的应力状态和裂纹的检测，航空构件例如飞机起落架支柱螺栓的检测，对接焊缝疲劳损伤的检测等。

2.4.4　巴克豪森噪声检测

　　残余应力和微观结构，对材料和构件的使用寿命影响很大。磁性无损检测中的磁弹性技术，包括巴克豪森磁噪声和磁声发射技术。前者主要用于材料表面和亚表面应力及微观结构特征的检测，后者可用于材料内部应力及微观结构特征的检测。

2.4.4.1　巴克豪森噪声

　　铁磁材料在磁化过程中，磁畴会产生大小和取向的变化，但是这种变化是不均匀的。一些磁畴的突然转向，会使磁感应强度产生不连续的阶跃变化。巴克豪森（Barkhausen）效应遍及整个磁畴运动过程，最显著地发生在材料被剧烈磁化，与磁化场反向的磁畴发生跳跃转动时。采用磁敏元件如检测线圈或霍尔元件能够测出这种阶跃式的脉冲信号，即巴克豪森噪声（MBN 或 BN）。磁畴的转动除了会产生磁感应强度的不连续变化外，还伴随磁致伸缩和磁弹性效应，产生系列弹性波脉冲，称为磁声发射（MAE）。

　　通常采用一环形磁轭与试件构成磁路，由电源提供使试件产生局部饱和磁化的低频磁化电流，测量信号由安置在试件磁化部位上的磁敏元件或声发射传感器检出，然后经过处理供给显示、记录。在实际应用中，常取噪声信号的振幅作为测量、分析判断的依据，也可以采用信号所包的面积或面积的均方根值作为检测参量。

2.4.4.2　巴克豪森检测法

　　巴克豪森噪声与机械应力状态（外载荷、内应力或残余应力）、材料的显微组织与晶格密度、分布和织构（如结晶的不完整性或组织不均匀性）等有密切关系，因此监测巴克豪森噪声就可以对材料的应力状态进行评估。利用巴克豪森噪声分析不能直接获得残余应力的绝对值，但是可以测量应力的相对值，特别是评定达到危害性程度的应力。

　　巴克豪森信号分析技术主要用于测量铁磁材料的残余应力、材料缺陷、材料硬度和硬化层的深度、材料热处理及磨削烧伤缺陷（如轴承、齿轮、曲轴、凸轮轴、喷油嘴、活塞杆等），预测材料受到反复载荷时的应力行为、预测材料的疲劳寿命等。

　　残余应力测定方法有多种，包括应力释放法（机械法）和无损测定法（物理法）两大类。表 2-7 简单比较了三种应力测试方法的原理和特点。

表 2-7　三种应力测试方法的比较

测试方法	检测原理	检测尺度	检测深度	检测速度	有无损伤
X 射线法	力对晶格变形	微观	微米级	较慢	有损
巴克豪森	力对磁特性影响	宏观	0.01～1 mm	快	无损
盲孔法	力对宏观变形	宏观	毫米厘米级	快	破坏性

巴克豪森噪声受到材料多种特性的影响，利用这种影响关系，原理上可以对多个材料特性做出测量和鉴别。实践上，材料特性的这些影响会对某一因素的鉴别带来困难，使这项技术的应用受到制约。因为需要定制，没有商品化的通用仪器，MBN 和 MAE 检测设备价格昂贵。

2.4.5　磁声发射检测技术

巴克豪森噪声（MBN）和磁声发射（MAE）是密切联系的物理现象和检测技术。与 MBN 技术相比，MAE 技术的发展历史较短。目前，磁声发射技术被应用于材料微观结构、应力分布、表面硬度以及硬化深度等对象的检测。

一般认为，180°磁畴壁运动主要产生 MBN，而非 180°磁畴壁运动和磁矢量转动则主要产生磁声发射。MAE 信号在材料内是作为弹性波传播的，信号不受涡流趋肤效应的影响，检测深度取决于外加磁场的穿透深度，因此 MAE 检测深度比 MBN 大。

MAE 传感器由铁芯、磁化线圈、压电传感器组成。将压电晶体传感器（PZT）置于交变的磁化材料表面，MAE 弹性波将在传感器内产生系列电压脉冲信号，经过放大和滤波即可接收到 MAE 信号。与 MBN 检测系统相比，除了传感器结构与检测位置，两种检测系统大体一致。

2.5　渗透检测技术

渗透检测又称渗透探伤（PT），是五种常规无损检测方法之一，对材料的种类和形状适应性强，应用广泛。渗透检测是基于润湿和毛细现象、针对材料表面开口缺陷的探伤方法，其技术基础主要是力学、化学和光学的一些基础知识和基本原理。

2.5.1　渗透检测技术基础

2.5.1.1　力学方面

表面张力（Surface Tension）是液体分子作用力在界面处的表现，液体表面张力的大小用表面张力系数描述。固体、液体、气体三种交界处的表面张力决定接触角和润湿现象。液体润湿或不润湿现象在固体狭缝中表现为毛细作用（液面高度上升或下降）。渗透和显像分别利用了渗透剂（渗透力）和显像剂（吸附力）的毛细作用。

渗透检测中，工件表面有管状缺陷和面状缺陷。相应地，渗透液的渗入机理基于细管和狭缝两种模型。另外，显像剂中大量的粉末间隙相当于无数的毛细管，显像剂吸附缺陷中渗透液的过程也是一种毛细现象（Capillarity）。

2.5.1.2　界面化学方面

能使溶剂的表面张力降低的性质称为表面活性，相应的物质称为表面活性剂。加入少量的表面活性剂，可使溶剂的表面张力显著降低，促进润湿（Wetting）、渗透（液-固）或乳化（Emulsification）、分散（液-液）等。

通过加入表面活性剂，使原本难以互溶的两种液体能够互溶而混合在一起的现象称为乳化作用，具有乳化作用的表面活性剂称为乳化剂。表面活性剂（乳化剂）分子是一种两亲分子，具有亲水和亲油的双重性质。

2.5.1.3　光学方面

相关名词术语有可见光、紫外光，光致发光、荧光，着色强度、荧光强度，发光强度（cd）、光通量（lm）、照度（$lx = lm/m^2$），可见度、对比度、对比率。

可见光的波长范围是 400~760 nm，紫外线的波长范围是 10~400 nm，渗透检测用紫外线波长范围是 320~400 nm，因其不可见称为黑光（Black Light）。某些物质可在紫外线的照射下会发出荧光（Fluorescence）或磷光，这种现象称为光致发光。荧光探伤时缺陷处荧光波长范围是 510~550 nm，为黄绿色的可见光，是人眼在暗环境的敏感颜色。

对比度是指某显示与周围背景之间的反差（亮度高低或颜色深浅），常用对比率来定量描述。对比率是显示与背景的反射光（或发射光）的相对比值。着色探伤的对比率小于9∶1，荧光探伤的对比率大于 300∶1，故荧光探伤的灵敏度更高，优势明显。

2.5.2　原理方法及器材

2.5.2.1　原理和方法

渗透检测法是检验非疏孔性金属和非金属材料表面开口缺陷的一种无损检测方法。将含有荧光染料或着色染料的渗透剂施加于工件表面，渗透剂由于毛细作用而渗入到表面开口的细小缺陷中，清除附着在工件表面的多余渗透剂，经干燥和施加显像剂后，用紫外线或白光照射，缺陷处可发出黄绿色的荧光或者呈现红色痕迹，用肉眼或光学仪器观察评定缺陷情况和产品质量。

按显示缺陷方法的不同将渗透检测分为荧光法和着色法两大类；按照渗透液去除方式又分为水洗型、后乳化型、溶剂清洗型三类；按显像剂状态不同还可分为干粉法和湿粉法等。一般按前两种分类组合，形成多种渗透检测工艺方法，如表 2-8 所示。

表 2-8　渗透检测方法分类

按渗透剂系统分类	按去除方法分类	按显像剂分类
Ⅰ 荧光渗透检测； Ⅱ 着色渗透检测； Ⅲ 荧光着色渗透检测	A　水洗型（水基，自乳化）； B　亲油后乳化型（水+乳化剂）； C　溶剂清洗型（有机溶剂）； D　亲水后乳化型（水+乳化剂）	a　干粉显像剂； b　水溶性显像剂； c　水悬浮型显像剂； d　溶剂悬浮型； e　特殊显像剂

渗透检测的基本工序是：（1）工件表面预清理；（2）施加渗透剂；（3）去除多余的渗透剂（干燥）；（4）施加显像剂（干燥）；（5）观察影像；（6）去除显像剂。

对于溶剂清洗型，可先干燥后显像（湿式），或无需干燥（干式和快干式）。对于水洗型和后乳化型，要先显像后干燥（湿式），而其他的先干燥后显像。

2.5.2.2　器材、装置、仪表

渗透剂的关键物质是汽油/煤油/变压器油，或者是水加乳化剂，再加红色染料或荧光染料。去除剂的关键物质是有机溶剂（乙醇、丙酮等），或者是水加乳化剂。显像剂的关键是吸附剂（氧化镁、氧化锌等，微米级粉末）及易挥发液体。

渗透检测灵敏度试块有铝合金淬火裂纹试块（A 型试块）、不锈钢镀铬裂纹试块（B 型试块）、黄铜板镀镍铬层裂纹试块（C 型试块）等。这些试块具有规定的材质、形状、尺寸和人工缺陷，需要时可以查阅相关技术资料。

渗透检测装置分便携式和固定式。便携式器材包括渗透液喷灌、清洗剂喷灌、显像剂喷灌、照射光源等，用于大型件的现场检测。固定式装置一般采用水洗型或后乳化型检测方法，包括预清洗、渗透、乳化、水洗、干燥、显像和观察等工位的系列装置。设备可以是手工的，也可以是半自动或全自动的。

黑光灯是荧光探伤必备的光源，由高压水银蒸气弧光灯、紫外线滤光片（或深紫色耐热玻壳）和镇流器组成，产生峰值波长为 365nm 的紫外线及其他光线。

2.5.3　技术应用及进展

2.5.3.1　特点和应用

渗透检测法原理简单，工艺灵活，适应性强，不受工件形状尺寸的影响，不需要精密的仪器。对小件可以采用液浸法，对大件可以采用涂刷法或喷涂法，可以在野外工作。

渗透法可以检测各种材质的工件，但不能发现皮下缺陷（原来产生于内部但不开口的，或者后来随机封闭在内的），也不适合检测多孔性或疏松性材料。

渗透检测法对光滑表面的裂纹具有很高的灵敏度（0.01 mm 左右），但是难以确定缺陷的深度。此外，该法检测工序繁琐，检验重复性较差，目前仍在改进与提高之中。

在工业生产中，渗透检测常被用于工艺条件试验，成品质量检验和设备检修中的局部检查，用来显示铸锻焊、机加工、热处理工艺中的裂纹、气孔、疏松、折叠、分层等缺陷。此外，渗透检测还是金属、非金属容器泄漏检查的方法之一。

2.5.3.2　新技术进展

除了荧光法和着色法以外，渗透检测还发展了一些新方法：（1）着色荧光法；（2）冷光法；（3）化学反应法；（4）液晶渗透法。在施加检测材料方面也出现了一些新技术：（1）静电喷涂法；（2）真空渗透法；（3）超声振荡法；（4）闪烁荧光渗透法；（5）闭路检测法；（6）自动检测系统。

资料报道一种自动化荧光检测系统，用于涡轮发动机叶片检查，采用了多项先进技术。荧光渗透液能自动喷涂在叶片表面并进行显像。在紫外线照射下，用光导摄像管扫描检测，数据由计算机处理并做出评定，有缺陷的叶片被立即喷漆标记并从悬挂架上弹出。该系统每小时可自动检测 250 片，并具有较高的一致性和准确性。

2.6 声发射检测技术

材料或结构在外力或内力作用下产生变形或断裂时，以弹性波形式释放出应变能的现象称为声发射（Acoustic Emission，AE）。绝大多数金属材料在塑性变形和断裂时都有声发射，但声发射信号的强度很弱，人耳不能直接听到，需要借助灵敏的电子仪器才能检测出来。用仪器检测和分析声发射信号，推断声发射源力学信息，评价缺陷发生发展规律和确定缺陷位置的技术称为声发射检测技术。

2.6.1 声发射检测基础

2.6.1.1 声发射现象

金属结构在受载时，在构件的缺陷处将产生应力集中，特别是在缺陷的尖端处更为严重。应力集中是一种不稳定的高能状态，这种状态最终将以应力集中区域的塑性变形而导致微区硬化，最终形成裂纹并扩展，使应力得到松弛而恢复到稳定的低能状态。与此同时，多余的能量将从塑性变形区或裂纹扩展区以弹性波的形式释放出来，即产生声发射。

因此，材料或构件产生声发射要具备两个条件：第一，材料要受到一定的载荷作用；第二，材料内部结构或缺陷要发生变化。

声发射信号来自缺陷本身，根据信号的强弱可以判断缺陷的严重性。同一个缺陷所处的位置和所受的应力状态不同时，对结构的损伤程度也不同，它的声发射信号特征也有差别。明确了来自缺陷的声发射信号，就可以长期连续地监视带缺陷的设备运行的安全性，这是其他无损检测方法难以实现的。

2.6.1.2 声发射源

在工程材料中，有许多种构造会成为声发射源，概括起来主要有塑性变形（滑移和孪生）、断裂（裂纹形成和扩展，第二相质点或夹杂物断裂等）、相变（马氏体相变、共晶反应等）、磁效应（磁畴壁运动）等。这里只讨论与无损检测有关的两种声发射源：

（1）位错运动和塑性变形。滑移变形是金属及其合金结构不可逆的变化之一。滑移的元过程是位错运动。位错以足够高的速度运动时，位错周围存在的局部应力场产生声发射。

（2）裂纹的形成和扩展。裂纹的形成和扩展与材料的塑性变形有关，裂纹一旦形成，材料局部地区的应力集中得到卸载，便产生声发射。

材料的断裂过程大体上可分为三个阶段，即裂纹成核，裂纹扩展，最终断裂。这三个阶段都可以成为强烈的声发射源。

2.6.1.3 声发射信号的特征参数

声发射信号有突发型和连续型两种，突发型信号的幅度、时间和频谱分布见图2-5。超过阈值的声发射信号由特征提取电路变换为一些信号特征参数。连续信号参数包括振铃计数、平均信号电平和有效值电压。突发信号参数包括事件计数（Event Count）、振铃计数（Ring-down Count）、幅度分布、有效值电压（RMS）、平均信号电平（ASL）、能量计数、上升时间、持续时间和时差，见图 2-6。

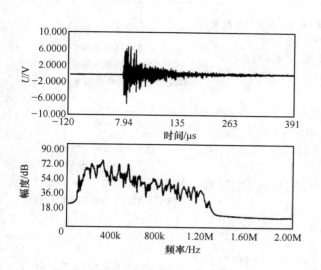

图 2-5　突发型声发射波形和频谱曲线

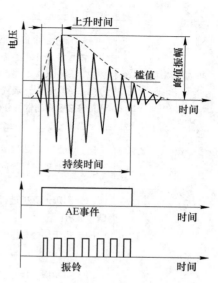

图 2-6　AE 信号的参数表征

上述声发射信号的分析方法称为参数分析法，是过去到现在应用较多的方法。近些年来，声发射信号的频谱分析、小波分析和人工神经网络分析法有了研究和应用。特别是，对于薄板薄壳、薄壁管和棒材的模态声发射技术（MAE）的研究和应用，为声发射检测技术揭开了新的篇章。

2.6.2　声发射检测系统

声发射检测仪器在结构、功能、数字化程度上差别较大，一般可分为功能简单的单（双）通道型、多功能多通道通用型和工业专用型（表 2-9）。单通道仪器主要用于实验室的材料试验。双通道仪器用于对管道或焊缝做一维定位检测。工业专用系统用于刀具破损监测、容器泄漏监测、旋转异常监测等。

多通道声发射仪可以多达上百通道（国产仪器已达 200 通道）。多通道仪器除了包括单通道模拟量检测和处理系统外，还包括数字量测量系统、计算机数据处理系统，以及压力或温度参数测量系统。这样的系统不仅可以在线实时确定声发射源的位置，而且还可以实时评价它的危害性。

随着数字信号处理技术的发展，全数字多功能声发射检测系统正在成为主流仪器。全数字仪器的最大特点是经前置放大的信号不必经过模拟电路而直接转换成数字信号，再进行特征参数提取与波形记录，具有更多更先进的信号处理功能和显示方式。

为了在材料表面测量出缺陷的位置，可以将几个压电换能器按一定的几何关系放置在固定点上，组成换能器阵列，测定声源发射的声波传播到各个换能器的相对时差。将这些时差代入满足该阵列几何关系的一组方程求解，便可以得到声源（缺陷）的坐标。

表 2-9　声发射仪的类型、特点、适用范围

类型	系统特点	适用范围
单通道双通道系统	（1）只有一个信号通道，功能单一，适于粗略检测，两个信号通道可以完成一维源定位功能； （2）多用模拟电路，处理速度快，适于实时显示； （3）多为测量计数或能量类简单参数，具有幅度及其分布等多参数测量与分析功能	（1）实验室试样的粗略检测； （2）现场构件的局部监视； （3）管道、焊缝等采用两个信号通道进行一维的定位检测
多通道系统	（1）可扩展多达数十个通道，具有二维源定位功能； （2）具有多参数分析、多信号鉴别、实时或事后分析功能； （3）利用计算机进行数据采集、分析、定位计算、存储和显示； （4）适于综合与精确分析	（1）适于金属材料方面的检测； （2）实验室和现场的开发与应用； （3）大型构件的结构完整性评价
全数字化系统	（1）可扩展多达几百个通道，具有二维源定位功能； （2）具有多参数分析、多信号鉴别、实时或事后分析功能； （3）采用 DSP、FPGA 等数字信号处理器件，具有分析、定位计算、存储和 3D 显示功能； （4）具有实时波形记录、频谱分析功能； （5）适于综合与精确分析	（1）材料的检测方法研究； （2）金属、复合材料等多种材料检测； （3）实验室和现场的开发与应用； （4）大型构件的结构完整性评价
工业专用系统	（1）多为小型、功能单一； （2）多为模拟电路，适于现场实时指示或报警； （3）价格为工业应用的重要因素	（1）刀具破损监测； （2）旋转机械异常监测； （3）固体推进剂药条燃速测量

2.6.3　声发射技术特点与应用

2.6.3.1　声发射技术特点

声发射检测技术与其他无损检测方法相比，具有两个基本差别：（1）检测动态缺陷，如裂纹扩展。缺陷没有变化就没有声发射信号。（2）缺陷本身发出力学信息，但构件需处于载荷状态。

声发射检测属于自然声源的动态无损检测方法，该项技术具有以下特点：

（1）声发射检测仪显示和记录那些活动的危险的缺陷，采用了不同于常规无损检测方法按缺陷尺寸评判的做法，而是按其活动性和声发射强度来分类评价。

（2）对大型构件可以快速确定缺陷的位置。由于不需要探头做覆盖扫查，只要对整个构件布置好传感器阵列，经一次加载或试验过程，即可确定缺陷的部位。

（3）声发射检测对扩展中的缺陷具有很高的灵敏度，可以探测到微米级的裂纹增量。

（4）缺陷的尺寸、位置和走向不影响声发射检测结果，因为声发射信号来源于缺陷的应力释放。

（5）可提供缺陷随载荷、时间、温度、等外界变量而变化的实时信息，适用于工业过程在线监控及早期或临近破坏预报。

（6）声发射信号对材料敏感、易受噪声干扰；待测构件需要加载；声发射信号不易复现；声波信号和缺陷信息关系复杂；定性和定量依赖其他无损检测方法。

2.6.3.2　声发射技术应用

声发射技术的基础应用是材料试验研究。声发射技术为力学参数的测试提供了监测手段，用于分析塑性变形和断裂机制，以及疲劳、蠕变、脆断、应力腐蚀过程。

声发射技术的主要应用是压力容器的安全性评价。实时监测容器内部缺陷在加压情况下裂纹生成和发展的状况，以便及时修补或预报，防止灾难性事故发生。

监测焊接质量是声发射技术的重要应用之一。利用声发射信号在线监测焊接过程和焊缝质量，监测焊后裂纹和使用中的缺陷，实时评价焊缝的完整性并确定缺陷的位置。

此外，声发射技术还用于切削加工过程的在线监测，压力容器的泄漏监测，核动力工程中的小型不锈钢压力容器检测，以及大型结构设备的安全监测。声发射技术用于复合材料胶接质量检测、复合材料和陶瓷材料性能的研究也时见报道。

2.7　微波无损检测

微波是一种电磁波，在电磁波谱中介于无线电波与红外线之间（$3 \times 10^8 \sim 3 \times 10^{12}$ Hz）。微波检测应用的波段包括厘米波、毫米波、亚毫米波。微波频带很宽，方向性好。

微波检测（MWNDT）的基本原理是研究微波与物质相互作用及其应用，根据微波的反射、透射、散射、衍射、干涉、腔体微扰等物理特性的改变，以及物质在微波作用下电磁特性（介电常数和损耗角正切）的相对变化，通过测量微波的基本参数（幅度、相位、频率）变化，可以实现对缺陷、故障的无损检测。

微波检测具有非接触、非破坏、非电量、非污染（不需要耦合剂）和非金属应用的优点，适宜于生产流水线上的连续快速测控，设备简单，操作方便，能实现自动化检测。微波的最大特点是能够穿透对于声波来说衰减很大的非金属材料。

微波检测应用包括微波测湿、微波测厚、表面探伤、在线监控，现已进一步发展了探地雷达（GPR）、太赫兹波（THz）检测、微波断层成像技术。

2.7.1　微波检测基本原理

微波检测主要是用复介电常数和损耗角正切来评定材料的参数信息。根据材料介电常数与其他非电量之间的函数关系，利用微波反射、穿透、散射和腔体微扰等物理特性的改变，通过测量微波信号基本参数（如微波幅度 E、频率 f 和相位角 ϕ）的改变量来检测材料内部缺陷或其他非电量。对于不同的应用对象，微波检测原理有所不同，见表2-10。

表 2-10 微波检测原理比较

对象参量	微波检测原理
非金属内部缺陷	反射、穿透、散射和介质电磁特性
金属表面粗糙度	腔体微扰、反射
介电板厚度	反射、穿透特性
金属带厚度	反射、腔体微扰
物料湿度	散射、穿透特性、腔体微扰
温度、密度、组分	介质的电磁特性

利用金属对微波的全反射和导体表面的介电常数异常，可以检测金属的表面裂纹、表面光洁度（粗糙度）、划伤及其深度，各种金属物体的微小位移等。

水分子属于强极性分子，介电常数比干物质大得多。在微波频段，干物质的 $\varepsilon' = 1.5 \sim 6.0$，$\varepsilon'' \approx 0.01$，而纯水在 10 GHz 和 25 ℃ 时 $\varepsilon' = 65$，$\varepsilon'' = 35$，因此微波测湿法灵敏度高、速度快。

腔体微扰是指谐振腔中遇到某些物理条件的微小变化、腔内引入小体积的介质等导致谐振腔某些参量（如谐振频率、品质因素等）的相应变化。根据微扰前后腔体参量的变化，可以测量金属厚度、线径、振动等非电量参数。

2.7.2 微波检测仪器

微波无损检测的方法有穿透法、反射法、散射法、干涉法（驻波干涉、微波全息）、微波涡流法、微波层析法（MCT）等，包括点频连续波、扫频连续波、调幅波、调频波等几种工作方式。除了微波辐射检测，都是主动式微波检测。微波检测仪器主要有：

（1）微波湿度计。微波湿度计根据不同波型，可分为空间波（穿透式、反射式）湿度计、波导式湿度计和表面波湿度计；根据不同微波电路，又可分为衰减型、桥路型、相移型、谐振腔型和时域反射型湿度计，用于测量油品、粮食、纸张气体等的湿度（含水率质量百分数）。

（2）微波测厚仪。微波测厚仪分别用于测量热轧和冷轧钢或有色金属带材、板材和片材的厚度（0.1 ~ 5 mm），测量有机玻璃、塑料、雷达罩等非金属材料的厚度（0 ~ 20 mm）。

（3）微波探伤仪。微波探伤仪有连续波反射仪、频率调制反射仪、谐振腔裂缝检测仪、表面阻抗测量仪、同轴线裂缝探测仪。仪器还有厘米波与毫米波，单探头和多探头等分类。

（4）微波探地雷达。探地雷达一般由发射天线、接收天线、仪器主机、计算机和电源等构成。雷达图像以脉冲反射波形显示，波峰和波谷颜色不同。多道同相轴（或等灰线、等色线）的重叠可以形象地显示介质内部情况。

2.7.3 微波检测应用

随着科学技术的发展，微波检测作为质量检测及非接触、非破坏、非电量检测技术，在非金属材料、复合材料、金属表面探测，以及地下探测等应用领域越来越广泛，在科学研究中也获得了重要应用。

能用微波检测的对象有很多，例如胶接结构、复合材料、蜂窝夹层结构中的分层、脱粘；火箭的固体推进剂，飞机轮胎缺陷，金属加工表面粗糙度、裂纹、划痕及其深度；金属板、带材以及非金属材料厚度；非金属材料的湿度、密度、固化度及混合物组分比；温度、脂化、硫化、聚合和氧化程度等；各种线径、微小位移、微小振动、微小体积、长度、流量的检测等。

微波检测的缺点是：不适用于检测金属材料的内部缺陷；对非极性物质也不易确定缺陷深度；其灵敏度受工作频率限制，需要有参考标准；微波源与试件的间距要求严格；受试件的几何形状、振动、电磁波干扰较大等；电磁辐射对人体有害，需要防护。

2.8 激光无损检测

全息照相能够把物体表面上发出的光波的全部信息（即振幅和位相）记录下来，并能完全再现从物体发出的光波信息及立体影像。全息照相技术在精密计量、无损检测、信息存储和处理、遥感、防伪标识等方面有广泛的应用。

全息照相（Holography）的基本原理是以干涉和衍射为基础的，也适用其他波动过程，如微波、X光以及超声波等，故有相应的微波全息、X光全息、超声全息等。

2.8.1 激光全息照相检测

2.8.1.1 激光全息照相原理

全息照相需要记录被拍摄物体投射到记录平面上的完整的光波场，不仅要记录光波场的振幅，同时还要记录其相位信息。全息照相不同于普通照相，它的特点是：若直接观看，全息照片与被照物体无任何相似之处；需用特定的方法再现物体影像，再现的影像是立体像；全息照片具有可分割性；全息胶片可多次记录多个图像。全息照片拍摄和全息像再现观察如图2-7和图2-8所示。

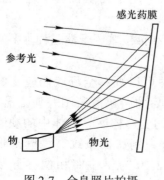

图 2-7　全息照片拍摄

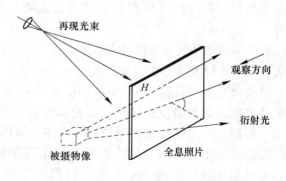

图 2-8　全息像再现观察

全息干涉检测实际上是一种全息干涉计量技术：先用激光照射工件，用全息干板记录来自工件漫反射的相干波的振幅和相位，形成一幅全息图，然后对工件加载，再记录一幅全息图；通过比较分析加载前、后的两幅全息图，找出反映应变集中的特征条纹，即可识别缺陷。

在外力作用下，结构表面将产生变形。若存在缺陷，则对应缺陷部位的表面变形与无缺陷部位的表面变形是不同的。应用全息干涉计量方法，可以把不同表面的变形转换成光强表示的干涉条纹，由感光介质记录下来。如果不存在缺陷，则干涉条纹只与外加载荷有关，且是有规律的，每一根条纹都表示结构变形的等位移线；如果存在缺陷，则缺陷部位的条纹变化不仅和外加载荷有关，还取决于缺陷对结构的影响。在缺陷处会产生畸变的干涉条纹，是在外加载荷作用下产生的位移线与缺陷引起的变形干涉条纹叠加的结果，根据这种畸变就可以确定结构是否存在缺陷。

2.8.1.2　激光全息检测应用

全息干涉检测方法已被成功地用于位移、应变和振动研究、等深线测绘、瞬态/动态现象分析。在无损检测方面的应用包括蜂窝芯夹层结构的脱粘检测、碳纤维复合材料的分层检测、充气轮胎的检测、固体火药柱包覆层脱粘检测、固体火箭发动机的检验、印刷电路板焊点的检测、压力容器的检测等。

全息检测的主要优点是：非接触、检测灵敏度高，检测对象基本不受工件材料、尺寸、形状限制；主要局限是：检测装置要求严格防振，检测能力随缺陷埋深增加而迅速下降。

2.8.2　激光散斑干涉检测

2.8.2.1　散斑干涉检测原理

激光散斑干涉技术是在激光全息干涉技术的基础上发展起来的。激光具有高度相干性，当激光照射到物体光学粗糙表面时，物体表面的漫射光也是相干光，它们在物体前方的空间彼此干涉形成无数随机分布的亮点和暗点，称为激光散斑（Speckle）。

物体运动或受力变形时，这些散斑也随之在空间按一定的规律运动，即散斑带有位移的信息，从而影响干涉条纹的显示密度和对比度。在同样的照射和记录条件下，一个物体的漫反射表面对应一个特定的散斑场，即散斑场的运动和与物体表面各点的运动一一对应，因此利用散斑图可以获得物体表面运动和变形的信息，用于测量位移、应变和应力等。

激光散斑干涉技术有单光束散斑干涉、双光束散斑干涉和错位散斑干涉三种主要测量方法，其中错位散斑干涉技术最为实用。

错位散斑干涉检测（Shearography Testing，ST）是一种可以观察全场表面应变的光学干涉方法。借助错位照相机，通过双曝光记录变形前、后的两幅散斑图并使之叠加，形成一幅描述物体表面位移导数的条纹图，显现待测表面的变形梯度。物体中的缺陷通常产生应变集中，而应变集中则转化为条纹图异常，通过识别特征条纹（两套环形条纹）即可检出缺陷。图 2-9 为全息照相位移场条纹，图 2-10 为错位照相位移导数场条纹。

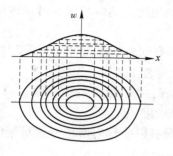

图 2-9　全息照相位移场

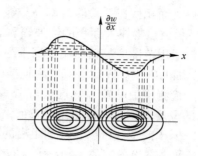

图 2-10　错位照相位移导数场

随着计算机技术的发展，已经能够用 CCD 相机、图像采集卡和计算机系统代替照相干板记录散斑图，特别是以双光束散斑干涉技术为基础，形成激光电子散斑干涉测量技术，具有实时性和灵敏度更高，防震要求更低的优点。

2.8.2.2　散斑干涉技术特点与应用

错位散斑干涉技术的主要优点是：非接触；无污染；检测基本不受工件几何外形、尺寸和材料限制；全场检测、实时成像（黑白或伪彩色），检测速率快；缺陷尺寸与面积的数字化测量；不用避光，不必专门隔振；可用于产品的现场检测。主要局限是：检测时必须对构件加载，检测灵敏度随缺陷埋藏深度的增加而迅速下降。

错位散斑干涉始于轮胎检测，目前主要是检测复合材料结构、蜂窝夹层结构、火药柱包覆层等。可检缺陷类型包括分层、脱粘、冲击损伤和孔洞等，检测灵敏度与材料性质和缺陷的埋深有关，可检纤维增强复合材料层板埋深 1 mm 的分层。

激光散斑干涉技术除了可以测量物体的位移、应变以外，还可用于物体表面粗糙度测量、塑性区测量、振动测量、纹尖位移场测量等。

2.9　红外无损检测

红外无损检测（Infrared Testing，IRT）是利用红外热像设备（红外热电视、红外热像仪等）测取目标物体的表面红外辐射能，将其转换为电信号，并以彩色图或灰度图的方式显示目标物体表面的温度场，根据该温度场的均匀与否，来推测被检对象表面或内部是否存在缺陷的一种无损检测技术。

2.9.1　红外检测技术特点

红外线或红外辐射是一种电磁波，通常指波长为 $0.76 \sim 1000 \ \mu m$，频率为 $3 \times 10^{11} \sim 4 \times 10^{14} \ Hz$ 的电磁波，位于可见光谱的红色与微波之间，其中波长为 $0.76 \sim 3.0 \ \mu m$ 的部分称为近红外线，波长为 $3.0 \sim 30 \ \mu m$ 的部分称为中红外线，波长为 $30 \sim 1000 \ \mu m$ 的部分称为远红外线。

2.9.1.1　红外检测的优点

（1）检测结果形象直观且便于保存。采用红外热像仪或热电视，可以以图像的方式，采集和存储被检物体表面的温度场信息，物体表面各处的温度分布一目了然。

（2）大面积快速，检测效率高。红外探测器的响应速度高达纳秒级，可以迅速采集、处理和显示被检物体大面积的红外辐射。

（3）适用范围广。任何温度高于绝对零度的物体都有红外辐射，它几乎不受材料种类和温度范围的限制。因此，红外无损检测具有广泛的适应性。

（4）检测灵敏度较高。现代红外探测器对红外辐射的探测灵敏度很高，可以检测0.01 ℃的温度差，能够检测出设备或结构等热状态的细微变化。

（5）操作安全。可以实现远距离的非接触检测，没有射线辐射隐患，这对带电设备、转动设备及高空设备等的无损检测显得尤为重要。

2.9.1.2 红外检测的缺点

（1）对表面缺陷敏感、对内部缺陷的检测有困难。物体的红外辐射以表面能量为主，反映表面的热状态，通常只能直接诊断出物体表面的热状态异常。

（2）检测低发射率材料和导热快的材料有一定困难。对于低发射率材料，较小的温度变化不足以引起红外辐射能的明显变化。对于导热快的材料，其表面温度场的变化较快，对检测设备的采样速率要求更高。

（3）确定温度值困难。可以检测设备热状态的细微变化，但很难测定某点的确切温度。物体的红外辐射，除了与其温度有关，还受表面状态和环境因素影响。

（4）检测费用很高。红外检测仪器生产批量小，更新换代快，价格昂贵且寿命较短。

2.9.2 红外激励与检测

2.9.2.1 主动式检测与被动式检测

根据检测时是否需要对被测物体施加热（冷）激励，而将其分为主动式检测和被动式检测两大类。主动式检测需在检测时对物体施加外部热（冷）激励，使其表面温度场发生变化，通过连续获取来自检测面的红外热图像，对其中有无缺陷进行判断。被动式检测利用物体自身的辐射能而不需对其施加热（冷）激励，多用于运行中的电力设备（如高压电缆、开关等）、石化设备（如反应釜、蒸馏塔等）的在役检测。

在主动式检测中，根据检测时激励源、被检件和红外探测设备三者的相互位置关系，分为反射式检测（单面法检测）与透射式检测（双面法检测）。

2.9.2.2 激励源和激励方式

在主动式检测中，对被测物体的激励有多种方式，其主要目的是在被检件中造成温度场的扰动，使被测物体探测面的温度场在激励的作用下不断变化，通过连续获取目标物体表面的红外辐射能，对被测物体进行检测。

根据激励温度与被测物体初始温度的相对高低，激励源有热源和冷源之分。常用的热激励源有辐射加热器、聚光灯、热流体（气、液）、摩擦热等，常用的冷源有干冰、冷气等。

激励方式有均匀激励和脉冲激励两种，每种激励方式可进一步划分为面激励、线激励和点激励，这样就有六种激励方式。

2.9.2.3 三类红外检测仪器

根据工作原理和结构的不同，一般将红外检测仪器分为红外点温仪、红外热像仪和红外热电视等几大类。其中，红外点温仪在某一时刻，只能测取物体表面上某一点（实际为某一小区域）的辐射温度，而红外热像仪（图像）和红外热电视（视频）能测取物体表面一定区域内的温度场。

2.9.2.4 缺陷的定性与定位

一般只能将缺陷分为导热性缺陷和隔热性缺陷，至于对缺陷真实类型的判断，则要有材料和加工工艺方面的知识，结合缺陷热图像的形状来进行。

缺陷的平面位置比较容易确定，一般情况下可将热图像上的缺陷中心看作是工件中的缺陷中心。缺陷在深度方向的位置确定目前还不够准确，有待深入研究。

2.9.3 红外检测技术应用

电力工业是红外无损检测开展最早、应用范围最广的领域之一。在我国，有多家院所对红外检测与诊断技术开展研究，研究成果广泛应用于电力设备（线缆、接头、开关、拉杆、套管、互感器、电容器、变压器等）的热状态的无损检测。

石化系统也是开展设备运行状态红外热像诊断比较广泛的行业，国内外都有大量的研究报道。目前已对石化生产中的催化再生器、加氢反应器、物料输送管线等设备的运行状态进行了红外热像检测，获取了典型缺陷的红外热像图，进行定性和定量分析。

红外测温技术在冶金工业中的应用有冶炼设备内衬缺陷诊断、冷却壁损坏检测、内衬剩余厚度估算、工艺参数的控制与检测、热损失的计算等。采用热成像技术可以显示出高温设备的温度分布状态，以便及时地发现热点，避免重大事故。

采用红外测温仪在焊接过程中实时检测焊缝或热影响区某点或多点的温度，进行焊接参数的实时修正。利用红外热像仪检测焊接熔池及热影响区的红外图像，获得焊缝宽度、焊道的熔透情况等信息，实现焊缝质量的实时控制。

在指定地点的钢轨两侧安装红外辐射探测器，接收过往列车车轮轴承的红外辐射，监测轮轴是否超过规定温度，是否存在过热情况。

目前，红外无损检测已在材料与构件中的缺陷检测、电力和石化等设备运行状态的监测诊断、房屋建筑的热效率和安全性监测、桥梁和海洋钻井平台、电子元器件的质量评定和状态检测等方面获得更多的应用，发展前景良好。

2.10 目视检测——工业内窥镜

目视检测是应用广泛的无损检测方法，工业内窥镜是目视检测的主要仪器。目视检测工具和仪器较为简单，而检测效果直接、直观、可靠。

2.10.1 目视检测

目视检测或目视检验（Visual Testing，VT），包括缺陷检测和尺寸测量，这是利用人眼睛的视觉直接或间接地观察被检部件的表面状况，例如整洁程度、腐蚀情况和表面缺陷，包括借助适当的辅助工具和光学仪器。

直接目视检验可以使用简单的反射镜、放大镜以及人工光源观察表面缺陷，可以使用量具和工具测量几何尺寸、表面粗糙度等。间接目视检验利用目视仪器设备，如显微镜、望远镜、内窥镜、摄像机等器材来观察工件表面。

目视检测的优点是快速、简单方便、直观、经济、检查位置较不受限制、对表面缺陷检出能力强、可立即知道结果。缺点是仅限于检测表面缺陷、检验人员的视力影响检验结果、容易受人为因素影响、必要时需要对检测表面进行清理。

目视检测检测中应用最多的是内窥镜（也称为孔探仪、蛇形探测仪等）。内窥镜是人眼的延伸，可以观察狭窄内腔或弯曲孔道等部位的内表面质量或容器内部空间状况。

内窥镜使用的人工光源包括可见光源和不可见光源。可见光源有钨丝白炽灯、碘钨灯、溴钨灯等温度辐射光源，钠灯、汞灯、氙灯、荧光灯等气体放电光源，发光二极管及红宝石激光等激光光源。不可见光源包括红外光源和紫外光源。

2.10.2　视觉与视力

2.10.2.1　人眼的视觉

光线进入人眼，经过角膜、前房、水晶体和玻璃体，最后抵达视网膜。视网膜由杆状细胞和锥状细胞组成。这两种细胞将光感和色感信息通过视神经传到大脑，经过大脑的处理就形成了视觉。

杆状细胞对 498 nm 的青绿光最敏感，用于暗环境的视觉。L-锥状细胞对 564 nm 的红色最敏感，M-锥状细胞对 533 nm 的绿色最敏感，而 S-锥状细胞对 437 nm 的蓝色最敏感，它们为人眼提供对三基色的视觉。

2.10.2.2　人眼的分辨率

眼睛具有分开很靠近的两相邻点的能力，当用眼睛观察物体时，一般用两点间对人眼的张角来表示人眼的分辨率。眼睛的分辨率随被观察的亮度和对比度的不同而不同。对比度一定，亮度越大，分辨率越高；亮度一定，对比度越大，分辨率越高。

2.10.2.3　视场和视角

眼睛固定注视一点或借助光学仪器注视一点时所看到的空间范围，称为视场。观察物体时，从物体两端（上、下或左、右）引出的光线在人眼光心处所成的夹角，称为视角。物体的尺寸越小，距离观察者越远，则视角越小。在良好的光照度条件下，人眼能分辨的最小视角为 1°。要使观察不太费力，视角需 2°~4°。

2.10.3　工业内窥镜

按内窥镜的结构与功能分为硬管式和软管式；软管式内窥镜又包括光纤内窥镜和视频内窥镜。视频内窥镜系统不仅能够提供清晰的高分辨力图像，而且操作方便，适用于质量控制、常规维护及目视检测等领域。

2.10.3.1　刚性直管内窥镜

刚性直管内窥镜（Rigid Bore Scope）以灯泡为光源、光纤传光照明，依据光学原理成像，属于第一代内窥镜。其构造主要包括传光系统和成像系统，后者由一列透镜及目镜组成，物体于物镜成像后经由此列透镜将影像传至目镜，再由肉眼或照相机取像，进行检测观察。

刚性直管内窥镜受结构所限，其工作长度有限，而且窥头（探头）直径不可能做得很小，以致难以进入内径很小的通道。

2.10.3.2　柔性光纤内窥镜

柔性光纤内窥镜（Flexible Fiber Scope）一般由成像部分（物镜）、传输部分（光纤束）、观察部分（目镜，可配照相机、摄像机）及照明系统（同上）、调节控制系统（调焦、偏转等）组成。

内窥镜中应用的主要元件之一是光导纤维，由石英、玻璃等材料制成，具有柔软可弯曲、集光能力强等优点，既能导光又能传像。光导纤维横截面为圆形，由具有较高折射率的芯体和有较低折射率的涂层组成。

光纤内窥镜采用冷光源、光纤导光（导光束）、光纤传像（导像束、传像束），属于第二代内窥镜，已扩展到黑光内窥镜（长波紫外线），红外内窥镜（红外接收器）。由于光纤束分立并行传像，光纤内窥镜的分辨率、图像清晰度均不如视频内窥镜。

2.10.3.3　视频图像内窥镜

视频图像内窥镜（Video Image Scope）包括成像系统、照明系统、调节控制系统。成像系统包括探测头（含物镜）、图像处理器（含 CCD 相机）、视频监视器或计算机系统三部分。

视频图像内窥镜采用冷光源、光纤导光、固体 CCD 元件摄像，电缆信号经变换器进入监视器成像，属于第三代内窥镜，已经扩展到荧光电子内窥镜、红外光电子内窥镜。

视频图像内窥镜可得到高分辨率、高质量的数字化彩色图像。视频内窥镜具备精确的立体三维测量功能（距离、深度、斜面）和图像数字化存储管理系统。

——— 本 章 小 结 ———

本章概述了一些较为常用的无损检测技术，重点是检测原理、方法分类及应用情况：

（1）声学检测的主要方法是脉冲反射法，其中前景最好的是相控阵超声技术。相控阵超声检测效率高，可靠性高，符合自动化和图像化的发展趋势。此外，超声衍射法（TOFD）焊缝探伤，共振法厚度测量都是重要的检测方法。声发射检测是一种自发声源的动态缺陷检测技术。相对于早期的模拟式仪器，数字化仪器已经占据优势。

（2）射线检测法包括射线照相、实时成像和层析成像三类技术。射线照相的重点是射线源和胶片，实时成像的重点是射线探测器，二者是射线检测的主要技术。层析成像（ICT）因为成本高和效率低，主要用于研究室和实验室。胶片影像质量的基本因素是对比度、（不）清晰度和颗粒度。相应地，数字图像用对比度、空间分辨率和信噪比来表征质量。

（3）电磁检测是无损检测的大家族，包括电流、磁场和微波相关的检测技术。电流类主要是涡流检测，包括涡流探伤、材质试验和膜层测厚三方面应用，用于检测导电材料。磁场类包括磁粉检测、漏磁检测和磁记忆检测等，用于检测铁磁性材料。微波是波长为厘米至毫米级的电磁波，是检测非金属材料特性参数的重要方法。

（4）渗透检测是五种常规方法之一，结合了力学、化学和光学基本原理，利用渗透剂、去除剂、显像剂、黑光灯等器材检测固体材料表面开口缺陷。

（5）光学检测中，激光错位散斑干涉检测，红外检测的热像仪和热电视，目视检测的内窥镜技术，也是常用的无损检测技术，具有图像化的先天优势。

复习思考题

2-1　本章叙述的超声检测方法中，哪些属于反射法，哪些是非压电超声？

2-2　相控阵超声的物理基础是什么？相控阵超声常用的三种扫描方式是什么？

2-3　射线检测名词解释：胶片对比度、不清晰度、颗粒度；数字图像对比度、空间分辨力、信噪比；CR技术、DR 技术、CT 技术。

2-4　简述涡流检测的特点和应用范围。涡流检测的激励电流有哪几种形式？

2-5　非导电的膜厚也可以用涡流检测，只要在薄膜下方垫上宽厚的基体金属，事先校准工作曲线，就可以利用提离效应测量厚度。这个说法是否正确？

2-6　名词解释：磁粉探伤、漏磁检测、磁记忆效应、巴克豪森噪声、磁声发射。

2-7　比较磁粉探伤法和漏磁检测法的优缺点，相同点和不同点。

2-8　着色法如何显示缺陷？荧光法必须使用什么灯具？所检缺陷有什么特征？

2-9　声发射检测技术与其他无损检测方法相比，有哪两个主要差别？

2-10　简述激光全息检测的基本原理、主要特点和适用范围。

2-11　错位散斑干涉检测和激光全息干涉检测有什么相同之处和不同之处？

2-12　简述红外无损检测的基本原理和主要特点。常用红外检测仪器有哪几种？

2-13　简述直接目视检测和间接目视检测，以及目视检测技术的优缺点。

2-14　工业内窥镜有哪三种（三代），其中光纤起什么作用，哪一种性能最好？

2-15　简述微波检测的基本原理、主要特点和适用范围。

3 材料工艺与缺陷检测

【本章提要】

本章从材料是无损检测的对象，工艺是产生缺陷的主要原因，缺陷探测是无损检测的首要任务这些事实出发，介绍无损检测技术所涉及的材料、工艺、缺陷及检测的基本知识。无损检测技术主要用于金属材料，金属材料的晶体结构、物理化学和力学性能、理化检验方法、金属结晶与合金相图、金属材料生产和热处理工艺、各种缺陷的分类分析及检测方法，是本章要学习的主要内容。

3.1 结构材料与功能材料

材料是生产和生活中可以利用的各种实体物质，而用来制造有用的元件器件、零件构件、工具机器以及土木建筑的物质，统称为工程材料。根据材料的组成与结构特点，将各种工程材料划分为金属材料、无机非金属材料、有机高分子材料、复合材料四大类。

按照使用性能，可将材料分为结构材料和功能材料两大类。结构材料以力学性能为主，例如各种机械装备、建筑结构所用材料；功能材料以物理、化学性能为主，例如电子元件、敏感元件、光学元件、存储器等所用材料。按照应用领域，工程材料又可分为信息材料（或电子材料）、能源材料、机械材料、建筑材料、生物材料等多种类别。

3.1.1 钢铁材料

各种材料中，用量最大的是钢铁材料，有纯铁、铸铁、碳素钢、合金钢等分类。

纯铁：含碳量小于 0.02% 的铁碳合金，可用于电磁材料和电工材料等。

熟铁：含碳量不小于 0.02% 但小于 0.1% 的铁碳合金。通常制成薄板、棒材和线材等。

铸铁：含碳量大于 2% 的铁碳合金。大部分用于炼钢，少部分用于生产铸铁件。

碳素钢：含碳量一般为 0.02%~1.35%，并有硅、锰、硫、磷及其他残余元素的铁碳合金。可按含碳量分为低碳钢（含碳量小于 0.25%）、中碳钢（含碳量为 0.25%~0.65%）和高碳钢（含碳量大于 0.65%）等。

低合金钢：按主要特性分为可焊接低合金高强度结构钢、低合金耐蚀钢、低合金钢筋钢、铁道用低合金钢、矿用低合金钢、其他低合金钢。

合金钢：按主要特性分为工程结构用合金钢、机械结构用合金钢、不锈钢、耐蚀钢和耐热钢、工具钢、轴承钢、特殊物理性能钢、其他（如铁道用合金钢）等。

钢是以铁为主要元素，含碳量在 2% 以下，并含有其他元素的金属材料。在铬钢中含碳量可能大于 2%，但 2% 通常是钢与铸铁的分界线。

1982 年，国际标准 ISO 4948-1—1982 和 ISO 4948-2—1981 按化学成分把钢分成两大

类：非合金钢和合金钢。钢分类国家标准 GB/T 13304—1991 参照上述国际标准，结合我国情况，把钢分成三大类：非合金钢、低合金钢和合金钢。非合金钢是未经合金化的钢，我国习惯称为碳素钢，简称碳钢。

低合金钢（合金元素小于 5%）和（高）合金钢（合金元素在 5%~10%）中，常用的合金元素有铬、钴、镍、锰、钼、铝、硅、钛、钨、钒、锆等。

3.1.2　非铁金属材料

非铁金属材料是另一大类金属材料，他们的种类很多，且多数是有色金属。

轻金属材料：铝、镁、钛及其合金，以铝、镁、钛为基的粉末冶金材料和复合材料等。

重金属材料：铜、镍、铅、锌、锡、铬、镉等重有色金属及其合金，以及以这些金属和合金经熔铸、塑性加工或粉末冶金方法制成的材料。

贵金属材料：以贵金属及其合金为主要原料或在某些材料中加入相当数量的贵金属制成的有色金属材料。金、银和铂族金属（铂、钯、铑、钌、铱、锇）都能抗化学变化，在空气中加热不易氧化并保持美丽的金属光泽，产量少而价格昂贵，统称为贵金属。

难熔金属材料：熔点超过 1650℃ 的难熔金属钨、钼、钽、铌、钛、锆、铪、钒、铬、铼及其合金制成的材料。

3.1.3　非金属材料

非金属材料包括无机非金属材料、有机高分子材料和部分复合材料。

3.1.3.1　无机非金属材料

无机非金属材料包括陶器、瓷器、砖瓦、玻璃、水泥、耐火材料等，它们来源丰富、成本低廉、应用广泛，具有许多优良的性能，如耐高温、高硬度、耐腐蚀以及介电、压电、光学性能和电磁性能等。

以无机非金属天然矿物或化工产品为原料，经原料处理、成形、干燥、烧结等工艺制成的产品称为先进陶瓷材料，按功能和用途可分为三类：功能陶瓷（电子陶瓷）、结构陶瓷（工程陶瓷）和生物陶瓷。

3.1.3.2　有机高分子材料

有机高分子材料又称聚合物、高聚物，有天然的纤维、蛋白质和橡胶，还有合成的纤维、树脂和橡胶等非生物高聚物。它们密度小、比强度大、绝缘性好、耐蚀性好、弹性高，可满足多种需求，如各种纤维、塑料、橡胶、涂料、黏合剂等。

功能高分子材料包括导电高分子材料、医用高分子材料和高吸水性材料等。高分子材料的发展趋势是高性能、高功能、复合化、精细化和智能化。

3.1.4　复合材料

复合材料是以合成树脂、金属材料或陶瓷材料等为基体，加入各种增强纤维或增强颗粒而形成的材料，包括纤维增强复合材料和颗粒增强复合材料等。

增强纤维种类有玻璃纤维、碳纤维和硼纤维。由玻璃纤维和某些树脂复合而成的材料通常称为玻璃钢。由陶瓷颗粒与金属结合的颗粒增强复合材料称为金属陶瓷。

复合材料的各组成原料在性能上取长补短，产生协同效应，使其综合性能优于各原材料。复合材料主要用于航空航天、军事安保、特种加工等领域。

3.1.5 功能材料

功能材料具有某些优良的物理、化学或生物性能和能量转换功能，主要用于信息和能源等领域，主体部分称为电子材料（涉及力声热电磁光等）。功能材料品种繁多、作用巨大，在科学技术中占有重要地位。

功能材料有两种分类方法：一种是按材质分类，有无机功能材料（金属、半导体、玻璃、陶瓷等）、有机功能材料和复合功能材料；另一种是按功能分类，有精密合金、电学材料、半导体材料、磁性材料、光学材料、薄膜材料、纳米材料、能源材料等。

精密合金是具有特殊物理性能的一类合金材料，也称金属功能材料，包括磁性合金、弹性合金、热膨胀合金、精密电阻合金、热双金属、形状记忆合金、减振合金等。

电学材料分为晶体材料和陶瓷材料（广义的）两大类，包括不同导电性的导电材料、介电材料、半导体材料、超导体材料等，还有用于传感器的压电材料、热释电材料、铁电材料、光电材料、热敏材料等。

半导体材料是电导率介于导体和绝缘体之间的功能材料。按应用和特性可分为集成电路用（芯片等）、微电子用（计算机等）、辐射探测器用、红外用半导体，以及半导体热电材料、半磁半导体材料、超导半导体材料等。

磁性材料即铁磁性材料或强磁性材料，包括金属磁性材料和铁氧体磁性材料。按磁滞回线形状及其特点分类，磁性材料分为软磁材料、永磁材料（硬磁材料）、矩磁材料（记录存储）、压磁材料（磁致伸缩）、旋磁材料（微波器件）等。

光学材料可分为玻璃、晶体、陶瓷等，包括激光材料（激光器）、红外材料、发光材料、变色材料、电光材料、声光材料、磁光材料、光纤材料、显示材料（液晶等）、光存储材料（光盘等）等。

无损检测技术发展初期面向的是金属材料，现在金属材料仍然是主要的检测对象，但在各行各业中已拓展到检测其他材料。无损检测技术的应用对象主要是结构材料，但构成检测仪器的关键部分是功能材料。各种仪器中的电路和元器件、传感器敏感元件、控制元件、显示和存储介质、计算机的主要单元都是功能材料制造的。

3.2 金属材料的结构

金属由一种或多种元素结晶而成，具有固定的熔点、结晶及相变规律，形成典型的晶格结构及晶体缺陷。金属材料的性能在很大程度上取决于其结构，即取决于其中原子之间的结合和原子在空间上的配置情况。

3.2.1 单晶体的晶格结构

3.2.1.1 理想晶体的基本概念

由原子或分子在空间按一定几何规律重复排列构成的固体物质称为晶体。原子或分子的排列具有三维空间的周期性是晶体结构最基本的特征。晶体具有均匀性、对称性、各向异性、确定的熔点和衍射效应（射线）。

为了便于研究晶体内部原子排列规律及几何形状，可将每个原子抽象为对应振动中心的一个点，这些点在三维空间的有序排列形成点阵，用直线连接各点所形成的空间格子即为晶格。点阵和晶格分别用几何的点和线反映晶体结构的周期性。

可以在空间点阵中取出一个基本单元（通常是六面体），单元中点的排列能代表空间点阵的全部特征，这个基本单元称为结构基元或单胞。整个点阵可看作是由大小、形状和位向相同的单胞重复排列组成。

晶体点阵的结构单元称为晶胞。晶胞的大小和形状可用平行六面体的三个棱长 a、b、c 和棱间的夹角 α、β、γ 来决定，称为点阵常数（晶格常数）和轴间夹角。依棱边长度关系和棱间夹角关系可归纳为 7 种晶系，14 种空间点阵。

在晶体点阵中，由阵点所组成的任一平面代表着晶体的原子平面，称为晶面。由阵点组成的任一直线，代表着晶体空间内的一个方向，称为晶向。在不同的晶面和晶向上，原子的排列可能有很大的差别，因此显示出不同的性质，即各向异性。

3.2.1.2　单晶体的晶格类型

单晶体晶格是指金属原子紧密排列并构成少数几种高对称性的简单几何形状的晶体结构。超过 90% 的金属晶体具有体心立方、面心立方和密排六方三种晶格形式：

（1）体心立方晶格的每个晶胞都是一个正立方体，8 个顶点上有 8 个相邻晶胞共有原子，立方中心还有 1 个原子。体心立方晶格常数 $a=b=c$，轴间夹角 $\alpha=\beta=\gamma=90°$。体心立方结构的金属有 α-Fe、α-Cr、β-Ti、Mo、W、V、Nb 等。

（2）面心立方晶格的每个晶胞也是正立方体，除了顶点的 8 个共有原子外，6 个面的中心还有 6 个原子。面心立方和体心立方棱边和夹角的规律一致，但二者晶格常数不等。面心立方结构的金属有 β-Co、γ-Mn、Cu、Al、Ni、Au、Ag 等。

（3）密排六方晶格的每个晶胞是一个六棱柱，在棱柱的 12 个角上，有 12 个共有原子，两个底面中心各有 1 个原子，底面之间还有 3 个原子。密排六方的晶格常数有 2 个：六边底面边长和上下底面间距。常见的金属有 Mg、Zn、Be、α-Ti、α-Co、β-Cr 等。

表 3-1 列出了三种典型金属晶格的部分参数，其中原子数是指每个晶胞的原子数，配位数是指晶体结构中与任一原子最近邻、等距离的原子数。

表 3-1　三种典型金属晶格的部分参数

晶格类型	原子数	配位数	原子半径	原子最近间距
体心立方	$8/8+1=2$	8	$r=\dfrac{\sqrt{3}}{4}a$	$d=\dfrac{\sqrt{3}}{2}a$
面心立方	$8/8+6/2=4$	12	$r=\dfrac{\sqrt{2}}{4}a$	$d=\dfrac{\sqrt{2}}{2}a$
密排六方	$12/6+2/2+3=6$	12	$r=\dfrac{1}{2}a$	$d=a$

单晶体具有各向异性的特征，这是区分晶体和非晶体的重要特征之一。单晶体具有较高的强度、耐蚀性、导电性等，在半导体材料、磁性材料和高温合金等领域应用较多，是今后新型材料的发展方向之一。

3.2.2　多晶体的晶体缺陷

3.2.2.1　多晶体金属

实际金属晶体中包含着许多单晶体，每个单晶体内部的晶格方位大体一致，但各单晶体之间的方位却彼此不同。每个单晶体均具有不规则颗粒状外形，统称为晶粒，尺寸范围大致为 0.001~1 mm。

晶粒与晶粒之间的界面称为晶界。晶界是晶格位向不同且原子排列不规则的过渡区。实际金属是由许多晶粒和晶界及偏离理想晶体的微观区域所组成的多晶体结构。

实际生产中，除了专门制作的单晶体材料，大多数金属材料均属于多晶体结构，一般不呈现各向异性的特征。

3.2.2.2　晶体缺陷

多晶体金属中各个晶粒位向紊乱，在晶界和内部存在原子排列不完整性，即晶体缺陷。晶体缺陷对晶体中发生的许多物理化学过程产生重大的影响。通常按照几何形态将晶体缺陷分为点缺陷、线缺陷和面缺陷三类：

（1）点缺陷是晶格中各方向尺寸都很小的缺陷，包括点阵空位、置换原子和间隙原子等。空位是未被原子占有的晶格结点，置换原子是占据晶格结点的异类原子，间隙原子是处于晶格间隙的原子。点缺陷使晶格发生畸变，强度及硬度提高，电阻增大。

（2）线缺陷是指晶体某一方向尺寸较大并呈线状分布的缺陷。其具体形式是各种类型的位错，两种简单的位错形式是刃形位错和螺形位错。位错对金属的塑性变形、强度、疲劳、蠕变、扩散、相变等都起着重要的作用。

（3）面缺陷是两个方向的尺寸较大，而第三个方向的尺寸很小的缺陷，例如晶体表面、晶界、亚结构边界、堆积层错等皆为面缺陷形式。

晶粒内部还存在许多小尺寸、小位相差的结构，即"亚晶粒"，相邻亚晶粒的边界即"亚晶界"。晶界和亚晶界均会使金属强度提高，塑性和韧性改善，称为"细晶强化"。

3.2.3　合金的相结构

合金是由两种或两种以上的金属元素、或金属与非金属相互融合，结晶而成的具有一定金属特性的物质体系，包括二元合金、三元合金等。

3.2.3.1　相结构和相变

合金中具有相同的化学成分、晶体结构、聚集状态并以界面相互分开的各个均匀的组成部分称为相。两相之间的界面称为相界。合金的一种相在一定条件下转变为另一种相，例如液态结晶为固态，固态转变为另一固态，都称为相变。合金中相的种类比例、各相的晶粒大小、形状、分布及相间结合的状态称为显微组织。研究金属与合金中相和组织的形成、变化及其对性能的影响的实验科学称为金相学。

合金中相的结构和性质对合金的性能起决定性作用。组织是合金的微观形态并由合金中各相的形态所构成。合金组织的变化对合金的性能也产生很大影响。

对于大多数合金来说，在熔融状态下，组成合金的各个元素（组元）能够互相完全地溶解，并形成均一的液相。组元可以是金属元素、非金属元素和稳定的化合物。

液态下组元完全互溶的合金，因组元之间相互作用不同，在固态时既可相互溶解，形成固溶体结构；又可相互反应，形成金属化合物结构；还可以几种晶体混合在一起形成混合物结构。合金的基本相结构可以分为固溶体和金属化合物两大类。

3.2.3.2 固溶体及固溶强化

对于固溶体的组成部分，可以类比溶液中的溶质和溶剂。溶质原子溶入溶剂晶格中，仍保持溶剂晶格类型的合金相称为固溶体。按溶质原子在溶剂点阵中的位置，可分为置换固溶体和间隙固溶体。

置换固溶体是溶质原子取代部分溶剂原子而占据溶剂晶格结点的固溶体。溶质原子 Mn、Ni、Cr、Si、Mo 等，均可与溶剂原子 Fe 形成置换固溶体。溶剂和溶质晶格类型相同，原子半径越接近，溶解度越大。

间隙固溶体是溶质原子溶入溶剂晶格间隙形成的固溶体，如钢中的碳溶入 α-Fe 或 γ-Fe 中即可形成间隙固溶体。间隙固溶体原子排列紧密，晶格间隙很小。只有原子半径很小的非金属元素（H、O、C、B、N 等），才可能溶入过渡族金属的晶格间隙中。

在合金体系中，固溶体的晶体结构与溶剂金属相同，但发生点阵畸变和晶格常数变化。这种变化使合金变形时位错移动困难，强度和硬度提高，称为固溶强化。固溶强化是提高材料力学性能的重要方法，绝大多数工业合金的基体都是固溶体。

3.2.3.3 金属化合物及弥散强化

金属化合物是合金元素间发生相互作用而生成的具有金属性质的一种新相，其晶格类型和性能不同于任一组成元素，一般可用分子式来表示。金属化合物又称"金属间化合物"或"中间相"，是合金中除固溶体以外所有各相的总称。

如果合金中加入的组元超过了基体金属的固态溶解度，那么在形成固溶体的同时还会出现第二相。除少数合金系外，这第二相就是金属化合物。当合金中出现金属化合物，通常能提高合金的强度、硬度和耐磨性，但会降低塑性和韧性。以金属化合物作为强化金属材料的方法，称为第二相强化。

合金组织可以是单相的固溶体组织，但由于其强度不高，应用受到一定限制。多数合金是由固溶体和少数金属化合物组成的混合物。可以通过调整固溶体的溶解度和其中的化合物的形状、数量、大小和分布来调整合金的性能，以满足不同的需要。

若化合物在固溶体晶粒内呈弥散质点或粒状分布，则既可显著提高合金强度和硬度，又可使塑性和韧性下降不大。颗粒越细小、分布越弥散，强化效果越好，故工程上常对合金材料进行"弥散强化"或"颗粒强化"。

3.3 金属材料的性能

金属及合金在工业上有着广泛的应用。根据不同的使用目的、不同的工作条件，对金属材料有不同的性能要求。金属材料的性能主要包括使用性能和工艺性能。

金属材料的使用性能包括物理性能、化学性能、力学性能以及耐磨性、消震性、耐辐照性等。工艺性能是指金属材料适应各种加工的特性，包括可铸性、可锻性、可焊性和切削性。以下主要介绍金属材料的使用性能。

3.3.1 物理化学性能

物理性能是金属材料的热、电、声、光、磁等物理特征的量度。例如金属材料的密度、熔点、比热容、热膨胀、磁性、导电性、导热性以及有关光的折射、反射等性质均属物理性能的范围。物理性能是电机、电器、无线电和仪表制造中起主要作用的材料性能。

金属材料的物理性能取决于各组成相的成分、原子结构、键合状态、组织结构特征及晶体缺陷特性等因素。常用的物理性能分析方法有热分析、电阻分析、磁性分析、膨胀分析、穆斯堡尔谱分析、正电子湮没技术。

化学性能指化学及电化学方面的耐蚀性、抗氧化性、表面吸附及化学稳定性等，是化工机械及在高温时与某些介质接触工作的构件制造中起主要作用的材料性能。

钢铁材料在潮湿的空气中生锈是最常见的腐蚀现象，一般采取改变材料成分（例如不锈钢）或表面防护技术（例如镀膜）来增强金属材料的耐蚀性。抗氧化性好的金属在高温下氧化后形成一层致密的氧化膜，覆盖在金属表面，使金属不再继续氧化。

3.3.2 力学性能

3.3.2.1 应力、应变、弹性模量

在外力作用下，物体内部将产生内力，过某分析点沿某方向微元面积 ΔF 上作用的内力为 ΔP，则极限值 $S = \lim (\Delta P / \Delta F)$（单位为 MPa）称为所取截面上该点处的应力（Stress）。对于同一点，应力的大小和方向与截面的方位有关。

垂直作用在指定平面的应力分量称为正应力（法向应力），以 σ 表示。作用在指定平面内的应力分量称为剪应力（剪切应力），以 τ 表示。

变形体内任一单元体总可以找到三个互相垂直的平面，在这些平面上只有正应力而没有剪应力，这些平面称为主平面，作用在主平面上的正应力称为主应力。

受力构件在形状、尺寸急剧变化的局部出现应力显著增大的现象称为应力集中。消除外力或不均匀温度场等作用后仍留在物体内的自相平衡的内应力称为残余应力。

机械加工、强化工艺、不均匀塑性变形或相变都可能引起残余应力。残余应力一般是有害的，例如不当的热处理、焊接或切削加工后，残余应力会引起工件变形，甚至开裂。

受力构件内任一单元体因外力作用引起的形状和尺寸的相对改变称为应变（Strain）。与点的正应力和剪切应力相对应，应变分为线应变 ε 和角应变 γ。

单元体任一边的线长度的相对改变称为线应变或正应变；单元体任意两边所夹直角的改变称为角应变或切应变，以弧度来度量。线应变和角应变是度量构件内一点处变形程度的两个几何量。任何一个物体，不管其变形如何复杂，总可以分解为上述两种应变形式。

当外力卸除后，物体内部产生的应变能够全部恢复到原来状态的，称为弹性应变；如不能恢复到原来状态，其残留下来的那一部分称为塑性应变。

对应主应力和应力集中，有主应变和应变集中，他们的方向或位置是对应的。

3.3.2.2 力学性能指标

力学性能是表征材料抵抗外力作用能力的衡量指标。主要包括强度（几种极限值）、塑性（伸长率等）、韧性（冲击韧度、断裂韧度等）、硬度（布氏、洛氏、维氏等）、蠕变（极限）和疲劳（强度）等：

（1）强度。强度为材料在外力作用下抵抗变形和断裂的能力的总称。以光滑拉伸试样为例，在渐增载荷作用下，金属材料的典型拉伸应力-应变曲线如图 3-1 所示。

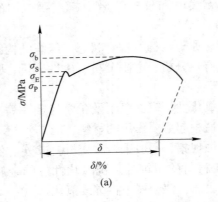
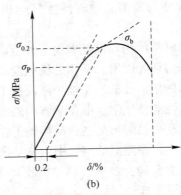

图 3-1　金属材料的典型拉伸应力-应变曲线

（a）具有明显屈服现象的材料；（b）没有明显屈服现象的材料

反映金属材料强度的性能指标有比例极限、弹性极限、屈服极限和抗拉强度等：

1）比例极限（σ_P）。比例极限指材料在受载过程中，应力与应变保持正比关系时（比例系数即为弹性模量）的最大应力。材料抵抗弹性变形的能力，即材料的刚度，其指标就是弹性模量 E。

2）屈服极限（σ_S）。在拉伸过程中，试件所受载荷不再增加而变形继续增加，这一现象称为材料的屈服，对应的应力称为材料的屈服极限。屈服极限是设计静载构件的主要依据。

3）抗拉强度（σ_b）。抗拉强度又称拉伸强度或拉伸强度极限。单向均匀拉伸载荷作用下断裂前试样承受的最大正应力。抗拉强度代表了试样的最大均匀塑性变形抗力。

（2）塑性。塑性指材料在受力时，产生不可恢复的变形（即残余变形）而不破坏的能力；塑性通常用光滑试样拉伸条件下的延伸率 δ 和断面收缩率 ψ 来衡量。

（3）韧性。韧性指材料在外力作用下，断裂前所吸收能量的大小（包括外力所作的变形功和断裂功）。韧性是材料强度和塑性的综合表现，通常用冲击韧度或断裂韧度的指标来衡量：

1）冲击韧度。预制缺口的试样被试验机冲断所吸收的能量（冲击吸收功 A_k）与缺口处截面积 S_N 的比值定义为冲击韧度（α_k），单位为 J/m^2。

2）断裂韧度。断裂韧度是根据脆性断裂准则确定的、在含裂纹受力体内的裂纹尖端上应力强度因子的临界值。应力强度因子是表示裂纹尖端附近应力场强度的参数。

（4）硬度。硬度是用来衡量固体材料软硬程度的力学性能指标。硬度试验可分为两种基本试验方法：压入法和划痕法。硬度是一个比较值，各种试验方法都有自己的测量方法和标准。硬度值不能直接用于构件设计，但因其测试简便易行，常用于材料质量控制和试验研究。

（5）蠕变。蠕变指金属在恒定温度和恒定载荷作用下，随着时间的延长缓慢地发生塑性变形的现象。蠕变量与应力、温度、时间三个条件有关。金属蠕变抗力判据是蠕变极限，蠕变断裂抗力的判据是持久强度极限。

（6）疲劳。材料在循环交变应力作用下，逐渐发生局部的永久性的微观变化，在足够的应力循环次数后，发展到完全断裂的过程称为疲劳。此过程可归纳为疲劳裂纹的形成、扩展和断裂三个阶段。材料疲劳抗力可用疲劳极限或疲劳强度来评价。

工程上常用条件疲劳极限，即试样在循环载荷作用下，在规定的循环次数内（如 10^6 次、10^7 次、10^8 次等）不致产生断裂的最大应力来评定材料的疲劳抗力，称为疲劳强度。

3.4 金属材料的理化检验

金属材料的理化检验包括（1）化学成分分析；（2）金相检验；（3）力学性能试验。

金属材料的各种性能，或者说它在加工和使用条件下的行为，取决于一系列的外因（温度、应力状态、加力的速度、介质的物理化学性能等）和内因（成分、组织）。

化学成分和组织是决定材料性能的两大内部因素。材料的化学成分不同，其性能也就不同；但是，即便是同一种化学成分的材料，在经过不同的热处理、使其组织发生改变后，材料的性能也将发生变化。

理化检验具有完整而成熟的检验标准，已成为各种材料和零件质量检验的常规方法。理化检验也是研究合金和分析零件失效的重要方法。

3.4.1 化学成分分析

化学成分分析方法可分为两大类：一类是以化学反应为基础的分析方法，称为化学分析；另一类是以物质的物理、物理化学为基础并采用专用仪器的分析方法，称为物理分析（仪器分析）。常用的化学成分分析方法如下所述：

重量分析法、容量分析法和目视比色分析法属于化学分析，其他为物理分析。为了分析研究微区（如晶内、晶界及偏析区等）和表面层（深度为几百纳米）的化学元素性质与含量，可分别采用电子探针 X 射线显微分析仪和俄歇电子能谱仪。不同分析方法的主要特点为：

（1）重量分析法。重量分析法是以称量反应生成物的重量来测定物质含量的分析方法，可用于组分定量分析、仲裁分析和标样分析。该方法分析准确度和精密度均较高，但过程繁琐、时间较长。

（2）容量分析法。容量分析法即滴定分析法，操作方便迅速、准确度较高，常用于组分定量分析。

（3）比色分析法。比色分析法是将试样溶液的颜色与已知标准溶液的颜色进行比较来确定物质含量的方法。该方法简单、迅速，应用广泛。

（4）原子吸收分析法。原子吸收分析法又称"原子吸收光谱"，是利用基态原子蒸气能进行分析的方法。

（5）发射光谱分析法。发射光谱分析法根据每种元素各自的特征谱线的强度，测定物质所含元素及元素含量。该方法可同时确定多个元素，灵敏度和准确度较高，操作简便、迅速，应用范围较广。

（6）X射线荧光分析法。X射线荧光分析法利用高能X射线照射试样，使之产生二次X射线，进而分析试样的化学成分。该方法具有谱线少、准确度高、背景小、不破坏或不消耗试样等优点，尤其适于测定含量高、化学性质相似及原子序数$Z>12$的元素。

（7）红外吸收分析法。红外吸收分析法使用红外气体分析仪，进行气体含量分析。该方法干扰因素少，灵敏度高，可实现检测的全自动化，常用于分析氮、氢、氧的含量。

（8）电子探针分析法。电子探针分析法利用聚焦电子束可使固体所含元素发射标识X射线的原理，分析固体微小区域的化学成分及含量。

（9）俄歇能谱分析法。俄歇能谱分析法利用有特征能量值的俄歇电子进行表面微区化学成分分析。该方法灵敏度高，速度快，可做点、线、面分析和逐层分析。

3.4.2　金相检验

通常，利用放大镜或显微镜观察金属或合金组织的形态、分布及其变化，称为金相检验。金相检验可分为低倍检验和显微检验。

3.4.2.1　低倍检验

用人眼或放大镜（一般低于30倍）对锻造流线、晶粒大小以及冶金或铸造缺陷以及断口的宏观特征等进行低倍检验。低倍检验的样品，一般需经粗磨并用特定试剂腐蚀后观察，也可直接观察零件表面或断裂表面。低倍检验观察到的组织称为低倍组织，又称宏观组织。低倍组织对金属及合金的质量和力学性能有直接的影响。在生产中制定了相应的检验标准，如晶粒度标准、疏松标准、夹杂物标准等。

3.4.2.2　显微检验

用光学显微镜或电子显微镜等对合金的内部组织及其在加工和使用过程中的变化进行显微检验。显微检验的样品，一般需经砂纸研磨，再行抛光（机械抛光或电解抛光），然后根据需要，用特定试剂腐蚀（化学侵蚀或电解腐蚀）显露其组织。有时也可以直接观察断口表面。显微检验观察到的组织称为显微组织，包括金属及合金各组成相的性质、形态和分布，晶界结构，位错线和形变滑移线的分布，断口的显微特征等。

光学显微镜的放大倍数可达$1000 \sim 1500$倍，分辨能力约为$1.5~\mu m$。电子显微镜包括透射电子显微镜（TEM）、扫描电子显微镜（SEM）和扫描透射电子显微镜（STEM）三类。TEM的放大倍数可达几十万倍，分辨率达$0.2~nm$；SEM可分析$150~mm \times 150~mm$的实物断口，图像极限分辨率达$0.6~nm$。

研究显微组织的目的在于了解材料的组织结构及其与性能的关系，以便控制影响组织的工艺参数，获得所需的性能；分析构件失效的原因，作为改进设计和生产工艺的依据。

3.4.3 力学性能试验

金属材料的力学性能试验通常包括拉伸试验、冲击试验、硬度试验、持久强度试验、蠕变试验和疲劳试验，分别概述如下。

3.4.3.1 拉伸试验

拉伸试验是测定材料在轴向、静载下的强度和变形的一种试验。拉伸试验是工业上使用最普遍、最基本的一种力学性能试验方法，它可以测定金属材料的弹性、强度、塑性和硬化指数等许多重要指标。

这些指标在工程设计中不仅是金属材料结构静强度设计的主要依据，而且是评定和选用金属材料及加工工艺的重要参数。材料的比例极限、弹性极限、屈服强度、抗拉强度等强度指标，及伸长率、断面收缩率等塑性指标都可以通过拉伸试验获得。拉伸试验已成为材质检验的重要判据。

3.4.3.2 冲击试验

目前，生产上广泛采用的冲击试验是缺口试样一次摆锤冲击弯曲试验：将欲测定的材料先加工成标准试样（U 形或 V 形缺口），置于试验机的支座上，将具有一定重量的摆锤举至一定高度，然后将其释放，在摆锤下落最低位置处冲断试样，计算试样断口单位面积所吸收的功，获得冲击韧性 α_k。

3.4.3.3 硬度试验

金属硬度试验与纵向拉伸试验一样，也是一种应用最广泛的力学性能试验方法。生产上应用最多的是压入法硬度，包括布氏硬度（HB）、洛氏硬度（HR）、维氏硬度（HV）和显微硬度（HM）。

布氏硬度的测试方法是在一定直径的钢球上，加一定大小的负荷，压入被试金属的表面，根据压痕的表面积，计算单位表面积所承受的平均应力值。

维氏硬度的测试原理与布氏硬度相同，不同的是维氏硬度采用金刚石四方角锥体。显微硬度通常是指维氏显微硬度，测量原理与维氏硬度相同，只是试验负荷小得多。

洛氏硬度与布氏硬度一样，也是一种压入法试验，但不是测定压痕面积，而是测定压痕深度，以压痕深度表示硬度值。

3.4.3.4 蠕变试验

一般来说，蠕变试验必须用较多的相同试样，分别在给定的工作条件（应力和温度）附近，在专用的蠕变试验机上试验，获得在给定的恒定温度和恒定负荷下，试样标距的变形与时间的关系曲线。根据试验结果，可计算出蠕变极限。

3.4.3.5 持久强度试验

持久强度试验是在某一恒定温度和恒定负荷下，测量试样至最终断裂所经历的时间，同时也测定试样延伸率和断面收缩率。试样在恒定温度和恒定负荷作用下，达到规定的持续时间不致断裂的最大应力为持久强度极限。

3.4.3.6 疲劳试验

疲劳试验是在交变载荷作用下，获得用疲劳曲线来描述的交变应力与寿命之间的关系。在不同应力水平下拟合中值疲劳寿命估计量，并且在各个指定寿命下拟合中值疲劳强度估计值所得到的 *S-N* 曲线。*S-N* 曲线上水平部分对应的应力，即为材料的疲劳极限。

3.5　金属结晶与相图

3.5.1　金属结晶及相变

3.5.1.1　结晶与晶粒细化

金属结晶是指液态金属转变为固态晶体的过程。液态转变成固态称为一次结晶，而固态再转变成另一种固态称为二次结晶或重结晶。

液体金属在熔点以下才开始结晶，且当冷却速度越快，结晶温度越低，晶粒越细小。实际结晶温度与理论结晶温度之差称为过冷度，过冷度是结晶的必要条件。

结晶是晶体从无到有（形核），从小到大的过程（晶核长大）。晶粒大小对金属的性能有很大影响。细化晶粒不仅可以提高强度、硬度，而且塑性和韧性也良好。

通常采用增加液态金属过冷度、外加微粒变质处理、附加振动处理等方法获得细小晶粒以改变其力学性能，这些晶粒细化方法称为细晶强化。

3.5.1.2　金属同素异构转变

多数金属结晶以后晶格结构不再变化，但有些金属则随温度和压力等条件变化，具有两种或多种晶格结构，呈现出"同素异构性"，发生"同素异构转变"。例如 Fe、Co、Ni、Mn、Sn 等金属元素均具有同素异构性。

金属同素异构转变是原子重新排列的过程，也是金属在固态下由一种晶体结构转变为另一种晶体结构的过程。纯铁在结晶后冷却至室温的过程中，会发生两次晶格结构转变。

Fe 在 1538 ℃结晶后呈体心立方晶格，称为 δ-Fe；冷却至 1394 ℃时，转变为面心立方晶格，称为 γ-Fe；继续冷却至 912 ℃时，又转变为体心立方晶格，称为 α-Fe；随后一直冷却到室温，晶格结构不再发生变化。

3.5.1.3　变形、回复和再结晶

金属材料在冶炼浇铸后，绝大多数需要经过加工变形才能成为型材或工件。加工和变形会引起合金组织的重大变化，出现加工硬化现象。经过变形的金属大多数要进行退火，退火的目的是改变合金的组织和性质，以利于进一步加工。

经过变形的金属在退火过程中，连续的但是部分的恢复变形前的力学和物理性质，而不明显改变显微组织的过程，称为回复。回复过程中，工件内应力大部分消除。

经过塑性变形的金属，加热到一定温度以上时，合金组织将重新形核并长大，性能也发生很大变化，这个过程称为再结晶。再结晶消除了点阵畸变，改变了材料的性能。

3.5.2　相图及其作用

相图（Phase Diagram）是表示在平衡条件下，合金的状态与温度和成分之间关系的一种图形，是用于表明合金系中不同成分的合金，在不同温度下所呈现的相结构及相与相之间关系的图形。由于图中各相一般处于平衡状态，相图也称平衡图。非严格平衡态下不同成分的合金所呈现的图线，称为状态图。

相图中的横坐标表示合金成分，纵坐标表示温度。相图内由线条组成一个个区域，每个区域代表一种或两种相，垂直于横坐标的直线代表金属化合物，见图3-2。

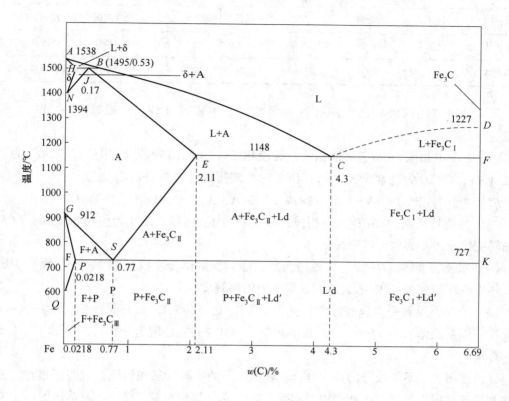

图 3-2 Fe-Fe₃C 相图

相图是研究金相组织、力学性能和工艺性能的理论基础。根据相图可以知道各种成分的合金在不同温度时存在哪些平衡相，其间的平衡关系及其所构成的组织，以及在什么温度下发生结晶和相变，从而了解合金成分、组织与性能的关系。因此，合金相图是制定金属热加工工艺（铸锻焊和热处理）的重要依据。

3.5.3 铁碳合金相图

铁碳合金（Ferro-Carbon Alloy）包括碳钢和铸铁。铁碳合金相图又称铁碳平衡图、铁碳相图（图3-2），表示铁碳合金在结晶过程中各种组织的形成及变化规律。

铁碳相图中的组成物包括液态金属、奥氏体（γ-Fe）、铁素体（α-Fe）、渗碳体（Fe₃C）、莱氏体（Ld）和珠光体（P）。铁碳相图中各相的特性见表3-2。

表 3-2 铁碳相图中各相的特性

名称	符号	晶体结构	说明	性能
铁素体	α 或 F	体心立方	C溶于 α-Fe 中的间隙固溶体	性能与纯铁相似，塑性和韧性好
奥氏体	γ 或 A	面心立方	C溶于 γ-Fe 中的间隙固溶体	高温奥氏体塑性好

名称	符号	晶体结构	说明	性能
渗碳体	Fe_3C	正交系	复杂的斜方晶体结构化合物	硬度高耐磨、塑性和韧性很差
莱氏体	Ld	$A+Fe_3C$	奥氏体和渗碳体的混合物（727℃上）	与渗碳体相似，硬度高塑性差
珠光体	P	$F+Fe_3C$	铁素体和渗碳体的混合物（727℃下）	介于渗碳体和铁素体之间

下面分别概述铁碳相图的单相区和两相区、主要特征线、主要转变线和三个恒温转变：

（1）5 个单相区。ABCD（液相线）为液相区（L）；AHNA 为 δ 相区；NJESGN 为奥氏体区（A）；GPQG 为铁素体区（F）；DFK 为渗碳体区（线）（Fe_3C）。

（2）7 个两相区。L+δ、L+A、L+Fe_3C、δ+A、A+F、A+Fe_3C、F+Fe_3C。

（3）主要特征线。ABCD 为固相线；AHJECF 为液相线；HJB 为包晶转变线；ECF 为共晶转变线；PSK 为共析转变线。

（4）重要转变线。GS 线（A_3 线）为奥氏体↔铁素体转变线；ES 线（A_{cm} 线）为碳在奥氏体中的溶解度线；PQ 线为碳在铁素体中的溶解度线。

（5）三个恒温转变。包晶转变（生成奥氏体 A，1495 ℃）；共晶转变（生成 A+Fe_3C 混合物，即莱氏体 Ld，1148 ℃）；共析转变（生成 F+Fe_3C 混合物，即珠光体 P，A_1 线 = 727 ℃）。

铁碳相图表示不同成分的铁碳合金在各温度下的平衡状态和组织，说明了钢在缓慢的加热和冷却过程中相变、相变产物、相变产物的成分和相对量。图 3-3 简单地展示了室温下各种铁碳合金的平衡组织组成物、相对量及力学性能。

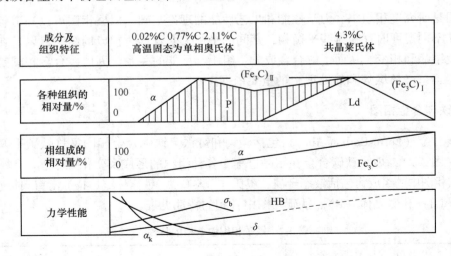

图 3-3 铁碳合金成分、组织、性能关系图

$(Fe_3C)_I$——一次渗碳体；$(Fe_3C)_{II}$——二次渗碳体；α—铁素体；P—珠光体；
Ld—莱氏体；HB—硬度

3.6 金属工艺及缺陷

3.6.1 冶金生产与机械制造

金属工艺是指机械制造过程中的几种典型的加工技术，可以分成热加工（铸锻焊和热处理）和冷加工（冷变形和机加工）两大部分内容。

图 3-4 为机械制造过程示意图。如图 3-4 所示的机械制造过程中，铸造、锻压、焊接几种工艺主要是为了制造出符合某种形状的毛坯，所以称为材料的成形工艺。这些工艺通常需要对材料进行加热，可统称为热加工。而利用机械设备对毛坯进行去除性加工，以获得预定精度零件的加工工艺，称为切削加工。切削加工通常是在冷态下进行，可称为冷加工。轧制工艺中有热加工也有冷加工，称为热轧和冷轧。

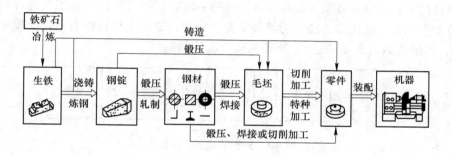

图 3-4　机械制造过程示意图

将图 3-4 的前三个环节展开，可以看到图 3-5 所示的生产过程，常见于大型钢铁企业，属于冶金行业。而图 3-4 的后三个环节出现在各类机械厂、加工厂，属于机械行业。

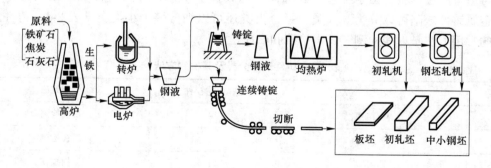

图 3-5　冶金生产初期过程示意图

利用金属的塑性，使其改变形状、尺寸和改善性能，获得棒材、板材、线材或锻压件的加工方法，称为金属塑性加工（第三个环节）。冶金厂冶炼出的钢材和有色金属及其合金除少数作为铸件外，95%以上都要浇铸成锭、块或连铸坯，经过塑性加工成为各种板、带、管、棒、线、丝以及各种金属制品。

　　根据金属变形时的变形方式、变形工具和受力方式的不同，应用最普遍的塑性加工类别有锻造、轧制、挤压、拉拔、冲压、冷弯、旋压和组合塑性变形方式等。

　　锻造所用的坯料、轧制的棒料或预制坯，以及轧制所用的板坯、初轧坯、中小钢坯是由铸锭经初轧，或连铸坯经截断获得的。因此，塑性加工制品的缺陷可能是由铸锭的原始状态、铸锭及锭坯的随后热加工，以及塑性加工过程引起的。

3.6.2　铸造工艺及缺陷

3.6.2.1　铸造工艺过程

　　熔炼金属、制造铸型，并将熔融金属浇入铸型，凝固后获得具有一定形状、尺寸和性能的金属零件毛坯的成形方法称为金属铸造，铸造所获得的金属件称为铸件。大多数金属如钢铁和有色金属（如铜、铝、镁、钛等）及其合金均可用铸造方法制成铸件。

　　铸造方法分为两类：砂型铸造和特种铸造。在砂型中生产铸件的方法称为砂型铸造，其过程可概括为：制模→造型→造芯→合箱浇铸→落砂清理，砂型铸造工艺过程见图3-6。与砂型铸造不同的其他铸造方法称为特种铸造，特种铸造有4种典型工艺：硬模铸造（钢模铸造）、熔模铸造（失蜡铸造）、离心铸造、凝壳铸造。

图 3-6　砂型铸造工艺过程

　　铸造方法的优点是能制成形状复杂、质量几乎不受限制（从几克到几百吨）的各类物品。广泛用于制造机器零件、生活用品及艺术品。

3.6.2.2　铸造工艺缺陷

　　铸造生产过程中，由于工艺参数选择不当或操作不慎，导致铸件表面或内部产生缺陷。金属铸件缺陷可以分为8大类，每个大类还可以细分多个小类，见表3-3。铸件无损探伤的常用方法是射线检测、超声检测和磁粉检测。

表 3-3　铸件缺陷分类及其检测方法

序号	缺陷大类	缺陷小类/种	检测方法
1	表面缺陷	14	目视检测
2	多肉类	8	目视检测
3	孔洞类	11	无损探伤
4	裂纹、冷隔	9	无损探伤
5	残缺类	6	目视检测
6	夹杂类	13	无损探伤
7	形状及质量差错类	16	目视检测
8	组织和性能异常类	26	理化检验、力学试验

3.6.3 锻造工艺及缺陷

3.6.3.1 锻造工艺特点

金属塑性加工有锻造、轧制（表3-4）、拉拔、冲压等方式，其中锻造工艺是工序基础。在加压设备及模具的作用下，使坯料、铸锭产生局部或全部的塑性变形，以获得一定几何尺寸、形状和质量的锻件的加工方法，称为锻造。

表3-4 锻压和轧制分类图例

分类与名称	锻造			轧制		
	自由锻造		模锻	纵轧	横轧	斜轧
	墩粗	延伸				
图例						

锻造的适应性强，能生产各种材质、形状和尺寸的锻件。锻造可以改善锻件的内部组织并提高力学性能。在冶金厂锻造常用于合金钢开坯、大断面轴材、饼材等。

随金属的塑性变形，晶粒沿变形方向拉长，塑性夹杂物也随着变形一起被拉长，呈带状分布。脆性夹杂物被打碎，呈碎粒状或链状分布。通过再结晶过程，晶粒细化，而夹杂物却依然呈条状或链状被保留下来，形成锻造流线（纤维组织）。

锻造流线使金属的力学性能呈现各向异性，平行于纤维方向的力学性能优于垂直于纤维方向的性能。

锻造是机械制造中生产零件的主要方法之一。按使用工具和设备的不同，锻造可分为自由锻和模锻。模锻生产的模锻件可分为长轴类和饼类（短轴类）两大类。

3.6.3.2 锻造工艺缺陷

锻件缺陷约有21种，其中13种外观缺陷可以目视检查。6种内部为主的缺陷通过无损检测检出，2种组织缺陷采用金相检验评定，见表3-5。

表3-5 锻件缺陷成因及检测方法

序号	缺陷名称	缺陷成因	检测方法
1、2、3、4	缩孔、夹杂物、偏析、白点	源自铸锭原有缺陷	无损检测
5、6	折叠、裂纹	坯料加工或锻造工序引起	无损检测
7、8	过热、过烧	加工温度过高或保持时间过长	金相检验

这些缺陷中，白点是危害性较大且不易检测的缺陷。白点是白色片状的短小裂纹类缺

陷，通常在大型锻件、钢坯和钢棒中出现。在热加工后的冷却过程中，局部形变应力增大和氢溶解度降低是白点产生的原因。超声检测广泛应用于探测工件内部的白点，磁粉检测可用于探测精加工零件表面的白点缺陷。

3.6.4　轧制工艺及缺陷

3.6.4.1　轧制工艺特点

轧制是在轧机上旋转的轧辊之间改变金属的断面形状和尺寸，同时控制其组织状态和性能的金属塑性加工方法。由两个或多个旋转的轧辊组成辊缝或孔型，金属轧件通过轧辊或孔型，在轧辊的压力作用下产生塑性变形，从而获得要求的断面形状并同时改善了金属的性能。线材和管材的轧制流程如图 3-7 所示。

图 3-7　线材和管材的轧制流程

轧制的钢材有厚钢板、带钢、薄板、箔材、钢管和型钢等。型钢包括常用型钢（方钢、圆钢、扁钢、角钢、工字钢、槽钢）、专用型钢（钢轨、钢桩、球扁钢、窗框钢）、异型断面型钢、周期断面型钢。

轧制生产效率高，是应用最广泛的塑性加工方法，占所有塑性加工产品的90%以上。钢铁、有色金属、某些稀有金属及其合金均可采用轧制进行加工。轧制除能改变金属形状和尺寸外，还可以改善铸锭和连铸坯的初始铸态组织，细化晶粒，改善相的组成和分布状态，因而能提高产品性能。

3.6.4.2　轧制工艺缺陷

轧制产品都是用坯料生产的，而坯料通常是由铸锭经初轧生产的。因此，轧制产品缺陷可能是由铸锭的原始状态、铸锭的初轧制，坯料的轧制工艺及后续加工处理工艺引起的。

轧制钢材常见缺陷包括：源自铸锭的缩孔残余、非金属夹杂、偏析、疏松、白点；源自轧制工艺不当的分层、折叠、结疤、裂纹及组织缺陷。此外，钢材在后续处理过程中还可能产生新的裂纹缺陷。

与锻造情形类似，缩孔残余、非金属夹杂、偏析、疏松、白点、分层、折叠、结疤、裂纹等不连续性缺陷可通过无损检测检出，组织缺陷主要采用金相检验评定。

轧制工艺最常见的缺陷是折叠和裂纹，在材料表面呈波纹线，以小角度进入表面。折叠和裂纹的区别有两点：（1）裂纹由原材料固有缺陷经轧制生成的，而折叠属于轧制工艺缺陷；（2）裂纹比折叠缝隙更小，有时更难检测。涡流检测和超声检测是探测锻轧件折叠和裂纹的较好方法。

3.6.5 焊接工艺及缺陷

3.6.5.1 焊接工艺分类

金属焊接是通过加热或加压，或两者兼用，并且用或不用填充材料，使工件达到结合的一种方法。或者说，金属焊接是通过一定的物理、化学过程，使被焊金属间达到原子或分子间结合的制造工艺。被焊金属可以是同种金属，也可以是异种金属。根据加热和加压方式的不同，通常将金属焊接方法分为熔焊、压焊和钎焊三大类：

（1）熔焊。熔焊是将接头处加热至熔化状态（常需填充焊接材料），在不加压力的情况下，实现金属结合的焊接方法。熔焊常用方法有手工电弧焊、埋弧自动焊、钨极氩弧焊等。

（2）压焊。压焊是利用电阻热、摩擦热或炉温，在施加压力但不加填料的情况下，实现金属结合的焊接方法。压焊常用方法有点焊、缝焊、对焊、摩擦焊、扩散焊等。

（3）钎焊。钎焊是填充比接头金属熔点低的钎料，一起加热至钎料熔化而接头不熔化，依靠接缝毛细作用和局部扩散溶解实现金属结合的焊接方法，钎焊常用方法有火焰钎焊、炉中钎焊、烙铁钎焊等。

3.6.5.2 焊接工艺缺陷

熔焊接头由焊缝金属（全熔）、熔合区（半熔）、热影响区（未熔）三部分构成。熔合区的固液分界线称为熔合线，是焊缝金属和母材的分界线。熔合线两侧的金相组织和磁性可能有差别，但对射线、超声、渗透的探伤过程无影响。

焊接工艺不当将产生焊接缺陷。焊接缺陷是在焊接接头中产生的金属不连续、不致密或连接不良的现象。熔焊缺陷按性质分为六大类：裂纹、孔穴、固体夹杂、未熔合和未焊透、形状缺陷、其他缺陷。每大类又分成若干小类。

常见的宏观缺陷包括：（1）各种裂纹；（2）孔穴（气孔、缩孔）；（3）固体夹杂（夹渣、氧化物夹杂、皱褶、金属夹杂）；（4）未熔合和未焊透；（5）形状缺陷（咬边、焊瘤、烧穿、未焊满、凹坑）。焊接缺陷常用的无损检测方法有磁粉检测（铁磁性材料）和渗透检测（非铁磁性材料）、射线检测、超声检测。其中射线和超声对平面型缺陷的取向过于敏感，可能会产生漏检。

3.6.6 热处理工艺及缺陷

金属热处理是用加热和冷却的方式改变固态金属及合金组织和性能的工艺。加热温度、保温时间、变温（冷却）速率和介质的物理化学特性，是金属热处理的四个基本工艺参数。将工件按预定的"温度-时间"曲线进行加热和冷却，就可使组织和结构改变到预定状态。如果还对介质的物理化学特性进行某种调控，则还可得到其他改性效果，如改变表面层的化学成分和组织结构，使表层具有特殊性能。

3.6.6.1 热处理工艺分类

钢的热处理工艺分为四大类，即基础热处理、化学热处理、表面热处理、其他热处理，主要特点为：

（1）基础热处理。基础热处理是改变微观组织结构，但不以改变化学成分为目的的热处理，可分为退火和正火、淬火和固溶处理、回火和时效三类。

（2）化学热处理。化学热处理是改变工件表层化学成分和组织结构，也可同时改变工件内部组织结构的热处理。根据渗入元素的不同，常用的化学热处理方法分为三类：渗入非金属元素（如渗碳、渗氮等）、渗入金属元素（如渗铝、渗铬等）和共渗金属与非金属元素。

（3）表面热处理。表面热处理是物性变化仅发生在表面的热处理，包括表面淬火和部分化学热处理。

（4）其他热处理。其他热处理是除物理（升降温）和化学方法之外，再加上其他特殊手段的热处理，例如形变热处理、真空热处理、控制气氛热处理、激光热处理、磁场热处理等。

3.6.6.2　基础热处理工艺

基础热处理的工艺曲线，相图上的临界线见图 3-8 和图 3-9。

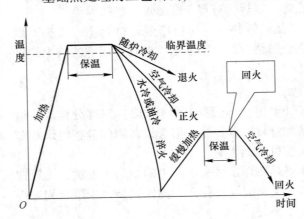

图 3-8　基础热处理工艺曲线示意图　　　　图 3-9　加热和冷却时相图上的临界线

（1）退火。退火是将钢或合金加热到某一温度，保持一定时间，然后在炉中缓慢冷却的热处理工艺。退火后零件得到接近平衡状态的组织，达到软化的目的，以利于冷变形或机加工；改善物理、化学、力学性能，稳定尺寸和形状；改善组织，为后道工序做准备。

（2）正火。正火也称正常化，是将钢加热到上临界点 Ac_3 或 Ac_{cm} 以上 $30\sim50$ ℃，保持适当时间后，在静止空气中冷却的热处理工艺。正火主要用于预备热处理，对于要求不高的普通碳素结构钢，也可以用正火作为最终热处理。

（3）淬火。淬火是将钢加热到 Ac_3 或 Ac_1 以上某一温度，保持一定时间，然后快速冷却，获得马氏体或贝氏体组织的热处理工艺。淬火后一般要回火，获得要求的组织和性能。常用的淬火介质有水、无机或有机化合物的水溶液、油、熔融金属、熔融盐或碱等。

（4）固溶处理。固溶处理是将合金加热到高温单相区，恒温保持一定时间，使其他相充分溶解到固溶体中，然后快速冷却以获得过饱和固溶体的工艺。

（5）回火。回火是将淬火零件重新加热到下临界点 Ac_1 以下某一个温度，保持一段时间，再以某种方式冷却到室温，使不稳定组织转变为稳定组织，获得要求性能的工艺。回火的目的是减少或消除淬火应力，提高塑性和韧性，稳定组织、形状和尺寸。

（6）时效。合金经固溶处理或冷塑性加工后，在一定温度下保持一定时间，组织和性能随时间变化的现象，称为时效。低碳钢和纯铁淬火并时效，其硬度和强度提高，塑性和韧性降低，这是间隙原子 C 和 N 重新分布引起的。

3.6.6.3 热处理工艺缺陷

在所有金属热处理工艺缺陷中，通常需要无损检测的主要缺陷是淬火裂纹和时效裂纹。这种裂纹可存在于经过热处理的钢铁材料和有色金属锻件、铸件、焊接件和机加工件中；起源于材料厚度迅速变化处、尖锐的机械加工痕迹、圆角、刻痕；一般很深、呈叉状，可沿零件的任何方向产生。此外，还有过烧、氧化和脱碳等缺陷。

在加热和冷却过程中，温度不均、形状限制、截面变化都会产生局部应力。若这些应力超过材料的抗拉强度，则会引起零件开裂，特别是在应力集中部位。

对于铁磁性材料，热处理裂纹通常采用磁粉检测。对于非铁磁性材料，推荐采用渗透检测。涡流检测方法有能力检测金属零件的表面缺陷，但应用较少。超声检测和射线检测通常不采用。

3.6.7 机械加工和特种加工

金属零部件加工工艺包含机械加工和特种加工两大部分。机械加工一般指材料的切削加工。即利用刀具在切削机床上将工件的多余材料切去，使之获得规定的尺寸、形状、精度的加工方法。

3.6.7.1 机械加工

传统的机械加工方法有车削、铣削、刨削和磨削等。车削（车床）适合加工内外圆柱面、端面、圆锥面和螺纹等（图 3-10）。铣削（铣床）适合加工平面、沟槽、花键、齿轮等（图 3-11）。刨削（刨床）可加工平面和沟槽等。磨削（磨床）可加工内外圆柱面、圆锥面、平面等。4 种常用的切削加工方法的简单对比见表 3-6。

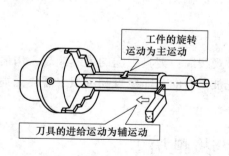

图 3-10　车削的加工运动

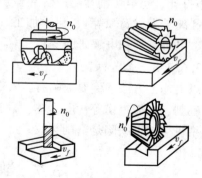

图 3-11　铣削的几种加工方法

表 3-6　常用切削加工方法简单对比

加工方法	车削	铣削	刨削	磨削
刀具/机器	车刀/车床	铣刀/铣床/镗床	刨刀/刨床	砂轮/磨床
刀具特点	单刃连续工作	多刃快速轮转	单刃间歇工作	众多细小坚硬砂粒

加工方法	车削	铣削	刨削	磨削
运动方式	主：工件旋转； 辅：刀具进给	主：铣刀旋转； 辅：工件直进	刀具和工件 直线往复和进给	主：砂轮旋转； 辅：工件进给
工艺特点	车床是机床之母， 加工回转形表面	铣削方式多样， 加工平面、键槽等	牛头刨床、龙门刨床， 粗加工	适合各种金属材料 精加工

目前，机械加工的精度日益提高。高精度外圆磨削的表面粗糙度可达 0.01 μm。高精度平面磨削的平面度可达 1.5 μm/1000 mm。高精度精密车削时，椭圆度可达 0.04 μm。坐标镗床的定位精度可达 1~2 μm[7]。

随着工业的发展，机械加工的范畴也有所扩大。为解决难加工材料的加工，创造了不少特种加工方法。由于各种非金属材料在机械中的应用，所以也扩展到非金属材料的加工。数控加工技术和计算机辅助设计等新技术，已得到迅速应用和发展。

3.6.7.2 特种加工

特种加工是传统机械加工方法以外的各种加工方法的总称。它直接利用电能、热能、声能、光能、化学能和电化学能，有时也结合机械能对工件进行加工。多用于加工具有特殊性能的材料，如硬度高、韧性大、耐高温、易脆裂的材料，或易于受结构的限制，难以进行传统方法加工的零部件。

比较常见的特种加工方法有：放电加工（电火花或电脉冲加工、线电极切割、电火花共轭加工、导电磨和阳极机械加工等）、激光加工（激光打孔和激光切割等）、超声加工（超声打孔、超声切割和超声研磨等）、电子束加工（电子束打孔等）、离子加工（等离子切割和离子溅射腐蚀等）、化学加工（化学铣切和机械化学研磨等）、电化学加工（电解加工、电解磨削和电解研磨等）。

3.6.7.3 工艺缺陷

以上加工方法的主要缺陷有：宏观裂纹、微观裂纹；刀具引起的表面撕裂、沟痕、折皱、毛刺、机械损伤等；电火花、电子束或激光加工时的表面斑点和沉积。需要无损检测的典型机械加工缺陷是磨削裂纹。

3.7 缺陷分类与检测方法

缺陷的种类和大小对材料的强度影响极大，达到一定尺度的缺陷会对构件和设备带来严重危害。因此，材料的缺陷是无损检测的重要目标，其种类、数量、位置、大小、取向等信息识别和分析是无损检测的重要内容，越来越受到人们重视。

发现缺陷以后，要对其进行分析，以期总结缺陷特征和响应信号的关系，改善结构设计和加工工艺。缺陷分析包括缺陷特征分析（类别、性状）和缺陷冶金分析（工艺、成因）两大方面。

3.7.1　材料中的缺陷

工业生产的金属材料并不是处处致密的和均匀的，在微观上和宏观上是有各种各样、不同尺度的缺陷。

一般来说，缺陷是指瑕疵、缺点、欠缺、不完美。缺陷在不同领域有着不同的含义。例如在晶体学中，缺陷是指原子排列的重复周期性被破坏的现象（晶体缺陷）；在焊接工艺中，缺陷则定义为焊接过程中在焊接接头中产生的金属不连续、不致密或连接不良的现象（焊接缺陷）等。对于无损检测，材料缺陷一般是指宏观缺陷，直接观察或者解剖以后肉眼可见其大小，或者经过低倍放大可见。

对原材料和零部件实施无损检测获得的响应或影像主要来源于不连续。原材料或零部件物理结构或外形有希望的或不希望的间断。希望的间断，例如螺孔、键槽，源于设计或工艺的需要。不希望的间断，源于制造工艺不当，例如裂纹、折叠、夹杂、偏析；或与服役条件有关，例如腐蚀、疲劳、磨损。

显然，原材料或零部件中源于制造工艺不当，或因服役条件不良引起的材料连续性或致密性的缺欠、物理结构或外形的间断或局部变化，就是缺陷。

有专家认为，在检测记录和检验报告中应慎用术语"缺陷"而采用"缺欠"，因为在一些检验标准中，缺陷（Defect）意味着超过限值的缺欠（Imperfection），意味着产品不合格或不可验收。

材料中的缺陷对材料强度影响巨大，是无损检测的重要目标。不同的原材料、不同的制造工艺和不同的使用条件，具有不同特征的缺陷，适用不同的无损检测方法。

3.7.2　缺陷分类

按照缺陷的来源、类型和位置等，可将缺陷做如下一些分类：

（1）按缺陷来源或生成阶段，可分为固有缺陷、工艺缺陷和服役缺陷。

与金属的熔化和凝固有关的（铸锭、锭坯）缺陷称为固有缺陷。例如偏析、缩孔、疏松、夹杂等。

与各种制造工艺，如铸造、塑性加工、粉末冶金、热处理、机械加工、电镀、焊接、胶接有关的缺陷称为工艺缺陷。例如偏析、缩孔、疏松、夹杂、折叠、裂纹、未熔合、未焊透、脱粘等。由于获得铸锭、锭坯是制造塑性加工零件的首要环节，因此广义而言，固有缺陷也是工艺缺陷。

与各种服役条件有关的缺陷称为服役缺陷。例如金属材料构件的腐蚀、疲劳、磨损；聚合物基复合材料制件的表面损伤、纤维断裂、分层、脱粘、冲击损伤等。

（2）按照缺陷的技术内涵，大致可以分为如下几类：

1）加工装配缺陷，例如焊件坡口角度偏差、装配间隙不均、错边量过大等。

2）形状尺寸缺陷，例如工件变形、焊缝余高过大、宽窄不一、表面塌陷、满溢等。

3）几何不连续缺陷，例如焊件或铸件中的裂纹、孔洞、夹杂、未熔合、缩孔、疏松等。

4）组织性能缺陷，例如过热组织、脆性组织、偏析、机械性能下降、耐腐蚀性不良等。

5）其他工艺缺陷，例如表面划伤、电弧擦伤、飞溅、磨痕等。

（3）按缺陷的维度类型，可分为体积型缺陷和平面型缺陷。

可以用三维尺寸来描述的缺陷称为体积型缺陷。主要的体积型缺陷包括孔隙、夹杂、夹渣、夹钨、缩孔、缩松、气孔等。一个方向很薄、另两个方向尺寸较大的缺陷称为平面型缺陷。主要的平面型缺陷包括分层、脱粘、折叠、冷隔、裂纹、未熔合等。

（4）根据缺陷在物体中的位置，可分为表面缺陷和不延伸至表面的内部缺陷。

表面缺陷时常表现为开口缺陷，内部缺陷也可称为埋藏缺陷。表面缺陷的无损检测方法是磁粉检测、涡流检测、渗透检测、目视检测。内部缺陷的常用检测方法是超声检测、射线检测等。

（5）缺陷的其他分类。按缺陷的尺寸大小可分为宏观缺陷、微观缺陷；按缺陷的分布情况可分为密集缺陷、分散缺陷；按缺陷的简单形状可分为点状缺陷、线状缺陷、弧形缺陷；按缺陷的延展方向可分为纵向缺陷、横向缺陷、枝状缺陷、网状缺陷等。

3.7.3 缺陷分析

3.7.3.1 缺陷的成因

缺陷的成因是复杂的，不同材料不同工艺的缺陷成因需要具体分析，但是也可以总结一些共性的知识。上面的关于缺陷来源的分类（固有缺陷、工艺缺陷、服役缺陷），对缺陷成因已有所分析。还可以再进一步，将缺陷成因归结为如下几个方面：

（1）缺陷成因与结构设计有关。涉及材料种类、形状、尺寸、截面变化、应力集中、约束应力等，因应力集中促进缺陷生成和发展。

（2）缺陷成因与外来物、生成物相关。相应缺陷有夹杂、气孔、白点、分层，主要产生于冶炼浇铸工艺过程。

（3）缺陷成因与凝固金属均匀性相关。相应缺陷有缩孔、疏松、偏析等，主要产生于浇铸或连铸工艺过程。

（4）缺陷成因以机械力为主。相应缺陷有结疤、凹坑、划痕、折叠、裂纹等，主要来源于锻造、轧制工艺过程。

（5）缺陷成因以热应力为主。相应缺陷有淬火变形、淬火裂纹、剥落、翘曲等，来源于热处理工艺过程。

这些缺陷之中，裂纹类缺陷是比较特别的一类。裂纹类缺陷具有一定的广泛性和多变性，是危害性严重的一类缺陷。多数裂纹类缺陷是由综合因素引起的，不同工艺、不同阶段有不同的形貌。射线和超声的常规检测方法对裂纹的方向性很敏感，制定某种产品的探伤工艺时，要对该产品的工艺和缺陷以及检测方法的适用性有深入的了解。

缺陷检测是无损检测最重要的任务，因此，产品的主要缺陷类型、特征及其产生原因应是无损检测工作者的必备知识之一。

3.7.3.2 缺陷的危害性

（1）对于同一性质的缺陷，即使数量、大小相同，但由于所处位置和受力情况不同，也会有不同的危害程度：

1）关于缺陷位置，表面缺陷比内部缺陷危害性大；

2）对于平面型缺陷，垂直主应力时比平行主应力时危害性大；

3）应力集中区的缺陷比非应力集中区的缺陷危害性大；

4）高应力区的缺陷比低应力区的缺陷危害性大；

5）对疲劳强度的影响比对静载强度的影响大。

（2）对于不同性质的缺陷，危害性也是不同的。以焊接缺陷为例，其危害性从大到小的顺序大致为：裂纹、未熔合、未焊透、咬边、条形夹杂、圆形夹杂、气孔。

（3）材料缺陷产生危害的本质是，缺陷使工件的有效承载截面积减少，实际应力增大。缺陷形成的几何不连续，会导致局部应力集中，其影响规律是：

1）缺陷尖端的三向拉应力使材料性能变脆，产生缺口效应；

2）可能引起裂纹失稳扩展，造成低应力破坏（脆断）；

3）结构的应力集中点容易引发疲劳裂纹，成为裂纹源；

4）应力集中区易于加剧引起应力腐蚀开裂。

（4）工艺缺陷的辩证分析如下：

1）缺陷产生的绝对性。在实际生产中，要获得没有任何缺陷的产品，在技术上是非常困难的；要获得成批的产品都没有任何缺陷，成本是高昂的，甚至是不可能的。

2）缺陷评定的相对性。不同的产品（即使是相同的产品），常常因使用条件不同，质量要求也不同，采取的判废标准往往也不同。

3）产品等级的适用性。选好检测方法，用好检测标准。产品等级适用，标准宽严适度。

3.7.4 缺陷检测

综合以上工艺缺陷，并结合一些技术资料，将金属材料和冷热加工中的常见缺陷大致归纳于表 3-7。

表 3-7　金属材料成形工艺的常见缺陷

材料与工艺		常见缺陷
金属热加工	铸造	气泡、疏松、缩孔、裂纹、冷隔等
	锻造	偏析、疏松、夹杂、缩孔、白点、裂纹
	焊接	裂纹、气孔、夹渣、未焊透、未熔合
	热处理	开裂、变形、脱碳、过烧、过热
钢材轧制工艺	板材	夹层、裂纹、厚板白点等
	管材	内裂、外裂、夹杂、折叠、翘皮
	棒材	划伤、夹杂、裂纹等
	钢轨	裂纹、白核、黑核、表面剥离

缺陷的种类或形状对无损检测方法的选择影响很大，同种材料和工艺中的体积型缺陷和平面型缺陷的检测方法可能大不相同。表 3-8 列出了不同的体积型缺陷和平面型缺陷的所适合的无损检测方法。

表3-8　不同类型的缺陷适合的无损检测方法

缺陷类型		适合的无损检测方法
体积型	夹杂、夹渣、夹钨、缩松 （位于表面或近表面）	目视检测、渗透检测、磁粉检测、涡流检测、射线检测
	缩孔、气孔、腐蚀坑	超声检测、射线检测、微波检测、红外检测、激光全息
平面型	分层、脱粘、折叠、表面裂纹	目视检测、渗透检测、磁粉检测、涡流检测
	冷隔、未熔合、各种裂纹	微波检测、超声检测、声发射检测、红外检测等

缺陷深度位置与工件尺寸（厚度）不同，适用的无损检测方法也不同，如表3-9所示。进一步说明如下：

（1）工件壁厚尺寸是近似的，因为不同材料的工件物理性质不同。

（2）所有适合薄壁工件的无损检测方法均可用于厚壁工件的表面和近表面缺陷检测。

（3）所有适合厚壁工件的无损检测方法，均可用于薄壁工件的检测；但中子射线照相检测对大多数薄壁工件不适用。

表3-9　不同位置的缺陷适合的无损检测方法

缺陷位置	工件厚度	适合的无损检测方法
仅表面	无关	目视检测、渗透检测、磁粉检测、涡流检测等
近表面	$T \leqslant 1$ mm	磁粉检测、涡流检测、微波检测、红外检测等
表层	$T \leqslant 3$ mm	微波检测、红外检测、激光检测、声显微镜等
较深	$T \leqslant 50$ mm	超声检测、X射线照相、X射线层析成像等
很深	$T \leqslant 250$ mm	超声检测、中子射线照相、γ射线照相、高能射线照相
极深	$T \leqslant 5$ m	超声检测、声发射检测

──── 本 章 小 结 ────

（1）根据材料的组成与结构特点，将工程材料划分为金属材料、无机非金属材料、有机高分子材料、复合材料四大类。按照使用性能，又将材料分为结构材料和功能材料两大类，对无损检测来说，这两类材料是同等重要的。

（2）金属材料是无损检测最重要的应用对象，金属材料的性能在很大程度上取决于其相结构和显微组织。合金的基本相结构可以分为固溶体和金属化合物两大类。合金相图是研究金相组织、力学性能和工艺性能的理论基础。

（3）金属热处理是用加热和冷却的方式改变合金组织和性能的工艺。基础热处理可分为退火和正火、淬火和固溶处理、回火和时效三类。除了热处理工艺，金属热加工成形主要有铸造、锻轧、焊接三种工艺。传统的机械加工方法有车削、铣削、刨削和磨削等。

（4）包括冶炼、连铸在内的各种加工都会产生缺陷，或使原有缺陷发生变化，各种工艺缺陷有各自的特点，可能适用不同的检测方法，包括无损检测和理化检验。各种缺陷的主要特征、冶金分析和检测方法是无损检测的重要内容。

复习思考题

3-1 结构材料有哪些种类？功能材料有哪些类别？

3-2 结构材料和功能材料与无损检测技术的关系是怎样的？

3-3 名词解释：晶格结构、晶粒、晶界、晶体缺陷。

3-4 名词解释：相、相变、组织；固溶体、金属化合物。

3-5 解释表 3-1 中每个晶胞原子数的计算方法（算式含义）。

3-6 简述图 3-3 中铁碳合金成分、组织、性能的关系。

3-7 名词解释：应力、应力集中、残余应力；强度、塑性、韧性。

3-8 金属材料的理化检验包括哪些方面？力学性能指标有哪些？

3-9 金属材料的加工工艺有哪些，属于热加工还是冷加工？

3-10 简述缺陷的种类性质、深度位置与相应的无损检测方法。

3-11 碳质量分数为 0.20%、0.40%、0.80% 的碳钢，分别从液态缓冷至室温后所得的组织有何不同？试定性地比较三种钢的强度和硬度。

3-12 碳质量分数为 0.20%、0.80%、1.20% 的碳钢，在下列两种温度下达到平衡状态时的组织分别是什么？

（1）0.20% 的碳钢在 770 ℃ 和 900 ℃；

（2）0.80% 的碳钢在 680 ℃ 和 770 ℃；

（3）1.20% 的碳钢在 700 ℃ 和 770 ℃。

4 激励源与辐射源

【本章提要】

机械波（声波、超声波）与电磁波（微波、光波、X 射线等）以及不同频率的电流和磁场是无损检测仪器系统的激励源或辐射源，是探测能量或物理场与被检材料相互作用、从而形成材料特征信息的必要因素和技术环节。本章的主要内容有超声波与超声场、激励电流与磁化电流、电磁感应与涡流、射线辐射源（X、γ、中子）、光辐射源（可见光、红外辐射和紫外辐射）和微波信号源。

4.1 机械波和电磁波

机械波和电磁波是无损检测技术应用最多的信息载体，两种波的大部分特性都可以用于无损检测技术。

4.1.1 自然源和人工源

要掌握以波为信息载体的检测技术，弄懂波的来源或产生是重要的。在被动方式的检测技术中，要了解波的自然源。在主动方式的检测技术中，要熟悉波的人工源。

机械波和电磁波的各个频段，几乎都有自然源，如地震发出的次声波、超声波和音频声波，各种物质的热辐射，太阳发出红外线、可见光和紫外线，星球和天体变化产生的 X 射线、γ 射线和宇宙射线。声发射信号和磁记忆信号也是自然信号源。

自然源不易控制且信号复杂，无损检测中更多的是使用人工源，如超声波发生器、微波信号源、各种灯光和激光器、X 射线发生器等。这些人工源我们称之为激励源或辐射源，是本章要讲述的主要内容。

除了机械波和电磁波，电流、电场、磁场以及电磁感应也是重要的激励源，它们被应用于电位检测、涡流检测、磁粉检测、漏磁检测等电磁无损检测技术中。激励电流或磁场有不同的频率（射频到直流）或波型（半波、全波、脉冲波等），对应不同的电源装置或磁化装置。对于电场和磁场，也有自然源和人工源之分。

4.1.2 波的分类分区

4.1.2.1 机械波分类

无论是机械波还是电磁波，常常根据波长或频率的不同划分为不同的类别。频率 20 Hz~20 kHz 的声波是人耳可闻的机械波，几百至几千赫兹的声波可以用于声振检测和噪声分析。频率大于 20 kHz 的不可闻机械波是超声波，是固体材料无损检测的主要频段。低于 20 Hz 的机械波是次声波，也是人听不到的，可用于地震测试等。三个频段的声波都需要在弹性介质中传播，纵向振动的纵波可以在固、液、气三种物态中传播。

对于超声波频段，还可进一步划分为三个部分。较低频段，几十千赫兹至几百千赫兹，可用于空气耦合超声检测。中间频段 0.5～10 MHz，用于金属等材料检测。较高频段 10～100 MHz，甚至更高，用于声显微镜检测。

声波也可以按照其他方式分类。根据机械波的振动模式，声波又可分为纵波、横波、表面波、板波等。根据波面形状的差别，可分为球面波、柱面波、球面波以及活塞波等。根据传播介质形状及约束条件，声波还可分为体波和导波。根据超声波的产生机理，可分为压电超声、电磁超声、激光超声等。这些不同形式的声波，形成了多种多样的声学无损检测技术。

4.1.2.2 电磁波分区

科学研究和实验证实，无线电波、红外线、可见光、紫外线、X 射线、γ 射线等都是电磁波，只是频率或波长有很大差别。为了对各种电磁波全面了解，可以按照波长或频率的顺序将电磁波排列起来，这就是电磁波谱（图 4-1）。电磁波可以在介质中传播，也可以在真空中传播，习惯上常用真空中的波长作为电磁波谱的标度。由于电磁波的波长或频率范围非常宽广，波谱图一般使用对数标度。

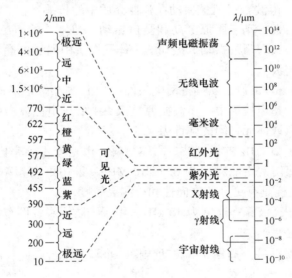

图 4-1 电磁波谱

整个电磁波谱按照波长不同分成以下波段：无线电波（$\lambda > 1$ m），微波（1 mm～1 m），红外线（760 nm～1 mm），可见光（390～760 nm），紫外线（10～390 nm），X 射线（10^{-3}～10^2 nm），γ 射线（10^{-5}～10^{-1} nm），宇宙射线（$\lambda < 10^{-5}$ nm）。

波的很多特性都和波长或频率有关，不同波长或频率的波一般用于不同的检测技术。根据电磁波与物质相互作用的波动性和粒子性的表现程度，上述各段电磁波可以划分为三个组成部分或三个区域：

（1）射线区。射线区包括 X 射线、γ 射线和宇宙射线，它们的特点是辐射能量高，与物质作用时波动性弱而粒子性强，表现为光电效应、电子对效应等。

（2）电波区。电波区包括微波、无线电波等低频率的电磁波，与物质相互作用时更多的表现为波动性，如反射、透射、干涉、衍射等行为。

（3）光波区。光波区包括红外线、可见光和紫外线，与物质相互作用时表现出波动性和粒子性双重属性。波动性如反射、折射、干涉、衍射等，粒子性体现在光的发射与吸收等。

4.2　振动与声波

广义的声波包括超声波、音频声波和次声波，本节主要讲述作为波源的超声波的类型与声场特征。超声场的特征量有声压、声强、声压级和近场长度、半扩散角等。

4.2.1　超声波类型

4.2.1.1　超声波的产生

A　超声波及其频率

波动是物质运动的普遍形式。振动是产生波动的根源，波动则是振动状态的传播过程。机械波（弹性波、声波）是机械振动在弹性介质中的传播过程。

机械振动的类型有谐振动、阻尼振动和受迫振动。超声波的声源——探头（换能器）工作时既有受迫振动，又有阻尼振动。振动的主体是探头中的压电晶体，基于压电效应的可逆性产生和接收超声波。

产生超声波（Ultrasound）必须具备两个条件：（1）高频振动形成的波源；（2）传播振动状态的弹性介质。超声检测中，声波振源是探头中的压电晶体，弹性介质以固体和液体为主，作用力为质点或体元之间的弹性力。

超声波是频率大于 20 kHz 的机械波。固体材料超声检测用频率比 20 kHz 高很多，为 0.1~100 MHz，金属探伤常用的频段为 0.5~10 MHz。采用更高频率的目的是波长更小，达到 1 mm 数量级，这样具有更好的方向性和检测灵敏度。

在空气中传播的超声波频率通常为 40 kHz，用于安防探头、倒车雷达和液位测量等。

B　平面简谐波方程

弹性介质的质点振动一个周期 T，波动传播一个波长 λ。因此，波长 λ 和频率 f 及声速 C 的关系是：

$$\lambda = CT = C/f \tag{4-1}$$

简谐振动是最基本的振动，设平面简谐波的振动方程为 $y = A\cos(\omega t)$，则距原点为 x 处的质点的运动方程为：

$$y = A\cos\omega(t - x/C) = A\cos(\omega t - kx) \tag{4-2}$$

与原点的振动方程对比，x 处的质点的振动时间比振源延迟 x/C，相位滞后 kx（k 为波数，$k = \omega/C = 2\pi/\lambda$）。

式（4-2）描述了平面简谐波在传播方向上任意一点 x 在任意时刻 t 的振动状态，是整列波的运动学方程，简称波方程（Wave Equation）。

4.2.1.2　波形——平面波、球面波、柱面波

波面（Wave Surface）是指波在传播中的某一时刻，介质中振动相位相同的那些点构

成的平面或曲面。波的传播方向称为波线（Wave Ray），位于传播方向最前边的波面称为波前（Wave Front）。波线恒垂直于波面。在任何时刻，波面有很多，而波前只有一个。波面又称波阵面，表示有很多波面，可以排成阵列。

从波面的几何形状看，超声波具有平面波、球面波、柱面波三种典型形式，分别对应于面波源、点波源、线波源产生的波面形状，具体为：

（1）平面波（Plane Wave）。平面波即波面为平行平面的波。一个做谐振动的无限大平面在各向同性的弹性介质中传播的声波就是平面波。理想的平面波是不存在的，但若声源的二维尺寸远大于声波波长，该声源发出的波可近似看作平面波。

如果不考虑介质吸收和散射造成的声衰减，由于平面波声束不扩散，各质点的振幅 A 不随传播距离 x 而变化，是一个恒定值。平面波方程为：

$$y = A\cos(\omega t - kx) \tag{4-3}$$

（2）球面波（Spherical Wave）。球面波即波面为同心球面的波。当声源是一个点状球体时，在各向同性的弹性介质中的波面是以声源为中心的球面。当声波波长或传播距离远大于声源的尺寸时，可以把声波看成是球面波。

即使不考虑介质的声衰减，各波面上质点的振幅也会随着传播距离的增加而减小，原因是随着球面的扩张，单位面积上的能量会减少。球面波中质点的振幅与传播距离成反比，其波方程为：

$$y = \frac{A}{x}\cos(\omega t - kx) \tag{4-4}$$

（3）柱面波（Cylindrical Wave）。柱面波即波面为同轴柱面的波。当声源是一个无限长线状直柱时，在各向同性的弹性介质中的波面是以声源为中心的柱面。柱面波常常也是近似的，若线源长度远大于声波波长，该声源发出的波就可看作是柱面波。

与球面波类似，柱面波中质点的振幅也是随着传播距离的增加而减小。柱面波中质点的振幅与传播距离的平方根成反比，其波方程为：

$$y = \frac{A}{\sqrt{x}}\cos(\omega t - kx) \tag{4-5}$$

在超声检测应用中，声源常常是有限尺寸的平面，产生的波形既不是单纯的平面波，也不是单纯的球面波。但在声场的不同位置，可以作不同的近似处理。

4.2.1.3 波型——纵波、横波、表面波、板波

根据介质中质点的振动方向和波动传播方向的关系，以及传播介质的约束条件，可以将超声波分为纵波、横波、表面波和板波四种常见类型。此处波型是指波的类型或模式，具体为：

（1）纵波 L（Longitudinal Wave）。纵波（压缩波）是介质中质点的振动方向与波的传播方向一致的波。其特点为：1）当弹性介质受到交替变化的拉压应力作用时，质点产生疏密相间的纵向振动，并作用于相邻质点而在介质中向前传播。因此，纵波也称压缩波或疏密波。2）纵波在介质中传播时，仅使介质各部分改变体积而不产生转动。3）任何弹性介质（固体、液体、气体）中都能传播纵波。

（2）横波 S（Shear Wave, Transverse Wave）。横波（切变波）是质点的振动方向与波动传播方向相垂直的波。其特点为：1）弹性介质受到交替变化的剪切应力作用时，质点

产生具有波峰、波谷的横向振动。因此，横波也称为切变波。2）横波在介质中传播时，仅使介质各部分产生形变而体积不变。3）因为液体和气体没有剪切弹性，所以不能传播横波。

（3）表面波 R（Rayleigh Wave, Surface Wave）。表面波（瑞利波）是固体介质表面受到交替变化的表面张力作用，使介质表面的质点发生相应的纵向振动和横向振动，从而使质点绕平衡位置作椭圆振动，椭圆长轴垂直于波的传播方向，该椭圆振动又作用于相邻的其他质点而在介质表面传播，如图 4-2 所示。

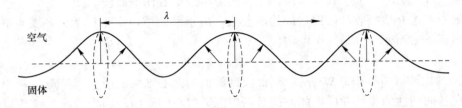

图 4-2　表面波（瑞利波）

表面波传播深度为 1～2 个波长，当深度达到两个波长时，其振幅降至最大振幅的 0.37 倍。因此在表面波探伤时，只能发现距工件表面两个波长深度范围内的表层缺陷。

（4）板波 P（Plate Wave, Lamb Wave）。板波（兰姆波）是当板状弹性介质受到交替变化的表面张力作用而且仅当入射角、频率和板厚为特定值时方可产生。与表面波的形成过程相类似，介质质点产生相应的纵向和横向振动，质点的振动轨迹也是椭圆，声场遍布整个板厚。板波有两种类型，对称型和非对称型，如图 4-3 所示，其特点为：1）对称型板波。对称型板波的两表面质点振动的相位相反，中部质点以纵波的形式振动。2）非对称型板波。非对称型板波的两表面质点振动的相位相同，中部质点以横波的形式振动。3）板波具有频散特性，即板波相速度随着频率而变化，是频率和板厚乘积的函数。

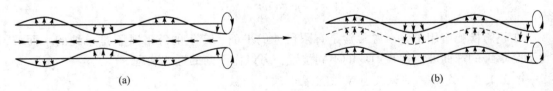

(a)   (b)

图 4-3　板波（兰姆波）
(a) 对称型板波；(b) 非对称型板波

由于固体既可承受拉压应力，又可承受剪切应力，因此固体介质可以传播纵波、横波、表面波和板波。而液体、气体只能承受拉压应力，不能传播横波、表面波和板波。

超声检测以纵波和横波的应用为主，有时也会用到表面波或板波。纵波和横波可用于固体材料探伤、测厚以及材料表征。表面波可用于探测表层缺陷，测定表面裂纹深度；板波可用于探测薄板的分层和裂纹等缺陷。

纵波和横波在无限大介质中传播，属于体波；表面波和板波的波长与介质截面尺寸相近，属于导波。超声导波探伤是超声检测方法中的新技术。

4.2.2　超声场特征量

超声波存在的区域可称为超声场，描述超声场的特征量主要有声压、声强、声压级或声强级以及近场长度和半扩散角。前几个是力学参量，后两个是几何特征。

4.2.2.1　声压 P（Sound Pressure）

超声场中某一点某一时刻所具有的压强 P_1，与该点没有超声波时的静态压强 P_0 之差 $P=P_1-P_0$，称为该点的声压。声压的单位是 Pa 或 kPa 或 MPa，$1\text{ Pa}=1\text{ N/m}^2$。

声压 P 的绝对值与密度和声速之积 ρC、振动速度幅值 $A\omega$（或角频率、频率）成正比。

在超声检测中，依据显示屏上的波高判断工件中有无缺陷以及缺陷大小。根据探伤仪工作特性，屏上波高和接收声压成正比，因此声压是一个重要而常用的物理量。

4.2.2.2　声强 I（Intensity of Acoustic Power）

声波能量的强弱即为声强，即单位时间内、单位面积上垂直通过的声波能量，用符号 I 表示，单位 W/m^2 或 W/cm^2。对于简谐波，声强是一个周期中能流密度的平均值。

声强 I 与质点位移振幅平方 A^2 成正比，与质点振动频率平方 ω^2 成正比，与质点振动速度幅值平方 $(A\omega)^2$ 的成正比，与声压幅值平方 P^2 成正比。

超声波的频率很高，使得超声波的强度远远大于一般声波的强度。超声波对金属材料的穿透距离可达数米，远大于 X 射线和微波等的探测距离。

4.2.2.3　声强级和声压级（Sound Level）

声强（能流密度）和声压（压强）都反映声波的强弱，二者绝对数值的变化范围非常之大，仅听觉范围就达到 $10^{-16} \sim 10^{-4}\text{ W/cm}^2$，相差 12 个数量级。为了度量和计算方便，常常采用对其相对比值取对数的办法来简化。

声强级定义为：　　$L_I = \lg I/I_0 (\text{Bel}) = 10\lg I/I_0 (\text{dB})$　　　　　　　(4-6)

声压级定义为：　　$L_P = 2\lg P/P_0 (\text{Bel}) = 20\lg P/P_0 (\text{dB})$　　　　　(4-7)

在超声检测中，不使用声强或声压的闻阈作为参考值，而是对指定的两个声压做比较。对于放大线性良好的超声波探伤仪，接收声压和显示波高成正比，表达式一般写作：

$$\Delta_{21} = 20\lg P_2/P_1 = 20\lg H_2/H_1 (\text{dB})　　　　　　　(4-8)$$

式中，P_1 为基准声压；H_1 为基准波高。两者可根据当时的需要而选取。

4.2.2.4　近场区和远场区

最常见的声源是以圆形晶片为核心的圆盘声源。理想的圆盘声源是指圆形平面的声振动源，当它在厚度方向振动时，面上各点的振动速度的幅值和相位都是相同的，发射的声波称为活塞波。为简单起见，假定声源做等幅连续振动，传播介质为液体。

按上述假设得到圆盘声源轴线上的声压分布曲线（图 4-4）。图中曲线有一个特征值 N，它代表的是声轴上最后一个声压极值点距声源的长度，称为近场长度。

声场中距离小于 N 的区域称为近场区（Near Field），声束扩散不明显，但由于干涉现象使声压与距离的关系复杂，存在多个极大值和极小值。而声场中大于近场长度的区域称为远场区（Far Field），声束以一定的角度扩散，声压随距离的增大单调下降。

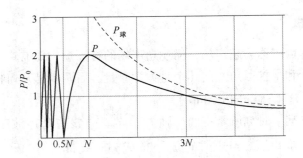

图 4-4　圆盘声源轴线上的声压分布

4.2.2.5　指向性和半扩散角

声场中超声波的能量主要集中于以声轴为中心的某一角度范围内，这一范围称为主声束。这种声束集中向一个方向辐射的性质称为声场的指向性（图 4-5）。

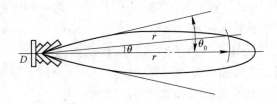

图 4-5　圆盘声源声场指向性

在远场区的任一横截面上，以声源轴线上的声压为最高，这是超声检测中对缺陷定位的依据。对应主声束边缘，将远场中第一个声压为零的角度，称为指向角或半扩散角。

声源的直径越大、波长越短，则声束指向角越小、指向性越好。超声波源的良好指向性是超声检测的基础条件之一。

4.3　电流与磁场

4.3.1　电磁物理量

电磁学基本内容可归结为"场"和"路"，以下从这两方面简单概括电磁部分物理量及其基本关系和规律。

4.3.1.1　电学部分物理量

电荷和电场的相互关系有两个方面：电荷产生电场，电场对电荷施加作用力。

自然界中只有正负两种电荷，在任何物理过程中，电荷的代数和是守恒的（电荷守恒定律）。电荷量（电量）的基本单位是库伦（C）。电荷的量值是离散的，都是元电荷的整数倍。元电荷即电子的电量，其近似值 $e = 1.602 \times 10^{-19}$ C。

可以采用电场线（旧称电力线）形象地描述电场分布。描述静电场的两个物理量是

电场强度 E（矢量）和电势 U（标量），二者之间是微分和积分的关系。应当注意，电子伏特不是电势差单位，而是能量单位，$1\ \text{eV} = 1.602\times10^{-19}\ \text{J}$，更大的单位用 keV、MeV 等。

电容的物理意义是使导体升高单位电势所需的电量。电容的基本单位是法拉 F，经常使用的是微法（μF）和皮法（pF）。电感是电感系数的简称，是电感元件本身的电磁参数。电感的基本单位是亨利，经常使用的是毫亨（mH）和微亨（μH）。

现代电磁学采用 MKSA 单位制，由四个基本物理量：长度米（m）、质量千克（kg）、时间秒（s）、电流安培（A）构成的单位制。电学部分物理量及单位见表 4-1。

表 4-1　电学部分物理量及单位

物理量	符号	单位	关系式
电量	Q	库伦 C	$Q = I \cdot t$
电场强度	E	N/C 或 V/m	$E = F/q_0$
电压（电势差）	U	伏特 V	$1\ \text{V} = 1\ \text{J/C}$
电流	I	安培 A	$I = Q/t$
电容	C	法拉 F	$Q = U/C$
电阻	R	欧姆 Ω	$R = U/I$
电感	L	亨利 H	$L = \psi/I$

三相交流电由交流发电机产生，三相电流频率相同而相位彼此差 $2\pi/3$，电流或电压波形是正弦波。正弦交流电有幅值、频率和相位三个特征量。交流电路由典型元件电阻 R、电感 L、电容 C 的部分或全部构成，其中 LR 电路中电流 I 不能跃变，CR 电路中 q 和 U 不能跃变。交流电路三种元件的对比见表 4-2。

表 4-2　交流电路三种元件

元件	阻抗（频率响应）	复阻抗	相位 $\varphi_u - \varphi_i$
电阻 R	R（与 ω 无关）	R	0
电感 L	ωL（$\propto \omega$）	$i\omega L$	$\pi/2$
电容 C	$1/\omega C$（$\propto 1/\omega$）	$1/i\omega C$	$-\pi/2$

4.3.1.2　磁学部分物理量

静止电荷之间有电作用力，运动电荷之间有磁作用力，磁作用力是通过磁场实现的。运动电荷周围既有电场，也有磁场，而通电导线周围只有磁场。

描述磁场和磁介质的物理量有磁场强度、磁感应强度（磁通密度）、磁化强度、磁通量、磁导率等，它们的关系及单位见表 4-3。

表 4-3　磁学部分物理量及单位

物理量	符号	国际单位制（MKS）	工程单位制（CGS）	关系式
磁场强度	H	安培/米 A/m	奥斯特 Oe	螺线管：$H=NI/l$
磁感应强度	B	特斯拉 T	高斯 Gs	$B=\mu H$
磁化强度	M	安培/米 A/m	奥斯特 Oe	$B=\mu_0(H+M)$
磁通量	ϕ	韦伯 Wb	麦克斯韦 Mx	$\phi=BS$
磁导率	μ	亨利/米 H/m	高斯/奥斯特 Gs/Oe	$\mu=B/H$
相对磁导率	μ_r	无量纲	无量纲	$\mu_r=\mu/\mu_0$
磁化率	χ	无量纲	无量纲	$\chi=\mu_r-1$

　　磁场强度的国际单位是安/米（A/m），工程单位是奥斯特（Oe），$1\ \mathrm{Oe}=10^3/4\pi\approx$ 80 A/m。磁感应强度的国际单位是特（T），工程单位是高斯（Gs），$1\ \mathrm{T}=10^3$ mT = 10^4 Gs。

　　任何磁体的磁极都是成对出现的，称为磁偶极。在磁体外部，磁感线（旧名磁力线）由 N 极指向 S 极；在磁体内部，磁感线由 S 极到 N 极，是一条条不相交的闭合曲线。

　　磁导率表示磁介质被磁化的难易程度，反映材料的被磁化能力。非铁磁性材料（顺磁质和抗磁质）的相对磁导率 $\mu_r\approx1$，铁磁性材料的相对磁导率 $\mu_r\gg1$，且随外磁场而变化。真空磁导率 $\mu_0=4\pi\times10^{-7}$ H/m。

　　磁路与电路具有相似性，可以借用电路的一些概念和分析方法，如表 4-4 所示。相关规律可以用磁路定理描述，即闭合磁路的磁动势等于各段磁路上磁势降落之和。

表 4-4　磁路与电路对比

电路	电动势 ε	电流 I	电导率 σ	电阻 $R=l/\sigma S$	电势降落 IR
磁路	磁动势 $\varepsilon_m=NI$	磁通量 Φ	磁导率 μ	磁阻 $R_m=l/\mu S$	磁势降落 Hl

4.3.2　激励电流与磁化电流

　　无损检测常用的电流种类有交流电、整流电、直流电和脉冲电流，不同种类的电流有不同的特点，应用于不同的检测方法。

4.3.2.1　交流电

　　交流电用作涡流检测的激励电流，在被测导电试件中感生涡流。涡流本身也是交流电，存在于较大的导体中，并且有较复杂的分布规律。交流电还应用于电磁超声检测中，在换能器线圈中施加高频电流。

　　交流电用于磁性检测的磁化电流，起主要作用的是电流的峰值，而不是有效值。

　　交流磁化优点有：（1）工件表面检测灵敏度高；（2）是复合磁化和感应磁化的必用电流；（3）脉动性强且极性变化，有利于磁粉迁移；（4）磁化设备简单；（5）工件易于退磁。

交流磁化缺点有：（1）探测深度小；（2）剩磁不稳定（加断电相位控制器可以解决）。

因此，交流电优点多、缺点少，是磁粉探伤的常用电流形式之一。

4.3.2.2　整流电

整流电主要应用于磁粉检测、漏磁检测等，包括单相半波整流、单相全波整流、三相半波整流、三相全波整流。

四种整流电按脉动程度由大到小的排列顺序是：单相半波、单相全波、三相半波、三相全波。按此顺序，其电流成分和探伤特点的变化趋势是：直流成分上升，渗透性能、探测深度上升，退磁难度上升；交流成分下降，脉动性、磁粉搅动性下降，表面检测灵敏度下降。

整流电的优点有：断电相位稳定；探测深度较大。整流电的缺点有：退磁比较困难，需超低频退磁设备。单相半波整流电兼有交流电和直流电的优点，兼有渗透性和脉动性，剩磁稳定，磁粉显示对比度好，是磁粉探伤常用的另一种电流形式。

4.3.2.3　直流电

直流电用于磁粉探伤的直流磁化，可达到最大的探测深度。铁磁材料的涡流检测需将工件磁化到近饱和状态，磁饱和线圈必须使用直流电。直流磁化的工件必须采用直流退磁法才能达到深层退磁。

纯直流电可以被三相全波整流电替代，因为三相全波整流波形的脉动程度很低，已经接近于稳恒电流。

4.3.2.4　脉冲电流

脉冲电流（周期性方波等）含有丰富的频率成分，可以反映更多层次的信息，可用于涡流检测和漏磁检测，例如涡流脉冲热成像等，属于较新的检测技术。实际上，超声检测的脉冲反射法，也是采用脉冲电流激励的，由发射电路按同步频率（重复频率）产生激励压电晶体的高压脉冲。

4.3.3　电磁感应与涡流

4.3.3.1　电磁感应定律

当穿过闭合导体回路 l 的磁通量发生变化时，回路中就产生感应电流 i，如图 4-6 所示。闭合回路中感应电流的产生，意味着回路中存在某种电动势（Electromotive Force），这种由于磁通量变化而引起的电动势，称为感应电动势，用符号 ε 表示。

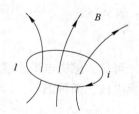

图 4-6　回路中的感应电流

法拉第定律（Faraday's Law）指出：当穿过闭合导体回路的磁通量 $\Phi = N\phi$ 发生变化时，回路中就产生感应电动势，而且感应电动势 ε 的大小与穿过回路的磁通量的变化率 $\mathrm{d}\Phi/\mathrm{d}t$ 成正比。即：

$$\varepsilon = -\frac{\mathrm{d}\Phi}{\mathrm{d}t} = -N\frac{\mathrm{d}\phi}{\mathrm{d}t} \tag{4-9}$$

式中的负号表示感应电动势的方向，而感应电动势的方向可由楞次定律（Lenz's Law）确定：闭合回路中感应电流的方向，总是使得它所激发的磁场来阻止引起感应电流的磁通量的变化。或者说，感应电流的效果总是反抗引起感应电流的原因。

4.3.3.2 涡旋电场

变化的磁场在闭合导线中激发了一种电场，感应电流的产生就是这一电场作用于导体中自由电荷的结果。由此推断，不管有无导体回路存在，变化的磁场总是要在空间激发电场，这种由变化的磁场所产生的电场称为感应电场。这种感应电场与静电场的共同点是对电荷都有作用力，而不同之处在于，它不是由电荷激发的，而是由变化磁场产生的。

由法拉第电磁感应定律

$$\varepsilon = -\frac{\mathrm{d}\Phi}{\mathrm{d}t} = -\frac{\mathrm{d}}{\mathrm{d}t}\int_s B \cdot \mathrm{d}s = -\int_s \frac{\partial B}{\partial t} \cdot \mathrm{d}s \tag{4-10}$$

由斯托克斯定理可得

$$\oint_l E \cdot \mathrm{d}l = \int_s (\nabla \times E) \cdot \mathrm{d}s = -\int_s \frac{\partial B}{\partial t} \cdot \mathrm{d}s \tag{4-11}$$

因此

$$\nabla \times E = -\frac{\partial B}{\partial t} \tag{4-12}$$

上式称为电磁感应定律的微分形成，它表明，随时间变化的磁场会产生一个有旋电场，且 B 的时变率的负值是 E 的涡旋源，如图 4-7 所示。可见，由变化磁场激发的电场是个有旋场（非保守场），其电场线是闭合的，故称为涡旋电场。

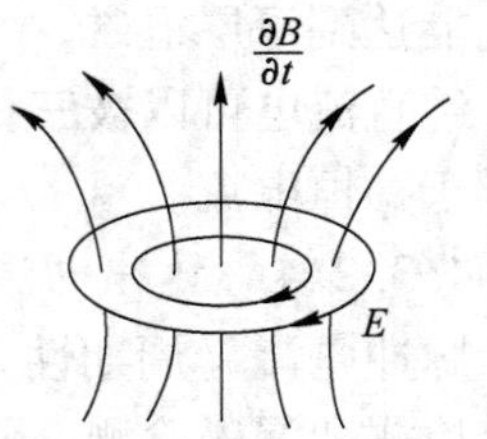

4.3.3.3 涡电流

当任何金属导体处在变化的磁场中（或相对于磁场运动）时，其内部就会产生感应电流，这种感应电流称为涡电流，简称涡流（Eddy Current）。

图 4-7 变化磁场激发涡旋电场

当空间的磁场发生变化时，就会在其周围产生一个涡旋电场，其电场线是闭合的。如果此闭合电场线位于导体内，则导体内的电子就在该电场作用下沿电场线方向运动形成感应电流。因为，电场是涡旋场，而导体中的电流密度 J 的方向与电场 E 的方向又处处一致，即 $J=\sigma E$，所以，电流密度的旋度为：

$$\nabla \times J = \sigma \nabla \times E = -\sigma \frac{\partial B}{\partial t} \tag{4-13}$$

可见，感应电流密度矢量的旋度不为零，其感应电流线也是涡旋状的闭合曲线，故称为涡电流，简称涡流。

4.3.4 电流的磁场

本节简要介绍与磁化方法有关的几种典型导体电流的磁场强度及其分布，为减小篇幅，直接引用有关结论。在以下公式中，$\mu_0 = 4\pi \times 10^{-7}$ H/m，为真空磁导率。

磁场方向判定：对于通电直导线、圆柱导体、直管导体，用右手定则判断磁场方向（四指为磁场方向）。对于通电螺线管，用右手螺旋定则判断磁场方向（拇指为磁场方向）。

磁场强度计算：几种恒定电流的磁场强度，均可用安培环路定理 $\oint_c B \cdot dr = \sum I_{in}$ 推导得出。因此，这些导体或线圈中心轴线上的磁感应强度表达式具有相似性。

4.3.4.1 载流直导线的磁场

图 4-8 为载流直导线的磁场分布。如图 4-8 所示，设在一段长度为 L 的直导线 AB 上通有恒定电流 I，则在与导线相距 r 的 P 点处的磁感应强度为：

$$B = \frac{\mu_0 I}{4\pi r}(\cos\theta_1 - \cos\theta_2) \tag{4-14}$$

当导线长度 $L \to \infty$ 时，$\theta_1 = 0$，$\theta_2 = \pi$，可得无限长恒流直导线的磁感应强度为：

$$B = \frac{\mu_0 I}{2\pi r} \tag{4-15}$$

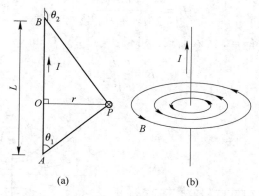

图 4-8 载流直导线的磁场分布

(a) 载流直导线；(b) 磁场分布

4.3.4.2 载流圆柱体的磁场

载流圆柱体的磁场是芯棒法磁化的理论基础，是典型的周向磁化法。图 4-9 为柱形电流的磁场。

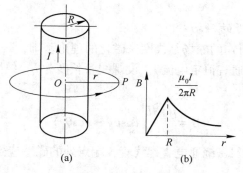

图 4-9 柱形电流的磁场

(a) 磁场分布；(b) 磁感应变化曲线

如图 4-9 所示，设半径为 R 的柱形导体中通有均匀的恒定电流 I，与中心轴线距离 r 处的磁感应强度为：

圆柱之外

$$B = \frac{\mu_0 I}{2\pi r}$$ （4-16）

圆柱之内

$$B = \frac{\mu_0 I r}{2\pi R^2}$$ （4-17）

若载流圆柱体为铁磁性材料，则上式中的 μ_0 应替换为 $\mu_r \mu_0$。

4.3.4.3　载流圆线圈的磁场

图 4-10 为圆电流的磁场。如图 4-10 所示，设在半径为 R 的圆形线圈中通以恒定电流 I （圆电流），其中心轴线上与圆心 O 相距 r 的点 P 处的磁感应强度为：

$$B = \frac{\mu_0 I R^2}{2(R^2 + r^2)^{3/2}}$$ （4-18）

在圆环中心 O 处，将 $r=0$ 代入上式，可得：

$$B = \frac{\mu_0 I}{2R}$$ （4-19）

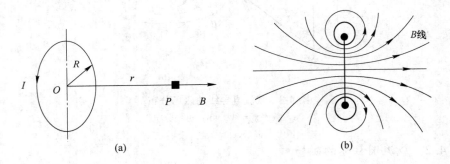

(a)　　　　　　　　　　　　　　　(b)

图 4-10　圆电流的磁场

（a）圆电流轴线上的磁场；（b）圆电流的磁场分布

4.3.4.4　载流螺线管的磁场

载流螺线管（Solenoid）的磁场是线圈法磁化的理论基础，是典型的纵向磁化法。

均匀密绕直螺线管中通有恒定电流 I，设螺线管长度为 L、线圈匝数为 N，其中心轴线上 P 点处的磁感应强度为：

$$B = \frac{\mu_0 N I}{2L}(\cos\theta_2 - \cos\theta_1)$$ （4-20）

可见，对于有限长均匀密绕通电直螺线管，端点处的磁感应强度约为轴线中点处的磁感应强度的一半。

当螺线管长度 $L \to \infty$ 时，$\theta_1 = \pi$，$\theta_2 = 0$，可得均匀密绕无限长螺线管中心轴线上的磁感应强度为：

$$B = \mu_0 N I / L$$ （4-21）

4.3.5 磁化方法及装置

待检工件有各种形状，待测缺陷有多种取向，因此形成了多种磁化方法（磁化装置）。选择磁化方法的一个重要原则是磁场方向和缺陷取向的夹角尽量大，若夹角偏小缺陷可能会漏检。当然，磁化装置和工件形状相匹配也是必须考虑的。

根据工件磁化时磁场的方向不同，可将磁化方法分为周向磁化、纵向磁化和复合磁化。周向磁化的磁场可由工件通电产生（夹持通电法、支杆通电法、感应电流法），也可由空心工件穿入导体或电缆产生（穿棒法、电缆法）。纵向磁化的磁场可由磁化线圈（螺线管）产生，也可由电磁轭（固定式、携带式）或永久磁铁产生。

复合磁化法主要有周向磁化和纵向磁化组合法、交叉磁轭或交叉线圈的旋转磁场磁化法、感应多向磁化、有相移的整流电多向磁化等。

为了能够一次磁化发现工件各个方向上的缺陷，根据磁场合成原理，可以采用两个或三个不同的磁场对工件同时进行磁化，其中至少有一个是交流电产生的磁场。这样，合成磁场的方向会不断变化，在工件中产生一个磁场强度矢量随时间成圆形、椭圆形或其他形状轨迹变化的多向磁场。

按工件磁化时磁场产生的方式，还可将磁化方法分为通电磁化和通磁磁化（感应磁化）。通电磁化的磁场多属于周向磁化，而通磁磁化的磁场有周向磁场，也有纵向磁场。表4-5归纳了磁场产生方式、磁感线特征、磁化方法和磁化装置等。

表4-5 磁化方法及磁化装置

磁场产生	磁感线特征	磁化方法	磁化装置	工件特征
通电法（工件有电流）	在工件中磁感线闭合（周向磁化）	夹持通电法	磁化电源+电极	轴棒类小型件等（纵伤），整体
		支杆通电法	磁化电源+尖锥电极	焊接件、大型件（纵伤），局部
		感应电流法	交流电源+互感器	薄壁环形件，整体
通磁法（工件无电流）	在工件中磁感线闭合（周向磁化）	芯棒法	磁化电源+中心导体	长短空心件，整体或局部
		环形件绕电缆	磁化电源+电缆	较大环形工件，整体
	在工件中磁感线不闭合，有退磁场（纵向磁化）	固定线圈法	磁化电源+线圈	细长件、规则件，整体或局部
		缠绕线圈法	磁化电源+电缆	不规则工件，局部
		固定磁轭法	磁化电源+线圈磁轭	轴管类小型件等（横伤），整体
		携带磁轭法	磁化电源+线圈磁轭	焊接件、大型件（横伤），局部

通电磁化是指工件在磁化时自身全部或局部通过电流，工件的磁化是由通过电流的磁场完成的。这种磁化的方法有轴向通电法、直角通电法、支杆通电法以及感应电流法等。前三种方法中工件作为电路的一部分由电极磁化；后一种则是利用电磁感应的原理在工件中感应出电流，使工件得到磁化。

通磁磁化是指利用磁场感应原理将铁磁工件磁化，是一种间接磁化方法。这种方法的磁场可以是周向磁场（中心导体法），也可以是纵向磁场（线圈或磁轭）；可以是由电流导体产生，也可由永久磁铁所产生。当工件置于这种磁场中，工件本身将被磁化。

4.4　射线辐射源

4.4.1　射线种类和性质

4.4.1.1　射线的种类

X 射线、γ 射线、α 射线、β 射线和中子等，都可以称为射线，但是分为电磁辐射和粒子辐射两种情况。不同射线的主要特点为：

（1）X 射线、γ 射线。X 射线、γ 射线本质相同，都是波长很短的电磁波，属于电磁辐射。电磁辐射的能量子是光量子（光子）。由于它们在电磁波频谱中具有频率高、波长短的特点，因此能量很高，可以穿过固体物质。

X 射线、γ 射线产生机理不同。X 射线是高速电子流撞击金属靶而产生的，其能量和强度可由射线机控制；γ 射线是某些放射性物质自发产生的，如钴、铯、铱、镭等，其能量和强度不可控。

（2）α 射线、β 射线。α 射线、β 射线不是电磁波，而是一种粒子辐射，是在放射性同位素的核衰变中产生的。α 射线是带有两个单位正电荷、质量数为 4 的粒子流，实际上是具有一定速度的氦原子核。它的穿透能力很小，在空气中只能飞行几厘米，但是具有很强的电离能力。β 射线是带负电荷的电子流，具有较大的穿透能力，可穿过几毫米厚的铝，但电离作用较弱。

（3）中子射线。中子射线是发生核反应时，中子飞出核外，形成的一种电中性的微粒子流。中子射线不是电磁波，它具有巨大的速度和贯穿能力，与 X 射线、γ 射线相比有很大的不同之处。

4.4.1.2　X 射线的基本性质

X 射线和可见光一样，也是电磁波。在电磁波谱中，它的波长范围为 $10^{-3} \sim 10$ nm。按现代物理量子理论，X 射线是能量为 $\varepsilon = h\nu = hc/\lambda$ 的光子流。X 射线与可见光在本质上相同，但 X 射线光子的能量远大于可见光，所以在性质上它们又存在明显的不同。X 射线的主要性质可以归纳为下列几个方面：

X 射线在真空中以光速直线传播；X 射线光子呈电中性，在电场或磁场中不偏转；X 射线在材料界面可以发生反射、折射，但其表现与可见光有很大差别；对于光滑的材料表面，X 射线不能产生可见光那样的镜面反射，因为这种界面对射线波长来说还是太粗糙了；X 射线从一种物质进入另一种物质时，折射率几乎等于 1，其传播方向几乎没有变化。因此，不能使用透镜聚焦 X 射线。

X 射线也可以发生干涉、衍射现象，但由于 X 射线的波长远小于可见光的波长，所以干涉、衍射现象只有针对微观尺度的孔和缝（晶体结构）才能观察到。

当 X 射线照射物体时，将与物质发生复杂的物理作用和化学作用，如使物质原子发生电离、使某些物质发出荧光、使某些物质产生光化学反应等。

X 射线是不可见的，它能够穿透可见光不能穿透的物体。X 射线无色无味无触觉，人体不能感知。X 射线可对生物组织和器官产生辐射损伤。

4.4.2　X 射线源

4.4.2.1　X 射线的产生

产生 X 射线应具备 4 个条件：（1）发射电子的源；（2）加速电子的装置；（3）接受电子碰撞的靶；（4）前三部分处于真空环境中。产生 X 射线的核心部件为 X 射线管，其基本结构为高真空壳体中封装的阴极和阳极，包括阴极灯丝、聚焦杯、阳极、阳极靶、外壳及出射窗口等。实用装置还需冷却通道（油冷或风冷），否则 X 射线管只能短暂工作。

加在阴极和阳极之间的高电压称为管电压（几十千伏至几百千伏）。管电压的改变是靠调节 X 射线装置主变压器的初级电压来实现的。X 射线线质的高低，或其穿透力的强弱主要取决于电子从阴极射向阳极的运动速度，即取决于 X 射线管的管电压。

电子从阴极射向阳极形成电子流，电流定义的方向则与此相反，称为管电流，其大小为 2～30 mA。改变管电流主要靠调节灯丝加热电流。X 射线管所产生 X 射线剂量的大小就取决于管电流的大小。

X 射线管的热灯丝作电子发射源，所发出的电子经过管电压加速，以很高的速度直线射到阳极靶。这些高速运动的电子因受到阳极靶遏止，与靶材碰撞发生能量转换。其中绝大部分转换成热能，只有很小部分转换成光子能量，即 X 射线。管电压越高，能量转换的效率越高，但转换效率只有百分之几。

高能 X 射线的产生和普通的 X 射线的产生基本相似，所不同的是高能 X 射线的电子发射源不是热灯丝，而是电子枪。电子运动的加速也不是管电压，而是加速器。因此，它发射的电子数量比一般 X 射线多，电子运动速度也比一般 X 射线高，穿透能力比一般 X 射线强得多。

4.4.2.2　连续 X 和标识 X

一般情况下，由 X 射线管发出的 X 射线，其波长都不是单一的，而是由一系列不同波长的 X 射线所组成。射线强度随波长分布的关系图线称为 X 射线谱，如图 4-11 所示。可以看到，X 射线谱由两部分组成：连续 X 射线谱和标识 X 射线谱（特征 X 射线谱）。

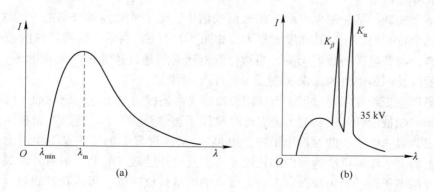

图 4-11　射线管的 X 射线谱

（a）一般连续谱；（b）钼靶 X 射线谱

在工业射线检测中所获得的 X 射线谱中既有连续谱，也有标识谱，但起主要作用的是连续谱，因为和连续射线相比，标识射线的能量要小得多。

X 射线强度定义为，在单位时间内，通过垂直于射线传播方向上单位面积的 X 射线光子的能量，一般记作 I，常使用相对值。

A　连续 X 射线

连续 X 射线谱为图中从最短波长开始，随着波长的加长强度逐渐变化的部分，波长可以延伸到很长。由于强度随波长连续地变化，所以称为连续 X 射线谱。而特征 X 射线谱是在某些波长上叠加在连续谱上的线状谱部分。

从连续谱分布的曲线上可以看到，它存在最短波长 λ_{min} 和强度最大的波长（最强波长 λ_m），X 射线的总强度主要分布在最强波长附近的一段波长范围内。最短波长 λ_{min} 对应光子最大能量 $h\nu_{max}$，是由动能最大的电子与靶原子一次碰撞突然受阻并停止，将其能量全部转换为一个 X 射线光子能量而产生的，即有：

$$eU = \frac{1}{2}mv^2 = h\nu_{max} = hc/\lambda_{min} \tag{4-22}$$

式中，e 为电子的电荷，1.602×10^{-19} C；U 为电子的加速电压，kV；h 为普朗克常量，6.626×10^{-34} Js；c 为光速，2.998×10^8 m/s；λ_{min} 为最短波长，nm。代入各数值，可得最短波长：

$$\lambda_{min} = \frac{hc}{eU} = \frac{1.24}{U} \tag{4-23}$$

通常认为，连续谱的最强波长与最短波长之间有下述近似关系，即：

$$\lambda_m \approx 1.5\lambda_{min} \tag{4-24}$$

连续谱产生于轫致辐射过程。高速运动的电子轰击靶材时，在接近原子核的过程中，受到核外库仑力的作用而急剧减速。经典电动力学理论表明，作加速运动的电子将向空间产生电磁辐射，这种辐射称为轫致辐射（Bremsstrahlung），也称碰撞辐射。电子撞击阳极靶，每次碰撞电子所消耗的能量，部分用于阳极物质中各种不同的激发过程，其余则转化为电磁辐射或光子能量。

B　标识 X 射线

当管电压提高到某一临界值后，在 X 射线谱中，除了波长连续分布的连续 X 射线外，还会出现几个特别的波长，其强度非常大，如图 4-11（b）所示。这种特殊的波长只取决于靶的材料，与管电压的数值无关（当然，管电压必须超过该元素的激发电压）。这种谱线非常窄的波长叫做靶材的标识 X 射线或特征 X 射线。

标识谱产生于跃迁辐射过程。当从阴极高速飞向阳极的电子打入靶材原子时，其内层轨道的电子可能被撞到外层轨道上去，此时称原子被"激发"；有的则可能被撞出这个原子之外，成为自由电子，此时称原子被"电离"。处于激发态的原子是不稳定的，跃迁到外层轨道上的电子随时可能返回内层轨道，或由其他外层轨道的电子来填补内层轨道电子的空位。外层电子跃迁到内层轨道上会把多余的能量释放出来，形成跃迁辐射（Transition Radiation），产生标识 X 射线。

标识 X 射线的这种特性被广泛用于 X 射线光谱分析上，对物质的化学成分定性或定量测定，并用于晶体的结构分析。标识 X 射线强度虽然很高，但它的波长范围很窄，射线总强度较小，因此在 X 射线探伤中意义不大。

4.4.3 加速器

普通 X 射线机的管电压不超过 450 kV，常用 γ 射线源的能量不超过 2 MeV，这些能量的射线不适于透照较厚的物体。在射线探伤中产生更高能量的射线一般采用加速器，适合射线照相探伤的加速器主要是：电子直线加速器、电子回旋加速器、电子感应加速器。

4.4.3.1 电子感应加速器

电子感应加速器的主体结构是一环形真空室和巨大的电磁铁。这种加速器利用随时间变化的磁场及其产生的感应电场，使电子在环形真空室内沿圆形轨道运动，进行加速，当加速结束时电子脱离圆形轨道，撞击在靶上，产生 X 射线。

电子感应加速器结构简单，造价比较低，能量范围比较宽。对于工业射线探伤，它的能量多为 15~35 MeV。焦点尺寸小（约 0.1 mm×0.3 mm），但它的电子束流强度小，一般不超过 1 μA，因此产生的射线强度低。

4.4.3.2 电子直线加速器

电子直线加速器的主体结构是圆柱形金属波导管，波导管中每隔一定距离安放一个金属圆盘，圆盘中心有一圆孔，它是行波电磁场和电子的通路。这种加速器采用电磁场在波导管内不断供给电子能量，使电子加速，电子在加速管内沿直线运动，加速到一定能量后撞击在靶上产生 X 射线。

电子直线加速器是性能更适合于工业射线照相探伤的加速器，其能量多为 1~15 MeV，焦点约为 φ2~3 mm。在这个能量范围它可以制造得轻巧，操作方便。与电子感应加速器相比，它的体积大增，但它的电子束流强度大，产生的 X 射线强度大，约为电子感应加速器的 10~100 倍。

4.4.3.3 电子回旋加速器

电子回旋加速器的主体结构是安放在两个磁极之间的一个扁圆盒形真空室。这种加速器是利用恒定的磁场和高频电场，使电子沿具有公切点的逐渐加大的圆周不断加速。当电子被加速到所需要的能量时，从圆周轨道将电子引出，它撞击在靶上产生 X 射线。

电子回旋加速器的能量可在较宽的范围变化，对工业射线照相探伤多为 6~25 MeV，能量的分散度小，焦点尺寸也小，束流强度比较大，束流的准直性好。

与 X 射线机和 γ 射线机比较，加速器的主要特点是：射线能量高，穿透能力强，射线束的能量、强度、方向可以精确控制。

4.4.4 γ 射线源

4.4.4.1 γ 射线的产生

原子序数高于 83 的所有天然存在的元素都具有放射性。放射性元素的原子核不稳定，它们能自发地发生转变（衰变），放出射线。某些元素的同位素也具有放射性，称为放射性同位素。天然放射性同位素仅有 40 多种，人工放射性同位素已有 1000 多种。

放射性的发现揭示了原子核结构的复杂性。研究这种射线的性质时发现，在电场或磁场的作用下，射线分裂为 3 束，其中两束向相反方向偏转，说明它们由带电粒子组成，并带有异种电荷。另一束不发生偏转，说明它不带电。带正电的射线称为 α 射线（α 粒子），带负电的射线称为 β 射线（电子流），不带电的射线称为 γ 射线（光子流）。

这三种射线都是从原子核中发射出来的，一种元素的原子核放出射线之后就转变为新的原子核，这种现象称为放射性衰变。在衰变的过程中电荷数和质量数保持守恒。

放射性同位素有天然放射性同位素（镭 226、铀 235）和人工放射性同位素（钴 60、铱 192、铯 137、铥 170）两类。天然放射性同位素不仅价格贵，而且不能制成体积小而辐射强度高的射线源。射线探伤机中使用的 γ 射线源是由核反应制成的人工放射线源。

放射性同位素是一种不稳定的同位素，通常处于激发态，必然要向基态转变，同时释放出 γ 射线。γ 射线的能量等于两个能级间的能量差。

γ 射线是一种波长很短的电磁波，是原子核从激发能级跃迁到较低能级的产物，不同于原子核外电子壳层变化释放的 X 射线。另外，γ 射线的谱都是线谱而没有连续谱，线谱是随着同位素种类的不同而改变的。

综上所述，γ 射线与 X 射线的产生机理是不同的，但同是波长很短的电磁波，二者在本质上是相同的，主要性质也相同。

4.4.4.2 γ 射线的特性

A 放射性活度

放射性活度是指放射性元素在单位时间内衰变的原子核数，用来描述放射源的衰变速率。活度与源的原子数成正比，原子数越多，活度越高。随着时间的推移，源的原子数逐渐减少，活度也逐渐减弱。

活度的国际单位是贝可[勒尔]，符号是 Bq。1 Bq 表示在 1 s 的时间内有一个原子核发生衰变。活度的常用单位是居里，符号是 Ci（分数单位 mCi 或 μCi）。1 Ci = 3.7×10^{10} Bq，其来历是 1 g 镭的活度。

放射性比活度（Specific Activity）是单位质量放射源的放射性活度，其单位是贝可/克（Bq/g）。比活度不仅表示放射源的放射性活度，而且表示了放射源的纯度。

注意：活度不等于射线强度。对于同一放射性元素，活度大的放射源其射线强度也大，但对不同的放射性元素，不一定存在这样的关系。

B 放射性同位素的衰变规律

各种放射性同位素都有自己特定的衰变规律，它是由原子核本身的性质决定的，不受外界环境影响，现在也还无法用人工加以控制。

设放射性同位素在时间 $t=0$ 时的原子数为 N_0，经过一定时间 t 后的原子数为 N，则

$$N = N_0 e^{-\lambda t} \tag{4-25}$$

式中，λ 为物质的衰变常数；e 为自然对数的底。N 和 N_0 也可以是 γ 源的对应活度。

放射性同位素的原子数从原来的 N_0 个衰减到 $N_0/2$ 所需的时间，称为这种放射性物质的半衰期（Half-life）。依据式（4-4），可得：

$$T = \frac{\ln 2}{\lambda} = \frac{0.693}{\lambda} \tag{4-26}$$

可见，半衰期 T 与衰变常数 λ 成反比。衰变常数越小的物质，半衰期越长。

4.4.5 中子源

当高能粒子轰击原子核时，原子核发生破裂而不断放出中子、质子、α 和 β 粒子或 γ 射线。目前，能产生自由中子的中子源有五种，即放射性同位素、加速器、核反应堆、次临界装置和中子管。

这些中子源发射的中子，能量一般大于 1 MeV，经过慢化或过滤，可以获得不同能量的中子。按能量区间来划分，可以分为冷中子（小于 0.01 eV）、热中子（0.01~0.5 eV）、超热中子（0.5~1 keV）、中能中子（1~100 keV）和快中子（100~20 MeV）等。

各种能区的中子都可以用作中子照相的中子源，而且各有不同的特点和用途。其中热中子与物质的反应截面较大，灵敏度较高，技术上也容易实现。

同位素中子源体积小、可移动，但中子的强度较低。加速器中子源强度比普通同位素中子源要高出好几个数量级。中子管源属于加速器源的另一种形式，体积小价格低，可用于移动式检测装置。反应堆中子源能量最大，但不能移动，有很大的局限性。

4.5 可见光辐射源

4.5.1 光源分类

广义的光是指光辐射，包括可见光、红外线、紫外线等，而狭义的光是指可见光。本节主要讨论可见光。光源有自然光源和人造光源之分，自然光源主要是太阳光，人造光源主要是电光源。

根据电能转化为光能的不同形式，电光源可分为：（1）热辐射光源，如白炽灯、卤钨灯等；（2）气体放电光源，如汞灯、钠灯、金属卤化物灯等；（3）固体发光光源，如电致发光屏、发光二极管等；（1）（2）（3）均属于非相干光源。（4）同步辐射光源——激光。激光是相干光源，在现代检测技术中占有十分重要的地位。

电光源的发光过程是靠电场补充能量的，称为电致发光，此外还有光致发光（荧光屏、夜光表等）、化学发光（火焰等）、生物发光（萤火虫等）等。

从发光机理的角度，光源可分为热光源和非热光源两大类。热光源所产生的辐射光谱分布（连续谱）只与物体的温度有关，与它的种类、结构、形状没有关系。热光源的很大部分是红外辐射源。非热光源所辐射的光波则与发光体中原子或分子的能量状态有关（标识谱），与发光材料的种类密切相关。

4.5.2 辐射度量和光度量

研究光的强弱的学科称为光度学，而研究各种电磁辐射强弱的学科，称为辐射度学。

在光辐射的探测和计量中，存在辐射度单位和光度单位的两个体系，两个体系的物理量及单位——对应，但有各自的基本单位，常用辐射度量和对应的光度量如表 4-6 所示。表中的辐射出射度可简称辐出度。单位中的 sr 表示球面度，是立体角的单位。

表 4-6　常用辐射度量和对应的光度量

辐射量	符号	单位	光度量	符号	单位
辐射通量	Φ	W	光通量	ϕ	$lm = cd \cdot sr$
辐射强度	I	W/sr	发光强度	l	cd
辐射亮度	L 或 L_e	$W/(sr \cdot m^2)$	（光）亮度	L 或 L_v	$cd/(m^2 \cdot sr)$
辐射出射度	M 或 M_e	W/m^2	光出射度	M 或 M_v	$cd \cdot sr/m^2$
辐射照度	E 或 E_e	W/m^2	（光）照度	E 或 E_v	$lx = cd \cdot sr/m^2$

　　辐射度单位体系的物理量只与辐射客体有关，其基本量是辐射通量（辐射功率）或辐射能，单位分别是 W 和 J。光度单位体系是反映视觉亮暗特性的光辐射计量单位，其基本量是发光强度，单位是坎德拉（cd）。1 cd 表示光源在给定方向上，发出频率为 540×10^{12} Hz 的单色辐射，辐射强度为 1/683 瓦每球面度（W/sr）。

　　通量的含义是在单位时间内通过一个面积的能量流，它与功率的意义是相同的。在光辐射测量领域经常使用这个术语是学科发展的历程所致。在光度学中，光通量明确地定义为能够被人的视觉系统所感受到的那部分光辐射功率的量度，单位是流明（lm）。

　　辐射度与光度各对应量的关系由光视效能 $K(\lambda)$ 和光视效率 $V(\lambda)$ 表示。光视效能 $K(\lambda)$ 表示光通量和辐射通量之比，是辐射频率 f 的函数，在 $f = 540 \times 10^{12}$ Hz（$\lambda = 555$ nm）处，$K(\lambda)$ 有最大值 $K_m = 683$ lm/W。光视效率 $V(\lambda)$ 是 $K(\lambda)$ 用 K_m 归一化的结果，$V(\lambda) = K(\lambda)/K_m$。光视效率 $V(\lambda)$ 又称视觉函数或视见函数，有明视觉和暗视觉两种情况。

　　色温是表示光源颜色的光学量。若温度为 T 的光源与温度为 T_c 的全辐射体有相同（或最相近）的光色，则 T_c 为该光源的（相关）色温。例如 LED 灯，色温 3000 K 表示暖黄光，色温 5500 K 表示冷白光。绝对黑体的辐射功率等于入射功率，即它能将吸收的功率完全辐射出去，故称之为全辐射体。

4.5.3　气体放电光源

　　一切电流通过气体的现象称为气体导电或气体放电。气体放电时，在放电空间会产生大量的电子和正离子，在极间电场的作用下形成电流。弧光放电是气体导电的重要形式，特点是电流密度大，发光强度和温度高。

　　气体放电光源有开放式和封闭式两种。开放式包括直流电弧、高压电容火花、碳弧等，用于现代分析仪器中。封闭式是各种气体灯，包括汞灯、钠灯、空心阴极灯等，利用泡壳中的某种气体或金属蒸气发生电弧放电或辉光放电。

　　气体灯种类很多，灯内可充不同的气体（氩、氖、氢、氦、氙等）或金属蒸气（汞、钠、金属卤化物等），形成不同放电介质的多种光源。同一种放电介质的灯，因结构不同又可构成不同类型的气体灯。

　　汞灯分为低压汞灯（小于 0.8 个大气压）和高压汞灯（1~10 个大气压）。低压汞灯的高峰谱线常被用作单色光源或波长定标；高压汞灯发光效率高，谱线丰富，可用作紫外灯。

　　钠灯也有高低气压之分。低压钠灯大部分辐射能量集中在双黄线 589.0 nm 和 589.6 nm 附近。低压钠灯谱线可用作单色光源或波长定标。高压钠灯是一种高效率的照明灯。

4.5.4　固体发光

　　固体发光现象有多种情形，检测技术中主要利用电致发光器件。电能直接转换为光能的发光现象称为电致发光，如电致发光屏和发光二极管。这类器件完全没有真空部分，是全固态化的发光器件。

　　电致发光屏（ELD）：在足够强的电场或电流作用下，荧光材料（如 ZnS）被激发而发光，从而构成电致发光屏，主要用于仪表显示和隐蔽照明。

　　发光二极管（LED）：管中 PN 结在正向偏置下，促进了扩散运动，大量的电子和空穴在 PN 结中复合，其中一部分能量以光子形式放出。半导体发光材料主要是Ⅲ-Ⅴ族化合物，包括磷化镓（GaP）、砷化镓（GaAs）、磷砷化镓（GaAsP）等。

4.5.5　激光器

4.5.5.1　激光器概述

　　激光（Laser）是"受激辐射的光放大"的简称，作为一种方向性和单色性极佳的光束，广泛应用于激光全息、散斑技术、扫描技术、光导纤维、莫尔条纹等检测技术中。激光器种类繁多，光学检测常用的激光器大致有三类。

　　激光器可以按工作物质的不同分为气体激光器、固体激光器、半导体激光器、液体激光器（可调谐染料激光器）等，按运转方式的不同分为连续激光器、脉冲激光器、调 Q 激光器、稳频激光器等。激光器的输出波段从远红外直到 X 射线，输出功率从几微瓦（10^{-6} W）到几太瓦（10^{12} W），脉冲输出功率可达 10^{14} W 以上。

　　激光器的基本结构包括三个组成部分（图 4-12）：（1）工作物质（长度 d）——粒子数布居反转的介质，称为激活介质，对光辐射有放大作用；（2）光学共振腔（长度 L）——由一对高反射率的平行反射面（左侧全反射，右侧部分反射并输出）构成，使随机受激辐射变为单一方向、单色性好的激光；（3）激励能源——激活工作物质的能源，电源或光源。

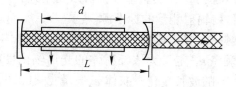

图 4-12　激光器的基本结构

4.5.5.2　激光器种类

（1）气体激光器，包括氦氖激光器、氦镉激光器、氩离子激光器、氪离子激光器等。氦氖激光器是最早研制成功的气体激光器，输出波长 632.8 nm、1150 nm、3390 nm，其中 632. 8 nm 波长的激光性能最好。氦氖激光器稳定性好，使用寿命长。

氩离子激光器是可见光波段内输出功率最大气体激光器，在电弧放电或脉冲放电条件下工作。输出功率主要集中在 514. 5 nm、488. 0 nm 两条谱线上，单色性好。

（2）固体激光器，包括红宝石激光器、YAG 激光器、钕玻璃激光器等。

红宝石激光器是最早研制成功的固体激光器，圆棒状红宝石的端面被抛光并镀上反射膜，用 Xe 闪光灯作为光泵激励，激光波长 694. 3 nm，脉冲宽度 100 ns 以内。

YAG 激光器是以钇铝石榴石（晶体）为基本物质，随掺杂的不同，发出不同波长的激光。掺杂稀土元素钕（Nd），激光波长为 1064 nm。

（3）半导体激光器是以砷化镓、硫化镉、铅锡碲等材料为工作物质。

半导体激光器的结构不同于上述固体激光器，需单独分类。这种激光器的波长范围是 400～1600 nm，优点是体积小重量轻，可直接用电源调制，缺点是方向性和单色性差，一般用于激光通信和激光测距等方面。

4.6 红外辐射和紫外辐射

4.6.1 热辐射与红外辐射

温度高于 0 K 的物体由于分子和原子的热运动而自发地向外辐射能量，这种现象称为热辐射。热辐射是电磁波的一种形式，它不需任何媒介即可在空间传播。因为温度是热运动的量度，所以热辐射的特性和温度密切相关。有关热辐射的描述要用到很多物理量，可以参考 4. 5 节或其他物理教材。

红外辐射是热辐射的主要组成部分，因处于红光波段之外而得名。红外辐射的波长范围是 0. 76～1000 μm。该范围划分受到探测器发展的影响，通常分为近红外（0. 76～1. 5 μm）、中红外（1. 5～6. 0 μm）和远红外（6. 0～1000 μm）。

热辐射的光谱虽与物质的种类无关，但其强度却与物体的表面状况有关。一般来说，表面颜色越黑、越粗糙的物体，对热辐射的吸收越大，其热辐射的强度也越大。热力学的基尔霍夫定律（Kirchhoff Law）指出：在热平衡条件下，同一温度的任何物体的光谱吸收率与光谱发射率相等。

定义一种理想物体，它能在任意温度条件下，吸收入射的任意波长的全部辐射能量，这种物体称为黑体（Block Body）。在实验室中，可以利用开有一个小孔的封闭腔体来模拟理想的黑体。黑体可作为量度辐射能量的标准源。

根据热辐射体光谱发射率的变化规律，将热辐射体分为黑体、灰体、选择性辐射体三类。一个辐射体的光谱发射率 ε_λ 定义为该辐射体的光谱辐出度与同温度下黑体的光谱辐出度之比。黑体的 $\varepsilon_\lambda = 1$，不随波长变化。灰体 $\varepsilon_\lambda =$ 常数<1，也不随波长变化。选择性辐射体 $\varepsilon_\lambda < 1$，且随波长变化。灰体吸收和发射规律与黑体相同，在红外波段内，大多数工程材料可当作灰体处理。

普朗克（Planck）、玻尔兹曼（Boltzmann）、维恩（Wien）等科学家都研究了黑体辐射的问题，得到了有关物理定律。特别是普朗克提出了能量不连续的新概念，并由此概念得出了著名的普朗克公式，具体如下：

（1）斯特藩-玻尔兹曼定律——黑体的辐出度与其热力学温度四次方成正比（$M_b = \sigma T^4$）。

（2）维恩位移定律——黑体温度越高，其峰值波长越偏向于短波方向（$\lambda_m T =$ 常量）。

（3）普朗克定律——给出了黑体辐出度与其波长和温度的函数关系，代表了黑体辐射的普遍规律，其他黑体辐射定律可由它导出。

4.6.2 红外辐射源

对于主动式红外无损检测，常用的人工辐射源及其特性如下：

（1）能斯特灯（Nernst Lamp）——光源是选择体，但 7 μm 以后为灰体。辐射体是由氧化锆、氧化钍和氧化钇粉末混合成形后，在高温下烧结而成的细棒状灯丝，长约 30 mm，直径 1~3 mm。在 1800 K 工作时，发射连续光谱，波长范围为 0.3~1000 μm。

（2）硅碳棒（Globar）——典型的灰体，一定筛目的硅碳砂加压成形并高温煅烧而成，长 500~100 mm，直径 5~6 mm。工作在 1300~1500 K，发射连续谱，最大值在 8 μm 附近。

（3）白炽灯——一般以钨丝为辐射体，工作温度很高，发射波长 0.2~1.6 μm 的连续谱。用黑体标准光源校准过的白炽钨灯可作为次级标准光源。

（4）高压短弧氙灯——发射波长为 0.2~1.8 μm 的有多个峰的连续谱。

（5）GaAs 发光二极管——发射波长为 0.9~1.2 μm 的连续谱，最大值在 0.96 μm 附近。

（6）激光器——发出近单色红外辐射，有 He-Ne 激光器、Xe-He 激光器、CO 激光器、CO_2 激光器、InP 激光器、GaSb 激光器等。

4.6.3 紫外辐射源

紫外辐射的波长大致范围是 400~10 nm，通常分为三部分：近紫外、远紫外、极远紫外。紫外线是一种波长比紫光更短的不可见光，近紫外范围的光线称为黑光（Black Light），位于电磁波谱 300~400 nm 范围内，中心波长是 365 nm。

紫外辐射源有高压汞灯（水银石英灯）、氢弧灯、氖灯和紫外 LED 等。常用的黑光灯是加了特定滤波材料的高压汞灯。

黑光灯稳定放电时，管内汞蒸气压为 4~5 大气压。黑光灯外壳直接用深紫色玻璃制成，可以阻挡可见光和短波紫外线。使用滤光材料让波长 330~390 nm 的紫外线通过，该波长范围内的紫外线对人眼几乎无害。

在磁粉检测中，用黑光灯照射荧光磁粉，可观察各种磁痕。在渗透检测中，用黑光灯照射荧光渗透剂，显示渗透液痕迹。黑光灯还可用于荧光测温的检测技术中。

4.7 微波信号源

4.7.1 微波振荡器

微波振荡器是微波信号源的核心部件。微波振荡器包括真空器件和固态器件两大类，检测技术中主要应用固态器件振荡器。

微波真空器件有反射速调管、磁控管和返波管等，其主要特点是工作频率宽（5~270 GHz），输出功率大，连续波功率高达 1~3 kW，峰值功率可达 5 MW，但由于尺寸较大或供电系统复杂，在应用中受到了限制。

随着微电子技术的发展，出现了全固态化的微波信号源，其体积、重量及功耗都大为减少，寿命和可靠性明显提高。在中小功率信号源中，固态器件已取代真空器件。固态器件在 4 GHz 以上有体效应二极管（耿氏二极管）和雪崩二极管。此外，还有微波晶体管和微波场效应管等。

体效应二极管只要加上合适的调谐回路和直流偏压就能产生振荡。体效应管的频谱纯、频带宽，可在毫米波高端工作，供电简单，但效率偏低。

雪崩二极管是利用二极管的反向电压加到雪崩区间，由于载流子的渡越时间使交流电压和交流电流之间相位相反，从而在二极管两端产生微波振荡的。雪崩振荡器的发展方向是大功率、高频段范围。

微波固态器件中，雪崩二极管输出功率已达几十瓦或更大，体效应二极管在 8 mm 波段的连续波功率可达几百毫瓦，并且有较低的噪声电平。还有工作频率扩展到 3 mm 波段，输出功率几十毫瓦的固态器件。在很多微波检测场合，它们基本上满足要求。

4.7.2　合成扫频源

合成信号源是输出信号的频率由基准振荡器用算术方法得到的一种信号发生器。基准振荡器即上述晶体振荡器，而算术方法是指用电路实现频率的混频（加减）、倍频（乘）、分频（除）的方法。信号源的输出信号一般为受到调制的多个频率和频段的信号。同时具有合成信号源和扫频信号源特性的信号发生器称为合成扫频信号源。扫频测量是指信号源输出频率在测量频率范围内连续变化，快速得到目标的频率特性曲线。

一些数字化合成源具有步进扫频和列表扫频功能。步进扫频是按一定频率间隔和停留时间自动跳频，在一定频率范围内依次锁定输出频率的扫描方式。列表扫频的跳频间隔和停留时间，甚至输出功率都不必是常数，而可以是任意预置成数表，合成源按这个列表周而复始地工作。合成扫频信号源特指具有模拟扫频功能的合成源，与步进扫频和列表扫频相比，模拟扫频消除了跳频间隔，真正实现了频率的连续变化。

——— 本 章 小 结 ———

（1）超声波是高频机械振动产生的，波面有平面波、球面波、柱面波三种典型形状，分别对应于面波源、点波源、线波源；模式有纵波、横波、表面波和板波四种常见类型。超声场的特征量有声压、声强、声压级和近场长度、半扩散角等。

（2）无损检测常用的电流种类有交流电、整流电、直流电和脉冲电流，还有导体在交变磁场中产生的涡流。磁性检测的激励磁场多用电流产生，磁化方法有通电磁化和通磁磁化，磁化方向有周向磁化、纵向磁化和复合磁化。

（3）X 射线由真空射线管产生（轫致辐射和跃迁辐射），高能 X 射线由加速器产生。γ 射线是原子核从激发能级跃迁到较低能级的产物。X 射线和 γ 射线本质相同，主要性质也相同。中子是发生核反应时形成的电中性微粒子流，具有巨大的速度和贯穿能力。

（4）光源可分为热光源和非热光源两大类。热光源的辐射光谱分布只与物体的温度有关，很大部分是红外辐射源。非热光源的辐射光波则与发光材料的种类密切相关。电光源包括热辐射光源、气体放电光源、固体发光光源和同步辐射光源（激光）。

（5）微波振荡器是微波信号源的核心部件。微波振荡器包括真空器件和固态器件两大类，检测技术中主要应用固态器件振荡器，常用体效应二极管和雪崩二极管。

复习思考题

4-1 电磁波谱各段波长范围：微波（   ）mm，红外线（   ）μm，可见光（   ）nm，紫外线（   ）nm，X射线（   ）nm。

4-2 名词解释：平面波、柱面波、球面波；纵波、横波、表面波、板波。

4-3 金属材料超声检测的频率范围是多少？定量说明为什么超声波能量高，指向性好？

4-4 简述介质声阻抗和振动速度的关系，和声速的关系；声阻抗和特性声阻抗的关系。

4-5 超声场的特征量有哪些？介质的声学参数有哪些？超声波声速和哪些因素有关？

4-6 X射线、γ射线、高能X射线分别是由什么装置（物质）产生的？

4-7 X射线谱有哪两种类型，产生机理和用途有什么不同？

4-8 对于厚大平面导体，在2倍渗透深度处，涡流磁场幅度衰减多少，相位滞后多少？若使涡流衰减至表面值的5%以下，至少应达到几倍的渗透深度？

4-9 已知退火纯铜 $\rho = 1.72\ \mu\Omega \cdot cm$，若要涡流渗透深度2.0 mm，激励频率应为多少？

4-10 无损检测常用的电流种类有哪些，分别用于什么检测方法？

4-11 从通电法和通磁法、周向磁化和纵向磁化两种角度，对磁化方法进行分类。

4-12 根据电能转化为光能的不同形式，电光源可分为（   ）光源、（   ）光源、（   ）光源和（   ）光源。

4-13 简述激光的含义和特点。激光器的基本结构包括几个组成部分？

4-14 名词解释：黑体、灰体；白炽灯、黑光灯。

4-15 微波振荡器包括哪两大类？无损检测常用哪一种？

5 物理场中的材料特性

【本章提要】

由激励源提供的某种物理场与被检材料的某些特性相互作用、相互影响，形成一定条件之下的特征信号，探测这些信号可以得到相应的材料信息。本章首先简介材料的声、电、磁、电磁和光学特性，之后讲述超声传播规律与介质的声学参数，微波传播规律与介质的电磁参数，导电试件中的涡流和铁磁材料的漏磁场，X射线、光辐射与物质（材料）的作用。本章是无损检测技术原理的核心部分，关系到信号的形成与解读。

5.1 材料物理性能概述

5.1.1 材料的声学特性

材料的声学特性包括传播特性和声学参数。弹性波的传播离不开介质，介质是固体时，一般称为材料。声波在介质中传播过程中表现出来的干涉、衍射、反射、折射、散射、波型转换等现象和材料的声学特性密切相关。材料的声学参数是指多种声速、特性声阻抗、衰减系数等参数。声速有纵波声速、横波声速、表面波声速、板波声速等类型，它们又和振动模式、材料密度、弹性模量、泊松系数等相关。

超声的传播特性和材料的声学参数都是超声无损检测的物理基础。声波干涉的驻波现象可用于无损测厚，衍射现象可用于焊缝缺陷探伤（TOFD），反射现象是脉冲反射法的基础，折射现象和规律可用于横波探头和超声透镜设计。材料声速影响缺陷定位、衰减系数影响缺陷定量，声阻抗影响超声传播的界面行为。

5.1.2 材料的导电特性

材料的电学特性包括电导率或电阻率、电感系数、介电常数、趋肤效应等。

材料的导电性能用电导率或电阻率量度，电阻率 ρ（$\Omega \cdot m$），电导率 σ（$1/\Omega \cdot m$），二者互为倒数。退火纯铜 $\rho = 1.72\ \mu\Omega \cdot cm$，对应 IACS% = 100，其他材料对应折算。IACS 为国际退火铜标准，是电导率的相对数值。电导率或电阻率是材料的本性，与形状尺寸无关，但受化学成分和温度等因素影响。

电感系数 L 是电感元件本身的电磁参数，与电流频率无关，它取决于线圈匝数 N、线圈直径 $2R$ 和长度 l 以及是否加入磁芯（$L = \mu_r \mu_0 \cdot \pi R^2 N^2 / l$）。电感的单位是 H 和 mH。涡流检测薄板或薄壁管时，可将被测导体等效为含有电阻的电感线圈。

处于变化磁场中的导电材料，有平面导体和圆柱体两种典型，它们有各自的涡流分布特性。反映涡流趋肤效应的渗透深度和相位滞后，在涡流检测中具有重要意义。

5.1.3 材料的导磁特性

磁导率 μ（相对值 μ_r）表示磁介质被磁化的难易程度，反映材料被磁化的能力。有三种磁介质：抗磁质（$\mu_r < 1$），顺磁质（$\mu_r > 1$），铁磁质（$\mu_r \gg 1$）。前两种磁介质对磁场的影响很小，可以忽略。磁性检测主要针对铁磁质，即铁磁性材料，有软硬之分。材料磁特性的影响因素有晶格结构、化学成分、温度、热处理工艺、冷变形加工等。

铁磁质的磁性是随外加磁场而变化的，需要用磁特性曲线和多个磁性参数来描述。初始磁导率经过准线性阶段达到饱和→初始磁导率 μ_i、最大磁导率 μ_{max}、饱和磁感应强度 B_s，退磁曲线由饱和降到剩余磁化状态→剩磁 B_r，反向磁场使磁化强度降为 0→矫顽力 H_c。

漏磁场是磁性材料（表层缺陷或形状变化等）和外加磁场共同作用的结果，其影响因素有外场强弱和方向、材料磁特性、缺陷位置和形状、表面状态、磁化电流等。

5.1.4 材料的电磁特性

微波场中材料的电磁特性用介电常数 ε、磁导率 μ 和电导率 σ 来描述。材料在电磁场中通过带电粒子与微波场的相互作用表现出其特性。

在静电场中，用电位移 $D = \varepsilon E$ 表示介质对电场影响，而介电常数 ε 反映的就是介质的极化特性。对于无极性分子，产生电子位移极化；对于有极性分子，产生分子取向极化。时变电磁场（微波）作用于电介质，将发生极化、磁化和传导过程，ε、μ、σ 不再是常量，而是与频率有关的函数。利用这些规律可以检测介质材料的湿度、组分等信息。

微波在介质中传播时，电场强度矢量和磁场强度矢量之比等于介质的波阻抗，表示电场和磁场的相互关系。微波传播速度（相速度）取决于介质磁导率和介电常数。微波在良绝缘体中的传播速度与频率无关，而在导体中的传播速度与频率有关（变慢）。

微波在介质界面还会发生反射、折射和散射等现象，在介质中也会发生吸收和色散现象，这些微波信号含有介质表面或内部的特征信息，可用于材料的无损检测。

5.1.5 材料的光学特性

材料的光学性质有很多，需要按照不同的类别来叙述，例如不同的光学分支、不同的物理效应、不同的光学材料等，这里侧重于按光学材料种类来举例说明。

一切光学现象都是光与物质相互作用的结果，作用结果和材料种类密切相关。光子和材料相互作用时，可产生反射、折射、吸收、散射、色散等现象，相应的材料性能有反射率、折射率、吸收系数、散射系数、光在材料中的传播速度等。某种能量激发材料可产生发光现象，发光材料的性能有发光效率、发光颜色、光谱分布等。

固体激光工作物质有晶体和玻璃等，激光材料应有良好的单色性、导热性和较小的光弹性。红外光学材料有玻璃、晶体、陶瓷，主要性能有红外透过率、透射波段等。红外探测器的主要性能有光电效应红限、最大灵敏度波长等。其他如电光材料的主要性能有布儒斯特角、双折射现象等，磁光材料法拉第效应和克尔效应的主要性能有偏振面旋转角、材料居里温度等，光导纤维（光纤）的主要性能有折射率、孔径数、带宽等，液晶显示材料的主要性能有响应速度和视角等。

5.2　超声传播与声学参数

超声波的特性可以分为波动声学和几何声学两个方面。前者表现为干涉、驻波、衍射等现象，可以用叠加原理和惠更斯原理来解释。后者表现为超声波在异质界面的传播特性，包括平界面（直入、斜入）的反射、折射、波型转换及临界角，曲界面的聚焦或发散现象及声透镜的应用。

5.2.1　超声的波动特性

在超声检测中，经常用几何声学原理来分析处理问题，例如分析波的反射、折射、聚焦和发散等行为，而往往忽略波动性效应。声波波长比光波波长大几个数量级，忽略声的波动性有时会带来很大偏差。用声波的波动性（Undulatory Property）来分析处理问题的方法称为物理声学方法。

本节概述波动的特征现象——干涉、驻波、衍射及其基本原理——叠加原理、惠更斯原理，针对的是一种连续介质，或者是局部带有"障碍物"的连续介质。关于声波在含有界面的两种介质中的传播情形（几何声学方法），在下一节中介绍。

5.2.1.1　波的叠加与干涉

A　波的叠加原理（Principle of Superposition）

当几列波在同一介质中传播时，如果在空间某处相遇，则相遇处质点的振动是各列波引起振动的合成，在任意时刻该质点的位移是各列波引起位移的矢量和。几列波相遇后仍保持自己原有的频率、波长、振动方向等特性，并按原来的传播方向继续前进，好像在途中没有遇到其他波一样，这就是波的叠加原理，又称波的独立性原理。

波的叠加现象可以从许多事实和现象中观察到。波的叠加原理是基于现象总结和理论证明的基本原理。利用这个原理可以解释各种波动现象，如干涉、驻波、波包以及衍射现象。显然，波的叠加原理实际上是运动叠加原理在波动中的表现。

B　波的干涉（Interference of Wave）

两列频率相同、振动方向相同、相位相同或相差恒定的波相遇时，介质中某些地方的振动互相加强，而另一些地方的振动互相减弱甚至完全抵消的现象叫做波的干涉现象。

波的干涉是波动现象的重要特征，是波的叠加原理的直接体现。在超声波声场中，由于波的干涉，使声源近场区干涉强烈，形成声压起伏变化较大的区域。

C　驻波（Standing Wave）

驻波是波的干涉现象的特例。两个振幅相同的相干波在同一直线上沿相反方向传播时叠加而形成的波，称为驻波。驻波看上去没有能量定向传播，但其内部不断进行着动能和势能的相互转换，并在波腹（Wave Loop）和波节（Wave Node）之间来回转移。

驻波中振幅最大处称为波腹，振幅为零处称为波节，相邻波腹或相邻波节之间的距离为波长的一半。在波的传播方向上，当介质厚度恰为 1/2 波长整数倍时，就会出现驻波现象。驻波现象是超声波共振测厚的物理基础，也是超声探头压电晶片厚度的设计依据。

5.2.1.2　惠更斯原理与衍射

A　惠更斯原理（Huygens Principle）

波动是振动状态的传播，如果介质是连续的，那么介质中任何质点的振动都将引起邻近质点的振动，邻近质点的振动又会引起更远处质点的振动，因此波动中任何质点都可以看作是新的波源（点波源、球面波）。经过观察和分析，荷兰物理学家（Christian Huygens）提出了著名的惠更斯原理：介质中波动传播到的各点都可以看作是发射子波的波源，其后任意时刻这些球面子波的包迹就决定了新的波面（波前）。

惠更斯原理与波的叠加原理相结合（惠更斯-菲涅尔原理），便可以计算特定声场的声压分布以及遇到障碍物后的变化情况。

B　波的衍射（Diffraction of Wave）

波的衍射也是波动的特有现象。波在传播过程中遇到与波长相当的障碍物时，能绕过障碍物的边缘，改变方向继续传播的现象，称为波的衍射（绕射）。波的衍射与障碍物的尺寸和与波长的相对大小有关。当障碍物的尺寸小于波长时，衍射效果显著。

衍射可以解释许多现象，例如探头发出声束的指向性、受波长限制的缺陷检测灵敏度等，利用衍射时差法（TOFD）可以确定裂纹的高度和深度。

波的衍射对探伤既有利又不利。由于波的衍射使超声波绕过晶粒顺利在介质中传播，对检测是有利的。但也因为波的绕射，使一些小缺陷回波显著下降，以致造成漏检，这对探伤是不利的。超声波检测的灵敏度约为波长的一半。

5.2.1.3　超声的传播特性

平面波在均匀连续且各向同性的弹性介质中是沿直线传播的。在传播过程中，如果遇到一个障碍物（声阻抗不同），就可能产生若干现象，这些现象与障碍物的大小有关。

当障碍物为在声场范围之内的有限尺寸时，声波的传播不完全符合直线传播的规律，可以分为以下四种情形：

（1）如果障碍物为有限尺寸但比波长大得多，且障碍物的声阻抗与周围介质差异很大，则入射声波大部分被反射，而障碍物边缘的声波产生衍射现象，从而在障碍物后面形成一个声影区。此情形对应超声检测有效探伤的情况。

（2）如果障碍物的尺寸与超声波的波长近似，超声波将不能按几何规律被反射，而将发生不规则的反射和衍射。此情形对应超声检测灵敏度达到极限的情况。

（3）如果障碍物的尺寸小于超声波的波长，则波到达障碍物后的现象，类似于以障碍物为点状声源向四周发射声波。

（4）如果障碍物的尺寸比超声波的波长小很多（例如金属中的细小晶粒），则他们对超声波的传播方向几乎没有影响。

入射平面波遇到两种不同介质的宽大界面时，一部分声波会在界面反射回到第一种介质中，另一部分声波则会透过界面进入第二种介质，同时，声束方向会发生改变（垂直透射例外）。如果界面尺寸大于声场截面，则可以按几何声学分析其规律，包括平界面和曲界面两种情况。

5.2.2　超声传播的界面行为

超声波的基本波面形状有球面波（点源）、柱面波（线源）、平面波（面源）。为了简化问题，以连续平面波为代表，利用其直线传播的性质，与几何光学原理类比（可称为几何声学，光线对应声线），讨论超声波在平界面和曲界面上的反射与折射等问题。

5.2.2.1　超声波在平界面上的反射与折射

超声波在遇到宽大界面（大于声场截面）时，重点是超声波入射到平滑宽大异质界面上的反射波和折射波的传播方向，以及超声波在平界面两侧的声强和声压。

当声波从一种介质（$Z_1 = \rho_1 C_1$）传播到另一种介质（$Z_2 = \rho_2 C_2$）时，在两种介质的分界面上，一般来说，会发生传播方向改变、波型转换和能量再分配。

A　垂直入射

在声阻抗分别为 Z_1、Z_2 的两种介质界面上，当超声波垂直入射到两种介质的界面时，一部分超声波从界面垂直反射回来，其路径与入射波相同，传播方向相反；其余部分透入第二种介质，传播方向和波型均与入射波相同。

定义：声强反射率 R 为界面上的反射声强 I_r 与入射声强 I_i 之比；声强透射率 T 为界面上的透射声强 I_t 与入射声强 I_i 之比。声压反射率 r 为界面上的反射声压 P_r 与入射声压 P_i 之比；声压透射率 t 为界面上的透射声压 P_t 与入射声压 P_i 之比。

声强反射率：

$$R = \frac{I_r}{I_i} = \left(\frac{Z_2 - Z_1}{Z_2 + Z_1} \right)^2 \tag{5-1}$$

声强透射率：

$$T = \frac{I_t}{I_i} = \frac{4 Z_2 Z_1}{(Z_2 + Z_1)^2} \tag{5-2}$$

界面两侧能量守恒：$I_i + I_r = I_t$，即 $T + R = 1$

由声压与声强的关系式 $I = P^2 / 2\rho C$，可知 $R = r^2$，因此声压反射率：

$$r = \frac{P_r}{P_i} = \frac{Z_2 - Z_1}{Z_2 + Z_1} \tag{5-3}$$

界面两侧压力平衡：$P_i + P_r = P_t$，即 $1 + r = t$，因此声压透射率：

$$t = \frac{P_t}{P_i} = \frac{2 Z_2}{Z_2 + Z_1} \tag{5-4}$$

B　倾斜入射

当超声波倾斜入射到声阻抗不同的平界面时，在第一、第二介质中除了产生与入射波同类型的反射波和折射波以外，还会产生与入射波不同类型的反射波和折射波，这种现象称为波型转换（Mode Conversion）。因为液体和气体不能传播横波，所以波型转换只能在固体中产生。波型转换以及临界角是横波探头、表面波探头的设计基础。

当纵波倾斜入射到异质界面时，反射波和折射波的传播方向由反射定律、折射定律（即斯涅尔定律，Snell Law）来确定，即：

$$\frac{\sin\alpha}{C_{L1}} = \frac{\sin\beta_1}{C_{L2}} = \frac{\sin\beta_2}{C_{S2}} = \frac{\sin\alpha_1}{C_{L1}} = \frac{\sin\alpha_2}{C_{S1}} \tag{5-5}$$

一束纵波以 α 角度倾斜入射到固-固界面上，因波型转换，在反射波和折射波中既有纵波，又有横波。由于在同一种介质中 $C_L > C_S$，所以 $\alpha_1 > \alpha_2$，$\beta_1 > \beta_2$。

设 $C_{L1} < C_{S2} < C_{L2}$，例有机玻璃 $C_{L1} = 2700$ m/s，钢横波 $C_{S2} = 3230$ m/s，钢纵波 $C_{L2} = 5950$ m/s。逐渐增大入射角，纵波折射角首先到达 $90°$，这是第一个临界态。继续增大入射角，横波折射角随后到达 $90°$，这是第二个临界态。这两种情况对应的纵波入射角称为第 I 临界角、第 II 临界角（Critical Angle），见图5-1。

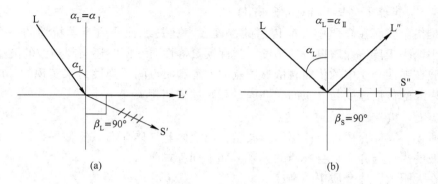

图5-1 第 I 临界角(a)和第 II 临界角(b)

第 I 临界角 α_I：使 L_2 发生全反射的纵波入射角（$C_{L1} < C_{L2}$）。因为 $\beta_1 = 90°$

所以

$$\frac{\sin\alpha_I}{\sin90°} = \frac{C_{L1}}{C_{L2}}, \quad 即 \ \alpha_I = \arcsin\frac{C_{L1}}{C_{L2}} \tag{5-6}$$

式中，C_{L1} 为第1介质的纵波声速；C_{L2} 为第2介质的纵波声速。

纵波发生全反射后，固体介质2中只存在横波 S_2，这是横波斜探头的设计依据。

第 II 临界角 α_{II}：使 S_2 发生全反射的纵波入射角（$C_{L1} < C_{S2}$）。因为 $\beta_2 = 90°$

所以

$$\frac{\sin\alpha_{II}}{\sin90°} = \frac{C_{L1}}{C_{S2}}, \quad 即 \ \alpha_{II} = \arcsin\frac{C_{L1}}{C_{S2}} \tag{5-7}$$

因此，利用斜探头对工件进行探测时，为了使工件中只有横波，斜探头的入射角应在第 I 临界角和第 II 临界角之间，即 $\alpha_I < \alpha < \alpha_{II}$。

5.2.2.2 超声波在曲界面上的反射与折射

当超声波入射到球面或圆柱面上时，与光入射到曲面上的情况相似，也会发生聚焦和发散等现象。而且，由于超声波在界面上会发生波型转换，情况更复杂。为了简化问题，可暂不考虑波型转换。超声波遇到曲面的聚散情况与入射波形、曲面凹凸、曲面两侧介质声速比等因素有关。

常见的超声波在曲面上的反射有：（1）平面波入射——凹面、凸面；（2）球面波入射——凹面、凸面；共4种情形。超声波在曲面上的折射有：（1）平面波入射——凹12、凹21、凸12、凸21；（2）球面波入射——凹12、凹21、凸12、凸21（数字表示界面两侧介质声速大小，1小2大）；共8种情形。

超声波在曲面上的反射是多种人工反射体回波声压计算的理论基础。超声波在曲面上的折射规律可用于声透镜的设计，计算透镜的曲率半径和声束焦距等参数。

5.2.3 介质的声学参数

介质的声学参数有声速、声阻抗（特性阻抗）、衰减系数等，它们关系到声的传播和衰减特性，还反映材料的组织、结构和性能，是超声检测的重要基础。

5.2.3.1 声速 C（Velocity of Sound）

声速是指声波面在介质中向前传播的速度。声速是表征介质声学特性的一个重要参数，其大小取决于传声介质自身的密度、弹性模量等性质，同时还与超声波的波型有关。

超声波在弹性介质中的传播时依靠质点的振动和质点间的弹性力来实现的，因此可以预知，超声波的传播速度与介质的弹性模量和密度密切相关。

A 纵波、横波和表面波声速

如前所述，固体介质可以传播多种波型，而液体和气体介质只能传播纵波。纵波、横波和表面波的声速与介质自身性质的关系，如下列各式所示：

纵波在无限大固体介质中的声速：

$$C_L = \sqrt{\frac{E}{\rho}} \sqrt{\frac{1-\sigma}{(1+\sigma)(1-2\sigma)}} \tag{5-8}$$

纵波在液体和气体介质中的声速：

$$C_L = \sqrt{\frac{B}{\rho}} \tag{5-9}$$

横波在无限大固体介质中的声速：

$$C_S = \sqrt{\frac{G}{\rho}} = \sqrt{\frac{E}{\rho}} \sqrt{\frac{1}{2(1+\sigma)}} \tag{5-10}$$

表面波在半无限大固体表面的声速：

$$C_R = \frac{0.87 + 1.12\sigma}{1+\sigma} \sqrt{\frac{G}{\rho}} \tag{5-11}$$

式中，E 为介质的杨氏弹性模量（正应力/应变）；B 为液体和气体的体积弹性模量；G 为介质的切变弹性模量；ρ 为相应介质的密度；σ 为介质的泊松比（横向应变/纵向应变）。

由上述各式可以看出：（1）不同的介质，声速不同；介质的弹性越强、密度越小，则声速越大；（2）在同一种固体介质中，纵波、横波和表面波的声速各不相同。容易估算，同种介质的纵波声速大于横波声速，横波声速又大于表面波声速，即 $C_L > C_S > C_R$。

B 板波的声速

板波是在板厚与波长相当的薄板中产生的波。只有在板厚、频率和声速之间满足一定关系时才能产生板波。板波在传播时受到上下板面的影响，使得质点振动较为复杂。板波的声速不仅与波型、介质的性质有关，还与板厚、频率等有关。

板波声速有相速度和群速度之分。相速度（Phase Velocity）是指单一频率的声波在介质中的传播速度。群速度（Group Velocity）是指多个频率相差不多的声波在同一介质中的传播时，互相合成后的包络线（波包）的传播速度。

对于确定的介质，板波的相速度 C_P 是板厚和频率乘积 $f \cdot d$ 的函数，即板波相速度取决于 d/λ_P。板波相速度随频率而变化的现象称为频散特性（Dispersion）。

实际应用中，若是频率单一的连续波，那么板波声速就是相速度；若是含有多种频率成分的脉冲波，那么板波声速就是群速度。常把脉冲波中振幅最大的频率及其附近频率成分的群速度作为脉冲波的群速度，并且将板波的两种速度制成图线，便于使用。

兰姆波是板材探伤中常用的导波，是由纵波和横波相对板面倾斜入射时，在板上下表面之间反射并经波型转换后合成的。

5.2.3.2　声阻抗 Z（Acoustic Impedance）

物理学或声学中的声阻抗是个复数，而特性阻抗是声阻抗的实数部分。对于在无吸收介质传播的平面波，二者是相等的。多数无损检测教材和文献习惯称之为声阻抗。

在描述声压时，我们得到关系式 $p=\rho Cv$。可知，对于同样的声压 p，ρC 越大，质点的振动速度 v 越小；反之，ρC 越小，质点的振动速度越大，即 ρC 是阻碍质点振动的一个介质特性。因此，声阻抗 Z 定义为声场中某点的声压 p 与该点的振动速度 v 之比，即：

$$Z = p/v = \rho C \tag{5-12}$$

式中，ρ 为介质密度，kg/m^3；C 为介质声速，m/s。声阻抗的单位是 $kg/(m^2 \cdot s)$ 或 $g/(cm^2 \cdot s)$。

显然，不同的介质声阻抗不同，它反映了介质的声学特性，是介质固有的一个常量。由于声阻抗是密度和声速之积，不同物态介质的声阻抗差别极大。液体的声阻抗约为气体的 3000 倍；固体的声阻抗约为液体的 30 倍。水的（纵波）声速约为 1500 m/s，有机玻璃纵波声速约为 2700 m/s，钢纵波声速约为 5900 m/s，横波声速约为 3200 m/s。

超声波传播到异质界面时，反射或折射的方向取决于两侧介质的声速，反射和透射的能量分配情况取决于两侧介质的声阻抗。超声波探伤也是依据缺陷区域和周围介质声阻抗的差别，没有这个差别，就没有反射的声波信号。

5.2.3.3　衰减系数 α（Attenuation Coefficient）

超声波在介质中传播时，随着距离的增加，能量逐渐减弱，称为超声波衰减（Attenuation）。引起超声衰减的原因主要有三方面：（1）声束扩散（球面波、柱面波），取决于波形；（2）晶粒散射（或颗粒散射），以固体为主；（3）介质吸收（内摩擦），以液体为主。

超声传播单位距离时由于介质特性引起的能量减少的分贝数，定义为介质的衰减系数，常用单位 dB/mm。衰减系数与材料性能、超声波长和波型有关。

注意：这里的衰减系数对应的是由于材质特性（散射和吸收）引起的衰减，不包括几何因素（波形扩散）带来的衰减。能量的度量可以用声强或声压，而声压更常用。

对于金属材料，介质衰减系数 α 等于散射衰减系数 α_s 与吸收衰减系数 α_a 之和。其中，吸收 $\alpha_a = c_1 f$；散射 $\alpha_s = c_2 Fd^3 f^4$（$d \ll \lambda$ 时）；散射 $\alpha_s = c_3 Fdf^2$（$d \approx \lambda$ 时）。c_1、c_2、c_3 为常系数；f 为声波频率；d 为晶粒直径；F 为各向异性系数。

由此可知：（1）介质的吸收衰减系数与超声波频率成正比；（2）介质的散射衰减系数与 f、d、F 有关，受频率 f 影响很大。因此，若材料的晶粒较大，或者探伤频率过高，就会引起严重的衰减。

5.3　微波传播与电磁参数

5.3.1　微波的传播特性

微波是指波段范围介于红外线与无线电波之间的电磁波，频率范围 300 MHz ~ 300 GHz，波长范围 1 m ~ 1 mm，是分米波、厘米波、毫米波的统称。

微波的主要物理特性有似光性和近声性。当波长远小于反射体时，微波和几何光学特性相似，即具有反射、折射和衍射及行程可逆等特性。当波长与反射体具有相同数量级时，微波又近似声学特性。微波能穿透非金属介电材料，而在金属材料表面产生反射。

在自由空间，微波以横的形式传播，微波的电场矢量和磁场矢量都与传播方向垂直，传播速度为光速 $C = 2.998 \times 10^8$ m/s。微波在介质中的波长和速度会受到材料电磁特性（介电常数 ε、电导率 σ、磁导率 μ）的影响。微波传播特性如表 5-1 所示。

表 5-1　微波的传播特性

性质	主要特征	公式	符号说明
直线传播	在均匀、各向同性、线性介质内传播的微波均为横波，电场和磁场矢量均垂直于传播方向	$\boldsymbol{E} = E_0 e^{j(\omega t - kx)}$ $\boldsymbol{H} = H_0 e^{j(\omega t - kx)}$ $k = \alpha + j\beta$	k——传播常数，m^{-1} α——衰减常数，dB/m β——相位常数，rad/m
波阻抗	电场强度矢量 $\boldsymbol{E}$ 和磁场强度矢量 $\boldsymbol{H}$ 之比等于介质的波阻抗，表示电场和磁场的相互关系，自由空间波阻抗 $Z_0 = 120\pi\,\Omega$	$Z = \dfrac{\boldsymbol{E}}{\boldsymbol{H}} = \sqrt{\dfrac{\mu}{\varepsilon}}$	μ——磁导率 ε——介电常数
传播速度	微波传播速度（相速度）决定于介质磁导率和介电常数，在真空中等于光速	$v = f\lambda = \dfrac{C}{\sqrt{\mu_{\mathrm{r}}\varepsilon_{\mathrm{r}}}}$	μ_{r}——相对磁导率 ε_{r}——相对介电常数

对于良绝缘体，若材料的电导率很小，微波的衰减常数和相位常数近似为：

$$\alpha \approx \frac{\sigma}{2}\sqrt{\frac{\mu}{\varepsilon}}, \; \beta \approx \omega\sqrt{\mu\varepsilon} \tag{5-13}$$

微波入射至良绝缘体内部，其传播速度为：

$$v = \frac{C}{\sqrt{\mu_{\mathrm{r}}\varepsilon_{\mathrm{r}}}} \tag{5-14}$$

可见，微波在良绝缘体中的速度为常数，与磁导率和介电常数有关，与频率无关。

对于良导体，若材料的电导率较大，微波的衰减常数和相位常数近似为：

$$\alpha = \beta \approx \sqrt{\frac{\omega\sigma\mu}{2}} \tag{5-15}$$

由于良导体的电导率很高，微波入射良导体后衰减严重，这种现象称为趋肤效应。

微波在导电材料中的相速度随频率而变化，可表示为：

$$v = \sqrt{\frac{2\omega}{\mu\sigma}}$$

(5-16)

可见，微波在导体中的相速度远小于真空中的光速，相应的波长也比真空中短。

此外，微波在介质界面还会产生反射、折射和散射现象，在介质中也会发生吸收和色散现象。如果被测介质的厚度在几个波长之内，界面的反射常会形成驻波。

5.3.2 介质的电磁参数

介质的电磁特性是用介电常数 ε，磁导率 μ 和电导率 σ 来描述的。介质在宏观上呈现中性但微观上又是带电体系，通过带电粒子与电磁场的相互作用表现出其特性。在静电场中，用 $D = \varepsilon E$ 表示介质对电场影响的定量关系，而 ε 反映的就是介质的极化特性。

时变电磁场作用介质发生极化、磁化和传导过程，是介质中自由电荷和束缚电荷对外场响应的结果。在微波作用下，粒子的运动速度跟不上电磁场的变化，产生滞后效应，这时 ε、μ、σ 不再是常量，而是与频率有关的函数。但是，粒子滞后效应只对介电常数影响较大，一般非铁磁性材料的磁导率仍是实数。

复介电常数可表示为：

$$\widetilde{\varepsilon} = \varepsilon' - j\varepsilon'' = \varepsilon' - j\frac{\sigma}{\omega}$$

(5-17)

相对复介电常数：

$$\widetilde{\varepsilon}_r = \frac{\widetilde{\varepsilon}}{\varepsilon_0} = \varepsilon'_r - j\varepsilon''_r = \varepsilon_r - j\frac{\sigma}{\omega\varepsilon_0}$$

(5-18)

损耗角正切：

$$\tan\delta = \varepsilon''/\varepsilon'$$

(5-19)

式中，ε_0 为自由空间介电常数；ε' 为电磁场形式储存的势能；ε'' 为以热能形式的损耗。

微波在材料内部由于极化以热能形式损耗，这个能量的损失用损耗角正切描述，表示材料在每个周期中热功率损耗（对应 ε''）与存储功率（对应 ε'）之比。

材料复介电常数的变化会引起微波强度、频率、相位角的变化，检测微波的这些变化就可以得知材料的连续性、湿度、厚度等信息。

5.3.3 微波与超声技术比较

微波与超声的检测技术有很多共同点，例如两者的波形都用单频和脉冲形式，表面和不连续都用反射波探测，材料性质和厚度用时间和衰减测量。微波和超声在同种材料传播时，衰减常数都随频率的提高而增加。微波和超声的特性比较列于表5-2中。

表 5-2 微波与超声波特性比较

参数	微波	超声波	符号说明
波长	$\lambda = \dfrac{v}{f}$	$\lambda = \dfrac{v}{f}$	λ—波长；v—速度；f—频率

参数	微波	超声波	符号说明
传播速度	$v = \dfrac{c}{n}$	$v = \sqrt{E/\rho}$	v—速度；c—真空光速；n—折射率；E—弹性模量；ρ—密度
折射角	$\dfrac{\sin\theta_1}{\sin\theta_2} = \dfrac{v_1}{v_2} = \dfrac{n_2}{n_1}$	$\dfrac{\sin\theta_1}{\sin\theta_2} = \dfrac{v_1}{v_2}$	θ—折射角；v—速度；n—折射率
垂直入射反射系数	$R = \dfrac{n_2 - n_1}{n_2 + n_1}$	$R = \dfrac{Z_2 - Z_1}{Z_2 + Z_1}$	R—反射系数；Z—声阻抗
垂直入射透射系数	$T = \dfrac{2n_2}{n_2 + n_1}$	$T = \dfrac{2Z_2}{Z_2 + Z_1}$	T—透射系数；n—折射率
衰减规律	$A = A_0 10^{-\alpha x/20}$	$A = A_0 10^{-\alpha x/20}$	A—有衰减时幅度；A_0—无衰减时幅度；α—吸收系数；x—穿透距离

微波和超声的分辨力和灵敏度都与波长有关，较短的波长具有较高的分辨力和灵敏度。在高灵敏度的检测中，二者都采用毫米波，但微波的频率比超声的频率高很多。

微波不能穿透金属等高导电材料，微波检测不需要耦合剂。微波从空气进入介电材料的反射系数比超声低得多，通常只有 25%~50%。微波可以穿透空气间隙与更深的表面或不连续相互作用。

5.4 导电试件中的涡流

5.4.1 平面导体中的涡流

5.4.1.1 趋肤效应与渗透深度

图 5-2 为半无限大平面导体（厚金属板），金属的电导率和磁导率分别为 σ 和 μ。设金属板外空间中有幅值为 H_0、频率为 f 的交变磁场 $H_z = H_0\sin(\omega t)$。则金属板内磁场强度的分布：

$$H_z = H_0 e^{-\sqrt{\pi f \sigma \mu}\, x} \sin(\omega t - \sqrt{\pi f \sigma \mu}\, x) \tag{5-20}$$

式中，$H_0 e^{-\sqrt{\pi f \sigma \mu}\, x}$ 为磁场强度的幅值；$-\sqrt{\pi f \sigma \mu}\, x$ 为磁场的初相位。由上式可知，金属中磁场的幅度随深度 x 的增加呈指数衰减，磁场衰减的快慢由因子 $\sqrt{\pi f \sigma \mu}$ 决定；同时，磁场的相位随深度 x 的增加而滞后，相位滞后的快慢由相同的因子 $\sqrt{\pi f \sigma \mu}$ 决定。

涡流是由磁场感应产生的，既然金属内的磁场呈衰减分布，可以猜想，涡流的分布也不会均匀。金属中涡流密度的分布是：

$$J_z = J_0 e^{-\sqrt{\pi f \sigma \mu}\, x} \sin(\omega t - \sqrt{\pi f \sigma \mu}\, x) \tag{5-21}$$

式中，J_0 为金属表面处的涡流密度。比较式（5-20）和式（5-21），两者具有相同的形式。

即，涡流密度的幅度 $J_0 e^{-\sqrt{\pi f \sigma \mu} x}$ 随着深度 x 的增加而衰减；涡流密度的相位 $-\sqrt{\pi f \sigma \mu} x$ 随着深度 x 的增加而滞后。

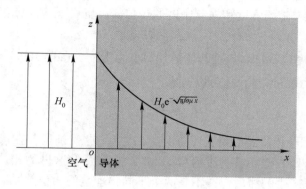

图 5-2　平面导体中的趋肤效应

综合式（5-20）和式（5-21），金属内的磁场强度和涡流密度均呈指数衰减，衰减的快慢取决于金属的电磁特性（σ、μ）及交变磁场的频率（f）。涡流的这种趋向于导体表面的现象，称为趋肤效应（Skin Effect）。

为了说明趋肤效应的强弱，规定磁场强度或涡流密度的幅度降至表面值的 $1/e$（约 36.7%）处的深度为渗透深度（Depth of Penetration），用字母 δ 表示。观察式（5-20）和式（5-21），令 $\sqrt{\pi f \sigma \mu} x = 1$，则：

$$x = \delta = \frac{1}{\sqrt{\pi f \sigma \mu}} \tag{5-22}$$

式中，σ 为电导率，$1/(\Omega \cdot m)$；μ 为磁导率，H/m；f 为频率，Hz。利用式（5-22）计算出的渗透深度的单位为米（m）。而工程上经常采用的渗透深度公式是：

$$\delta = \frac{50.33}{\sqrt{\mu_r \sigma f}} \tag{5-23}$$

式（5-23）是在式（5-22）中考虑到 $\mu = \mu_r \mu_0$ 和 $\mu_0 = 4\pi \times 10^{-7}$ H/m，并经过相应的单位换算得到的。在式（5-23）中，σ 的单位取 $1/(\mu\Omega \cdot cm)$；f 的单位取赫兹（Hz）。利用式（5-23）计算出的渗透深度单位是毫米（mm）。

可见，渗透深度是一个理论定义的、描述磁场和涡流的趋肤效应强弱的特征参量，材料的电导率、磁导率或磁场的激励频率高，则渗透深度小，趋肤效应强。

渗透深度又名透入深度、集肤深度、标准趋肤深度等。其中标准趋肤深度一词更贴近它的定义（含义），但各种文献使用较多的是渗透深度。

注意，渗透深度不等于探测深度，但是二者密切相关。由于 $1/e = 37.5\%$，$1/e^2 = 13.5\%$，$1/e^3 = 4.98\%$，$1/e^4 = 1.83\%$，可认为探测深度等于 $2 \sim 3$ 倍的渗透深度。关于这个倍率，大致有三种说法（2倍、2.6倍、3倍），应该和探头、仪器性能相关。

涡流探伤中，缺陷检出灵敏度与缺陷处涡流密度有关。金属表面的涡流密度最大，具有较高的检出灵敏度；表面以下超过3倍的渗透深度，涡流密度很小，检出灵敏度很低。

5.4.1.2　相位滞后及其应用

相位滞后是描述金属内磁场和涡流的另一个重要物理量。由式（5-22）或式（5-23），在金属内距表面 x 处，磁场强度和涡流密度的相位滞后量由下式计算：

$$\theta = -\sqrt{\pi f \sigma \mu}\, x \tag{5-24}$$

式中，θ 的单位是弧度（rad）。弧度与度的换算关系是：1 rad = 180°/π。因为有渗透深度 $\delta = 1/\sqrt{\pi f \sigma \mu}$，所以式（5-24）还可以写成：

$$\theta = -\frac{x}{\delta} \tag{5-25}$$

例如，当 $x = \delta$ 时，相位滞后量为 1 rad 或 57.3°。也就是说，在渗透深度处的磁场或涡流的相位，比表面处的磁场或涡流落后了 57.3°。注意，这里的相位滞后是同一个物理量随着深度的增加而产生的滞后，并不是两个不同物理量的相位关系。

相位滞后在涡流检测中具有重要作用。涡流探伤时，不同深度位置的缺陷涡流信号存在着相位滞后，根据信号相位与缺陷位置之间的对应关系，可以对缺陷的位置进行判定。另外，裂纹的开口深度、缺陷的种类等与涡流信号大小和相位也存在对应关系，同样可以利用这种关系做出分析判定。

5.4.2　圆柱导体中的涡流

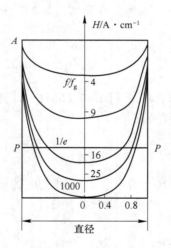

图 5-3　金属圆棒中磁场强度的分布

当一金属圆棒位于频率为 f 的均匀交变外磁场 H_0 中时，圆棒中磁场强度的分布用曲线如图 5-3 所示。图中曲线是以表面处的磁场强度作为基准，并取 f/f_g（频率比）作为变量画出的。对于金属棒材 $f/f_g = 2\pi f \mu \sigma r^2$，式中 σ 和 μ 分别为材料的电导率和磁导率，r 为棒材的半径，f 为交变磁场的频率。

从图 5-3 可知，金属棒材中磁场的分布不是均匀的，棒材表面的磁场强度大于其中心磁场强度，而且其数值随 f/f_g 的变化而改变，f/f_g 越大（即金属的 σ 和 μ 越大、磁场的频率 f 越高），磁场的趋肤效应越明显。在棒材中心的磁场强度并非为零。

图中直线 PP 截取了表面磁场数值的 $1/e$，利用它与各条 f/f_g 曲线的交点，可以在横坐标轴上读出相应的渗透深度的大小，其数值是以棒材半径的百分数表示的。

金属圆棒材中涡流密度的分布情况如图 5-4 所示。从图中可以看到，棒材中涡流密度的分布存在着明显的趋肤现象。与图 5-3 相比，圆棒中心处的涡流密度总是为零。因此，棒材中心线上的缺陷不能通过涡流检测的方法被发现。图 5-3 和图 5-4 涡流密度和磁场强度的关系是 $J_\varphi = -\partial H_z/\partial r$。

在金属板中，磁场和涡流的分布除了有幅度随深度的衰减外，还有相位随深度增加出现的滞后现象。同样，处于交变磁场中的金属棒材，其中的磁场和涡流也存在着相位滞后。离棒材表面越远，相位滞后量就越大。

前面给出的渗透深度和相位滞后计算公式，即式（5-22）和式（5-24），适用于金属板的情况。在实际涡流检测中，试件的形状是多种多样的，但当试件的曲率半径和厚度较大且激励频率较高时，可近似地用这两个公式计算磁场和涡流的渗透深度和相位滞后。

5.4.3 感应电压和归一化阻抗

涡流检测过程可简单视为两个线圈电磁耦合的情形，建立各元件电压、电流和阻抗的关系式，引出视在阻抗和归一化阻抗的概念。之后，按照福斯特的等效模型，可得出检测线圈的归一化感应电压和归一化阻抗。下面以穿过式线圈检测金属圆棒为例进行说明。

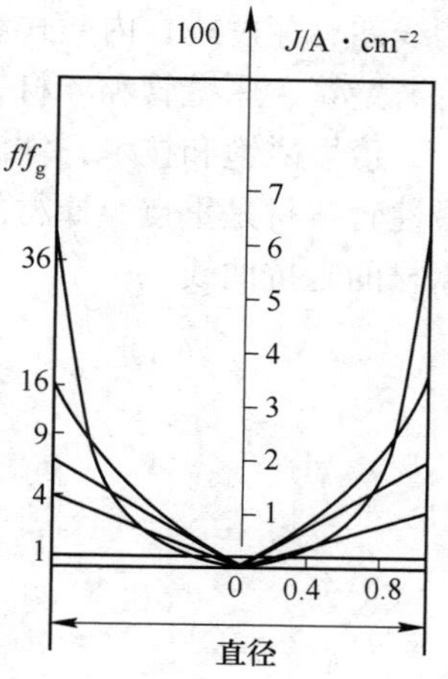

检测线圈包含激励绕组和测量绕组。激励绕组中通有频率为 f 的交流电，产生一个交变磁场 H。测量绕组位于激励绕组的内部，直径为 D，匝数为 N。金属圆棒的直径为 d，置于检测线圈之内，与检测线圈同轴。

图 5-4　金属圆棒中涡流密度的分布

5.4.3.1 检测线圈的感应电压

设穿过式线圈无金属圆棒（空心线圈）时的磁感应强度 $B = \mu_0 H_0 \sin\omega t$，则空心线圈的感应电压为：

$$U(t) = N\frac{\mathrm{d}\phi}{\mathrm{d}t} = N\omega\frac{\pi D^2}{4}\mu_0 H_0 \cos\omega t \tag{5-26}$$

检测线圈感应电压的幅值为：

$$U_0 = 2\pi f N\frac{\pi D^2}{4}\mu_0 H_0 \tag{5-27}$$

可见，空心线圈的感应电压正比于线圈参数（匝数、直径）、激励频率、激励磁场强度。

按照福斯特模型，线圈中加入导电试件后，感应电压 $U = U_0(1 - \eta + \eta\mu_r\mu_{\mathrm{eff}})$，其中，$\eta = (d/D)^2$ 为填充系数，$\mu_{\mathrm{eff}} = F(f/f_g)$ 为有效磁导率。

为了消除空心线圈感应电压的影响，将感应电压 U 进行归一化处理，得到归一化电压和归一化阻抗：

$$\frac{U}{U_0} = \frac{Z}{Z_0} = 1 - \eta + \eta\mu_r\mu_{\mathrm{eff}} \tag{5-28}$$

因此，线圈感应电压的变化可归结为线圈阻抗（视在阻抗，下同）的变化，进而形成了阻抗分析法，即研究各种因素对线圈阻抗（感应电压）的影响，反映在阻抗图上，即阻抗点的变化规律（方向，大小）。

5.4.3.2 归一化阻抗图

归一化阻抗图的横坐标是 $\Delta R/\omega L_0$，纵坐标是 $\omega L/\omega L_0$，二者都是因变量，而自变量是曲线的参变量 f/f_g，它包含 f、σ、μ、d 四种基本因素。

阻抗图的形状取决于检测线圈的种类和导电试件的几何特性、电磁特性。代表性的检测线圈有穿过式、内插式和探头式三种，其中穿过式和内插式检测原理相近。管棒类试件有薄壁管、厚壁管和棒材三种，磁性上又分铁磁性和非铁磁性两大类。

依靠磁饱和技术，铁磁性材料可近似看作非铁磁性材料。因此，穿过式线圈检测非铁磁性管棒材是重点，棒材的阻抗图是基础，薄壁管的阻抗图是特例。图 5-5 为非铁磁性管棒材的阻抗曲线。

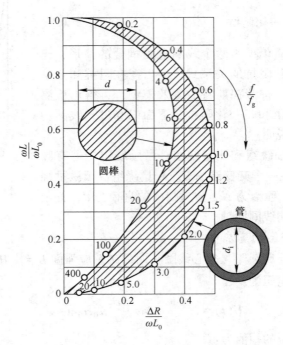

图 5-5   管棒材归一化阻抗图

如图 5-5 所示，最右边的直径等于 1 的半圆是薄壁管的阻抗曲线，最左边的收缩曲线是实心圆棒的阻抗曲线，而厚壁管的线圈阻抗曲线介于薄壁管半圆曲线与实心圆棒阻抗曲线之间。

涡流检测阻抗分析的意义（阻抗图的用途）如下：

（1）阻抗图反映了几个基本因素对线圈阻抗（感应电压）的影响规律，对涡流检测的条件选择和结果解释具有指导意义。

（2）通过改变激励频率，可以选择适当的阻抗点，使待测因素和干扰因素的阻抗变化方向差别较大，以利于相位鉴别。

5.5   铁磁材料的漏磁场

5.5.1   材料的磁特性

介质的磁特性是其在与外磁场的相互作用过程中表现出来的，抗磁性（金、银、铜、锌、硅等）、顺磁性（铝、钛、铂、铬等）和铁磁性（铁、钴、镍及其合金）就是介质磁特性的一种分类。本节只讨论铁磁性材料的磁特性及其影响因素。

5.5.1.1 铁磁性材料的磁特性

描述铁磁性材料磁特性的参量有（绝对）磁导率和相对磁导率（初始磁导率、最大磁导率）、矫顽力和剩余磁感应强度（剩磁）以及饱和磁感应强度等。这些特征参量可借助磁化曲线和磁滞回线进行说明。

磁化就是介质在外磁场作用下产生感应磁场的过程。磁化曲线是描述磁化过程中磁感应强度随外加磁场强度变化的关系曲线，也即 BH 曲线。

磁滞回线（Hysteresis Loop）是铁磁性介质在外加磁场的磁化→消磁→反向磁化→反向消磁的循环中，所形成的封闭 BH 关系曲线。

图 5-6 为铁磁性材料的磁感应强度 B 和相对磁导率 μ_r 随外加磁场强度 H 的变化曲线。图 5-7 为磁化曲线和磁滞回线。其中沿 $Oabm$ 变化的 BH 曲线是介质的初始磁化曲线。

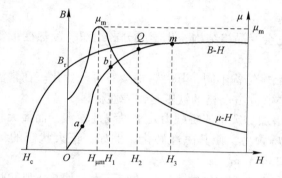

图 5-6　磁特性曲线（B-H，μ-H）

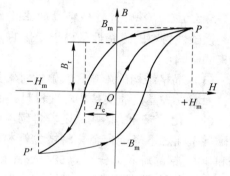

图 5-7　磁滞回线

磁滞回线表明磁感应强度的变化总是滞后于外加磁场的变化，介质在磁化→消磁→磁化的过程中有能量的损耗，磁滞回线包围的面积表征了一个循环过程的能量损耗，乘积 BH 为磁能积。图 5-6 和图 5-7 中的各磁特性参量特点为：

（1）饱和磁感应强度 B_m。外加磁场强度 H 足够大，磁感应强度 B 随 H 的变化曲线接近水平，与此对应的磁感应强度即为饱和磁感应强度 B_m。

（2）剩余磁感应强度 B_r。铁磁性材料被强烈磁化以后，将外加磁场强度降为零时，所留下的磁感应强度称为剩余磁感应强度，简称为剩磁 B_r。

（3）最大相对磁导率 μ_m。初始磁化曲线的变化速率对应磁导率大小（$\mu = B/H$），随着磁场强度增大，材料的相对磁导率经历一个从小到大，到最大值（μ_m），再减小，到最后趋近于 1 的过程。

（4）矫顽力 H_c。为消除剩磁（使 $B_r=0$），所需施加的反向磁场强度，称为矫顽力 H_c。

根据矫顽力的大小，将磁性材料分为软磁性材料（$H_c < 10^2$ A/m）、硬磁性材料（$H_c > 10^4$ A/m）和半硬磁性材料。几种铁磁材料的磁特性如表 5-3 所示。

表 5-3　几种铁磁材料的磁特性

磁性材料	成分/状态	μ_m（相对值）	B_m/T	H_c/A·m^{-1}
工业纯铁	99.9% Fe	5000	2.15	100

磁性材料	成分/状态	μ_m（相对值）	B_m/T	H_c/A·m^{-1}
硅钢	96% Fe，4% Si	700	1.97	50
坡莫合金	78% Fe，22% Ni	100000	1.07	5
结构钢 30	材料供应状态	964	0.95	536
	880 ℃油淬，400 ℃回火	512	1.13	992
工具钢 T10A	退火	775	1.25	704
	780 ℃水淬，210 ℃回火	180	0.82	2336

5.5.1.2　影响材料磁特性的主要因素

铁磁性材料的磁特性是易于变化的，它会受晶格结构、化学成分、组织、冷热变形等因素的影响：

（1）晶格结构的影响。铁磁性材料的晶格结构不同，其磁特性会有显著变化。在常温下，面心立方晶格的铁是非磁性材料，而体心立方晶格的铁则是铁磁性材料。

（2）化学成分的影响。随着含碳量的增加，碳钢的矫顽力几乎呈线性增大，而最大相对磁导率随之下降。合金化将增大钢材的矫顽力，使其磁性硬化。例如，正火状态的 40 钢和 40Cr 钢的矫顽力分别为 584 A/m 和 1256 A/m。

（3）热处理的影响。一般而言，退火和正火使钢材的磁特性改变不大，而淬火则可以提高钢材的矫顽力。随着淬火以后回火温度的提高，矫顽力又有所降低。

（4）冷变形的影响。钢材的矫顽力和剩磁将随压缩变形率的增加而增加。铁磁性材料因冷加工、淬火处理、掺入微量元素等引起晶格变化，会阻碍磁畴壁的移动而使磁导率下降。

（5）晶粒大小的影响。晶粒越粗，钢材的磁导率越大，矫顽力越小。

5.5.2　漏磁场的形成

5.5.2.1　磁感线的折射

在磁路中，从一种磁介质通向另一种磁介质时，两种磁介质的磁导率不同，那么，这两种磁介质中磁通密度将发生变化，即磁感线将在两种介质的分界面处发生突变，形成所谓折射现象。这种折射现象与光波或声波的传播现象相似，并且遵从折射定律：

$$\frac{\tan\alpha_1}{\tan\alpha_2} = \frac{\mu_1}{\mu_2} = \frac{\mu_{r1}}{\mu_{r2}} \tag{5-29}$$

式中，α_1 为入射角；α_2 为折射角；μ_1 为第 1 种介质的磁导率；μ_2 为第 2 种介质的磁导率。

折射定律表明，在两种磁介质的分界面处磁场将发生改变，磁感线不再沿着原来的路径行进而发生折射，折射的倾角与两种介质的磁导率有关。当磁感线由磁导率较大的介质通过分界面进入磁导率较小的介质时，磁感线将折向法线，而且变得稀疏。以磁感线由钢铁进入空气或由空气进入钢铁为例，在空气和钢铁的分界面处，磁感线几乎是与界面垂直的。这是由于钢铁和空气的磁导率相差 $10^2 \sim 10^3$ 的数量级的缘故。

5.5.2.2　漏磁场的成因

在磁路中，如果出现两种以上磁导率差异很大的介质时，在两者的分界面上，由于磁感线的折射，将产生磁极，形成漏磁场（Leakage Field）。这里所谓的漏磁场，就是在铁磁性材料不连续处或磁路的截面变化处形成磁极，磁感线逸出工件表面所形成的磁场。

磁铁上有空气隙存在，则气隙两端将产生磁极而形成漏磁场。在相同磁场情况下，若空气隙增宽，磁阻将增大而磁力降低。试件中表层的缺陷也会引起的漏磁场，缺陷导致的不连续性会影响了材料的使用性能，是我们关注的重点。

观察铁磁性材料的磁特性曲线（图5-6）可知，随着磁场强度的增加，材料的磁导率越来越大（左侧），这个阶段缺陷附近的磁感线大部分从裂纹下方通过，不易产生漏磁场。磁场强度增加到一定程度，磁导率开始下降（右侧），这个阶段缺陷附近的磁感线从裂纹下方通过变得困难，漏磁场开始明显增强。

因此，形成一个具有一定强度的漏磁场需要两个条件：第一，材料的形状或磁导率或连续性（缺陷情况）不一致，使磁感线发生畸变，这是基础条件；第二，需要将材料磁化到近饱和状态，至少要过了磁导率曲线的峰顶，使磁感线逸出，这是强化条件。

5.5.3　漏磁场的影响因素

通过理论分析和实际测试，得知影响缺陷漏磁场的主要因素有：

（1）外加磁化场的影响。从钢材的磁化曲线中可知，外加磁场的大小和方向直接影响磁感应强度的变化。而缺陷的漏磁场大小与工件材料的磁化程度有关。一般说来，在材料未达到近饱和时，漏磁场是较低的。这时磁路中的磁导率一般都比较大，磁化不充分，磁感线多数向连续材料处"压缩"。而当材料接近磁饱和时，磁导率已呈下降趋势，此时漏磁场将迅速增加，如图5-8所示。

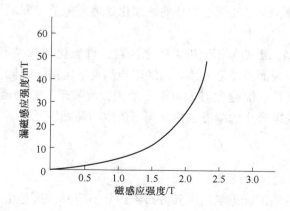

图5-8　漏磁场与钢材磁感应强度的关系

（2）工件材料磁性的影响。不同钢铁材料的磁特性是不同的。在同样磁化场条件下，它们的磁化结果各不相同，磁路中的磁阻也不一样。一般说来，磁导率大的材料容易产生漏磁场。

　　漏磁场强则对磁粉的吸引力大，磁粉受力和工件磁性的半定量关系为 $F \propto B^2\cos^2\theta$，即磁粉受力正比于工件表面的磁感应强度 B 的平方或磁导率 μ 的平方。

　　（3）缺陷位置及形状的影响。钢铁材料表面和近表面的缺陷都会产生漏磁场。同样的缺陷在不同的位置及不同形状的缺陷在相同磁化条件下的漏磁场是不同的。

　　表面缺陷产生的漏磁场较大，表面下的缺陷漏磁场较小。埋藏深度过深时，被弯曲的磁感线难以逸出表面，很难形成漏磁场。缺陷埋藏深度对漏磁场的影响见图 5-9。

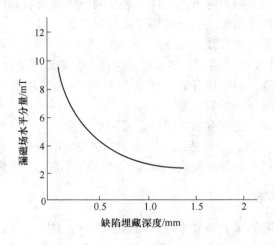

图 5-9　缺陷埋藏深度对漏磁场的影响

　　表面下的缺陷也是一样，气孔比横向裂纹产生的漏磁场小。球孔、柱孔、链孔等形状都不利于产生大的漏磁场。

　　（4）钢材表面状态的影响。工件表面覆盖层会导致漏磁场在表面上的减小。若工件表面进行了喷丸强化处理，由于处理层的缺陷被强化处理所掩盖，漏磁场的强度也将大大降低，有时甚至影响缺陷的检出。

　　（5）磁化电流类型的影响。不同种类的电流对工件磁化的效果不同。交流电磁化时，由于趋肤效应的影响，表面磁场最大，表面缺陷检测灵敏度高，但随着表面向里延伸，漏磁场显著减弱。（稳恒）直流磁化时渗透深度最大，能发现一些埋藏较深的缺陷。因此，对表面下的缺陷，直流电产生的漏磁场比交流电产生的漏磁场要大。

5.5.4　缺陷的漏磁场

5.5.4.1　漏磁场的实验测量

　　用磁敏元件检测缺陷的漏磁场给出其分布图线并不容易，这是由漏磁场的分布特点决定的：（1）从空间角度讲，它是一个三维场；（2）从分布范围讲，它是一个空间极小的场，文献介绍漏磁场的宽度是缺陷宽度的 2~5 倍，而裂纹宽度是很窄的；（3）从铁磁材料磁导率 μ_r 非线性角度看，漏磁场又是磁化强度 H 的非线性场。

　　漏磁场的测量仪器大都采用霍尔器件，霍尔器件可以在 $x\text{-}y$ 两维空间步进，步进的最小间隔分别可达微米量级。如图 5-10 所示，缺陷产生的漏磁场分为法向分量和切向分量两部分。从图 5-10（b）可以看出，漏磁场的垂直分量有两个峰值，两个峰值的差值在漏磁检测中的应用最多，称为峰-峰值，记为 B_{yp-p} 或 H_{yp-p}。

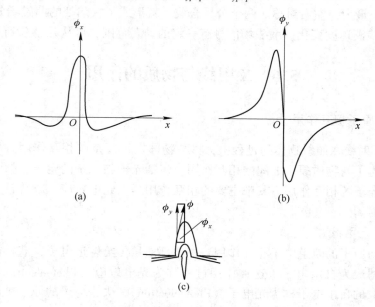

图 5-10 缺陷漏磁场的两个分量及合成
（a）水平分量；（b）垂直分量；（c）合成漏磁场

研究表明，漏磁通的法向分量主要与缺陷的深度有关，基本上是正比关系。而裂纹宽度对漏磁通的法向分量影响很小。目前，使用的磁场检测装置一般以检测漏磁场的垂直分量为主。

5.5.4.2 漏磁场的理论计算

漏磁场的本质实际上是缺陷引起的电磁场的畸变，要从场的角度了解它的特性，应借助于现代电磁学麦克斯韦方程组的微分形式。要在三维空间内解决时变问题，通常采用数值计算方法。研究表明，对于非线性的、具有复杂边界和形状的缺陷漏磁场问题的求解，数值计算是唯一可行的方法。

数值方法主要有：有限差分法、镜像法、积分法和变分法。变分法的现代形式就是有限元法，在漏磁场的数值计算中，主要应用了有限元法。该方法具有极大的灵活性，它可以通过不同形状的单元的划分，满足任何形状的边界和交界面；它所得到的代数方程组具有对称正定的系数矩阵，大大简化了线性方程组的求解过程；它还较为容易引进边界条件，使编程的要求得以简化。

5.5.4.3 缺陷漏磁场的特点

大量的计算和实验表明，缺陷漏磁场具有如下特点：

（1）随缺陷大小、磁化强度、检测条件的变化，漏磁场的变化为 $10^{-2} \sim 10^2$ mT。

（2）漏磁场是空间三维分布的不均匀场。通常认为，漏磁场范围在垂直于方向上约为缺陷宽度的 $2 \sim 5$ 倍。例如，裂纹宽 0.1 mm，漏磁场宽度只有 $0.2 \sim 0.5$ mm（提离值较小时）。

（3）缺陷处的漏磁通密度可以分解为水平分量 B_x 和垂直分量 B_y，如图 5-10 所示。垂直分量在缺陷与钢材交界面最大，是一个过中心点的曲线，两侧磁场方向相反。水平分量在缺陷界面中心最大，左右对称。两个分量合成，就形成了缺陷处的漏磁场分布。

（4）随着检测速度变化，漏磁场信号有一定的动态范围，可从几赫兹到几百赫兹。

5.6　X 射线与物质的作用

5.6.1　光子与原子相互作用

X 射线、γ 射线在照射物体的过程中，将与物体发生复杂的相互作用。从本质上说这些作用是射线光子与物质原子之间的相互作用，包括光子与原子的电子、核子、围绕带电粒子的电场及介子的相互作用。其中主要的相互作用是：光电效应、康普顿效应、电子对效应和瑞利散射。

5.6.1.1　光电效应

入射光子与原子的轨道电子相互作用，把全部能量传给轨道电子，获得能量的电子克服原子核的束缚成为自由电子，这种作用过程称为光电效应（Photoelectric Effect）。在光电效应中，释放的自由电子称为光电子（Photoelectron），失去电子的原子被电离。伴随发射特征 X 射线是光电效应的重要特征。

光电效应主要发生在 10~500 keV 的低能 X 射线情况下。光电效应的发生概率与原子序数的 4 次方成正比，与光子能量的 3 次方成反比。因此，在低能射线光子与高原子序数物质发生相互作用时，光电效应具有重要意义。

5.6.1.2　康普顿散射（非弹性散射）

康普顿散射（Compton Scattering）也称为康普顿效应，是由美国物理学家康普顿首先发现的，我国物理学家吴有训在这种现象证实和规律研究中作出了重要贡献。

康普顿效应是入射光子与原子外层轨道电子或自由电子发生的碰撞过程。入射光子与原子外层轨道电子碰撞之后，它的一部分能量传给电子，使电子从原子的电子轨道飞出。同时，入射光子的能量减少，成为散射光子，并偏离了入射光子的方向。

康普顿效应发生的可能性与入射光子的能量和物质的原子序数相关。原子序数低的元素康普顿效应发生的可能性很高。对中等能量的光子（0.2~3 MeV），康普顿效应对各种元素都是主要的作用。

5.6.1.3　电子对效应

高能量的光子与物质的原子核或电子发生相互作用时，光子可以转化为一对正、负电子，这就是电子对效应（Pair Production）。在电子对效应中，入射光子消失，产生的正、负电子对向不同方向飞出，其方向与入射光子的能量相关。

电子对效应只能发生在入射光子的能量 $E>1.02$ MeV 时，这是因为电子的静止质量相当于 0.511 MeV 能量，一对电子的静止质量相当于 1.022 MeV 能量。从能量守恒定律可知，只有入射光子能量 $E>1.02$ MeV 时才可能转化为一对正、负电子。

电子对效应发生的可能性与物质原子序数的平方成正比，近似与光子能量的对数成正比，因此电子对效应在光子能量较高、原子序数较高时是一种重要的作用。

5.6.1.4　瑞利散射（弹性散射）

瑞利散射是入射光子与原子内层轨道电子碰撞的散射过程。一个束缚电子吸收入射光子后跃迁到高能级，随即又释放一个能量约等于入射光子能量的散射光子，光子能量的损失可以不计。可以简单地认为这是光子与原子发生弹性碰撞的过程。

瑞利散射发生的可能性大致与原子序数的平方成正比，并随入射光子能量的增大而急剧减小。入射光子能量较低时（例如 0.5~200 keV），必须注意瑞利散射。

5.6.1.5　几种效应间的相互关系

表5-4概括了光电效应、康普顿效应、电子对效应、瑞利散射四种作用的主要特点。图5-11显示了这些主要作用与光子能量及原子序数的关系。

表 5-4　光子与物质的 4 种相互作用对比

相互作用	光子的能量	作用对象	作用产物
光电效应	较低	内层轨道电子	光电子、荧光辐射
康普顿效应	中等	外层轨道电子、自由电子	散射光子、反冲电子
电子对效应	不小于 1.022 MeV，较高	原子核、原子电子	正负电子对→散射光子对
瑞利散射	很低	内层轨道电子	散射光子

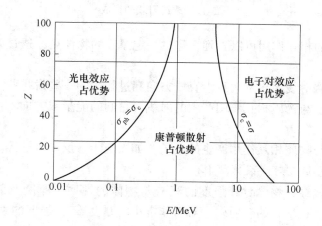

图 5-11　主要作用与光子能量及原子序数的关系

射线与物质几种相互作用的相对强弱，与射线的能量大小和被透射物质的种类有关。光电效应和康普顿效应随射线能量的增加而减弱，而电子对效应则随射线能量的增加而增强。它们的共同结果是使射线在穿过物质的过程中产生强度衰减。

当光子能量为 10 keV 时，光电效应占绝对优势。在 300 keV 左右，光电效应与康普顿效应作用程度大致相当。在 1~4 MeV，X 射线衰减基本上都是由康普顿效应造成的。在 8 MeV 左右，电子对效应与康普顿效应作用程度大致相当。大于 10 MeV 以后，则以电子对效应为主。

5.6.2 射线透照衰减规律

5.6.2.1 吸收、散射与衰减

综合对比光电效应、康普顿效应、电子对效应和瑞利散射的这些 X 或 γ 光子与原子（电子）的相互作用过程和结果，我们得知：4 种相互作用中，入射光子的能量除了透射部分外，其他的一部分转移到能量或方向改变了的光子那里（散射），一部分转移到与之相互作用的电子或产生的电子那里。由于电子可以继续与原子发生相互作用，转移到电子的能量有相当部分损失在物体之中（吸收）。

前面的作用过程称为散射，后面的作用过程称为吸收。也就是说，入射到物体的射线，因为一部分能量被吸收、一部分能量被散射而受到削弱，使射线强度发生了衰减，图 5-12 概括了透过射线的组成情况。

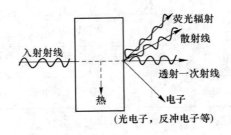

图 5-12　透过射线的组成

从光子与物质的相互作用可以看到，穿过一定厚度的物体后，透过射线中将包括下列的射线：

一次射线——从射线源出发大致沿直线方向穿过物体的一些射线；

散射线——光子与物质相互作用产生的射线，它们的能量或方向不同于一次射线，也称为二次射线；

电子——光子与物质相互作用产生的电子，如光电子、反冲电子等。

5.6.2.2 单色窄束射线衰减规律

实验表明，射线穿透物体时其强度的衰减与物体的性质、厚度及射线光子的能量相关。对于一束射线，在均匀的介质中，对于非常小的厚度 ΔT，强度的衰减量 ΔI 正比于入射线强度 I_0 和穿透厚度 ΔT，即 $\Delta I = -\mu \Delta T$，由此可得到：

$$I = I_0 e^{-\mu T} \tag{5-30}$$

式中，μ 为线衰减系数，cm^{-1}。这就是单色窄束射线的衰减规律。

这个公式指出，射线穿过物体后的衰减程度是以指数规律随厚度增加的，透过射线的强度迅速减弱。衰减的程度也取决于射线本身的能量，这体现在公式中的线衰减系数。

5.6.2.3 线衰减系数

在式（5-30）中出现的线衰减系数是一个重要的参数，它表示入射光子在物体中穿行单位距离时（例如，1 cm），平均发生各种相互作用的可能性。线衰减系数 μ 等于上述 4

种相互作用的线衰减系数之和，亦等于线吸收系数 τ 与线散射系数 σ 之和。在理论上常用质量衰减系数 μ_m，即线衰减系数 μ 与物质密度 ρ 的比值，$\mu_m = \mu/\rho$。

线衰减系数表示了射线穿透物体时其强度衰减的特性，它既取决于射线的能量，也取决于射线所穿过物质的原子序数。对同一种物质，射线的能量不同时衰减系数不同；同一能量的射线，入射到不同物质时衰减系数也不相同。

对于常用的能量和常见的物质，线吸收系数远大于线散射系数，所以 $\mu \approx \tau$，$\mu_m \approx \tau_m$。

实验研究指出，在射线的吸收限之间有：

$$\mu_m \approx \tau_m = kZ^3\lambda^3 \tag{5-31}$$

式中，k 为系数；Z 为物体的原子序数；λ 为入射线的波长。

从这个式子可以看出，同样能量的射线，入射到不同原子序数的物体时，在原子序数大的物体中将受到更大的衰减；不同能量的射线穿过同一物体时，能量低的射线将受到更多的衰减。

5.6.3 射线在晶体中的衍射

晶体具有原子、离子或分子构成的三维空间的点阵结构，点阵的晶格常数与 X 射线的波长具有同一数量级（10^{-10} m），因此，晶体可作为 X 射线的光栅。

当 X 射线以某个角度 θ 射向晶面时，晶体中的每个格点成为一个散射中心，这些散射波频率和射向它的 X 射线频率相同，将在空间发生干涉。在某些方向上，当散射线的光程差等于入射 X 射线波长的整数倍时，会得到加强，而在其他方向将减弱或抵消。

将晶体看作是由许多平行的晶面族组成，每一晶面族（hkl）是一族相互平行、晶面间距为 d 的晶面。设有平行面 1、2、3，晶面 2 的入射线和衍射线光程比晶面 1 多走 $2d\sin\theta$。根据衍射条件，只有当光程差 δ 为波长 λ 的整数倍时，才能互相加强，即：

$$\delta = 2d\sin\theta = n\lambda \tag{5-32}$$

式中，d 为晶面间距；θ 为掠射角；n 为衍射级数。此式称为布拉格公式。

从布拉格公式可以得知：

（1）因为 $|\sin\theta| \leqslant 1$，当 $n = 1$ 时，$\lambda/2d \leqslant 1$。这表明只有入射线波长小于或等于 2 倍晶面间距时，才能产生衍射。

（2）若已知 X 射线的波长，测出 θ 角，就可计算晶面间距 d，进而可以求得晶体的残余应力。这就是 X 射线晶体结构分析和残余应力测量的原理。

（3）用已知晶面间距 d 的晶体测出 θ 角，就可计算特征辐射波长，进而查出样品所含元素，这就是 X 射线荧光分析的原理。

5.7 光辐射与物质的相互作用

光辐射涉及的电磁波有红外线、可见光、紫外线、X 射线和 γ 射线，它们在与物质相互作用时，辐射光子会和分子、原子中的电子或原子核发生能量交换或传播方向改变，会产生透射、反射、偏振、吸收、发射、色散等现象。这些现象和规律是光学无损检测、射线无损检测的物理基础。

5.7.1　电磁辐射与能级跃迁

光的发射与吸收在本质上是电子在原子、分子能级间跃迁的结果。处于低能级的电子，吸收适当能量的光子就会跃迁到高能级。在分子中，不但要考虑电子的轨道运动能级，而且要考虑由于分子的振动和转动附加的振动能级和转动能级。

一般来说，外层电子轨道能级跃迁的能量变化为 $1\sim20$ eV，分子振动能级跃迁的能量变化为 $0.05\sim1$ eV，而分子转动能级跃迁的能量变化小于 0.05 eV。

电磁波在不同波段的辐射与物质的相互作用遵循不同的原理，可提供不同种类的材料特性信息。二者相互作用时产生的吸收或发射现象，对应不同类型的原子或分子能级跃迁。表 5-5 列出了各波段辐射类型对应的原子跃迁或分子跃迁的主要类型。

表 5-5　电磁辐射与原子分子相互作用

辐射类型	相互作用现象	原子或分子能级跃迁	部分应用领域
X 射线	吸收和发射	内层电子跃迁	结构分析、射线探伤
远紫外	真空紫外吸收	中层电子跃迁	大气研究
近紫外、可见光	吸收、发射、荧光	外层电子跃迁	激光器、探测器
红外线	红外吸收	分子振动及转动	红外检测
微波	微波吸收	分子转动	微波检测

5.7.2　光的折射和反射

光束从一种介质进入另一种不同密度的介质时，由于两种介质的光速（v_1 和 v_2）不同，将发生传播方向转折的现象，称为光的折射（Refraction）。将两种光速之比定义为折射率（Refractive Index），绝对折射率 $n=c/v$，相对折射率 $n_{12}=n_2/n_1=v_1/v_2$。其中，c 为光在真空中的速度，v 为光在介质中的速度。折射现象遵从斯涅尔定律：

$$n_1\sin\phi_1 = n_2\sin\phi_2 \tag{5-33}$$

式中，n_1 和 n_2 分别为两种介质的折射率；ϕ_1 和 ϕ_2 分别为入射角和折射角。

当光经过不同折射率的介质界面时，被反射的部分随着折射率的差别增大而增强。光束垂直透射到界面上时，反射率 R 可以表示为：

$$R = \frac{I_2}{I_1} = \frac{(n_2-n_1)^2}{(n_2+n_1)^2} \tag{5-34}$$

式中，I_1 和 I_2 分别为入射光和反射光的强度；n_1 和 n_2 分别为界面两侧介质折射率。

5.7.3　光的吸收和发射

除了真空，没有一种介质对电磁波是绝对透明的。光的强度随进入介质的深度而减少的现象，称为介质对光的吸收。研究表面，这种吸收包括真吸收和散射两种情况，前者是光能量被介质吸收后转化为热能，后者则是光被介质散射到四面八方。

吸收（Absorption）是原子、分子共振吸收光能量的现象。从全部电磁波段看，所有物质都是选择吸收的，发射什么波段，就吸收什么波段。绝大部分物体呈现颜色都是其表面或内部对可见光进行选择吸收的结果。选择吸收是光和物质相互作用的普遍规律。光的线性吸收规律同上节的 X 射线照射物质的衰减规律。

光的发射（Emission）过程有两种，一种是没有外来光子的情况下，处于高能级的原子有一定的概率自发地向低能级跃迁，从而发出一个光子来，这种现象称为自发辐射。另一种发射过程是在满足玻尔频率条件的外来光子激励下高能级的原子向低能级跃迁，并发出另一个同频率的光子来，这种现象称为受激辐射。自发辐射的光波是非相干的，而受激辐射的光波是相干的，其频率、相位、偏振状态和传播方向都与外来的光波相同。

5.7.4　光的色散和散射

光在介质中的传播速度 v 或折射率 $n = c/v$ 随波长 λ 变化的现象，称为色散（Dispersion）。色散时原子、分子中的电子对光频的响应产生位移极化，决定了介电常数和折射率的频率响应。在整个波长范围内任何介质都有一系列吸收区，在两个吸收区之间正常色散，折射率 n 随波长 λ 单调下降。在吸收区反常色散，n 随 λ 单调急剧增大。

散射（Scattering）是原子、分子将吸收光能重新发射的现象。散射是由与波长尺度可比拟的不均匀性（分子密度涨落，悬浮质点等）造成的。瑞利散射和米氏散射是不改变频率的散射，拉曼散射和布里渊散射是改变频率的散射。这种频率改变反映了分子内振动-转动能级的改变，可用于分子结构的研究。

5.7.5　光的波粒二象性

光的波动理论能很好地说明光在传播中产生的现象，如干涉、衍射、偏振等，但涉及光和物质的相互作用问题，如光的发射和吸收，光的粒子性一面又凸显出来。

光子具有波动性和粒子性两方面互补而又互斥的性质。光在被物质发射和接收时表现为粒子（光子），在空间传播时只能用波动对它的行为作概率性描述。

光的量子理论认为，光在和物质（原子）发生作用时，以一定份额的能量被发射或吸收，每份能量 ε 正比于光的频率 ν：

$$\varepsilon = h\nu \tag{5-35}$$

式中，h 为普朗克常量（Planck Constant），其数值为：

$$h = 6.6260688 \times 10^{-34} \text{ J} \cdot \text{s} \tag{5-36}$$

普朗克常量是物理学中为数不多的最基本的普适常量之一。这份能量的携带者表现得像一个静质量为 0 的粒子，称为光子（Photon），真空中的速度为 $c = 2.9979246 \times 10^{8}$ m/s。

设 E_1 和 E_2 是原子中电子的两个能级，当电子从高能级 E_2 向低能级 E_1 跃迁时，它将发射一个光子；从低能级 E_1 向高能级 E_2 跃迁时吸收一个光子。根据能量守恒，有：

$$E_2 - E_1 = h\nu \tag{5-37}$$

发射或吸收的光子频率应满足波尔频率条件：

$$\nu = \frac{E_2 - E_1}{h} \tag{5-38}$$

从全部电磁波段看，所有物质都是选择吸收的，发射什么波段，就吸收什么波段。

——— 本 章 小 结 ———

（1）超声波的传播特性有两个方面：1）波动声学的干涉、驻波、衍射等现象，可用叠加原理和惠更斯原理来解释；2）几何声学的异质界面的传播特性，包括平界面的反射、折射、波型转换及临界角，曲界面的聚焦或发散等现象。介质的声学参数有声速（多种类型）、声阻抗（特性阻抗）、衰减系数等，它们是超声检测的物理基础。

（2）微波以横波的形式传播，真空中的传播速度为 $C = 2.998 \times 10^8$ m/s。微波在介质中的波长和速度会受到材料电磁特性（介电常数 ε、电导率 σ、磁导率 μ）的影响。微波能穿透非金属介电材料，而在金属材料表面产生反射。微波和超声在某些特性上具有相似性。

（3）厚大导体的磁场强度和涡流密度均呈指数衰减，衰减的快慢取决于导体的电磁特性（σ、μ）及交变磁场的频率（f），表现为趋肤效应和相位滞后。涡流检测过程可视为两个线圈电磁耦合的情形，由此可以得出视在阻抗和归一化阻抗的概念。按照福斯特的假想模型，可得出检测线圈的归一化感应电压和归一化阻抗的表达式和图线。

（4）铁磁性材料的磁性参数比较复杂，它是材料本身的特性，但也受外加磁场的影响，一般用磁特性曲线描述，包括（μ_i、μ_m、H_c、B_r、B_s）等参数。漏磁场的形成需要两方面因素，内因是材料近表面不均匀、不连续，使磁感线畸变，外因是材料磁化到近饱和状态，强化磁感线逸出。漏磁场是三维矢量场，空间范围很小，强度通常较弱。

（5）射线光子与物质原子之间的相互作用，主要包括光电效应、康普顿散射、电子对效应和瑞利散射。这些作用使得射线在透过材料时产生衰减，衰减的大小取决于射线的能量（波长）、材料的原子序数和穿透厚度。

（6）光辐射（红外线、可见光、紫外线）与物质相互作用时，辐射光子会和分子、原子中的电子或原子核发生能量交换或传播方向改变，产生透射、反射、偏振、吸收、发射、色散等现象，这些现象和规律是光学无损检测的物理基础。

复习思考题

5-1　简述介质声阻抗和振动速度的关系，和声速的关系。声阻抗和特性声阻抗有什么不同？

5-2　钢材的泊松系数 $\sigma \approx 0.28$，代入公式计算，可得 $C_L \approx$（　　　）C_S，$C_S \approx$（　　　）C_R。

5-3　超声纵波垂直入射到水/钢界面。水的声阻抗 $Z_1 = 1.5 \times 10^6$ kg/(m²/s)，钢的声阻抗 $Z_2 = 4.5 \times 10^7$ kg/(m²/s)，求声压反射率和透射率，声强反射率和透射率。

5-4　对于大平面导体，在 2 倍渗透深度处，涡流磁场幅度衰减多少，相位滞后多少？若使涡流衰减至表面值的 5% 以下，至少应达到几倍的渗透深度？

5-5　退火纯铜的电阻率为 $1.72\ \mu\Omega\cdot cm$，若要涡流渗透深度为 $2.0\ mm$，应选取多大的激励频率？

5-6　铁磁性材料磁特性有哪些参量，材料磁特性的主要影响因素有哪些？

5-7　材料漏磁场的形成条件是什么，主要影响因素有哪些？磁化场和漏磁场的数值大致是多少（数量级）？

5-8　X 射线与物质作用时可能会发生哪些效应？穿过一定厚度的物体后射线会发生哪些变化？

5-9　简述 X 射线透照物体的衰减规律（公式），衰减系数的影响因素有哪些？

5-10　微波传播速度决定于介质的（　　　）和（　　　），在真空中等于（　　　）。

5-11　光辐射与物质的相互作用时，可能发生哪些光学现象？

5-12　名词解释：波粒二象性、光子、普朗克常量。

6 传感器与探测器

【本章提要】

　　传感器、换能器或探测器是无损检测系统的关键部件。本章首先概述传感器的含义与分类，物理定律与传感器，物理效应与传感器。之后简述九种超声换能器，三种典型涡流传感器及涡流阵列传感器，多种磁敏元件和六种磁传感器，阵列结构和连续结构的射线探测器，两种图像传感器，红外传感器和微波传感器。本章内容侧重传感器分类、转换原理及应用情况，对应常用的无损检测方法。

6.1　传感器概述

6.1.1　传感器含义与分类

6.1.1.1　传感器含义

　　国家标准 GB/T 7665—2005 对传感器的定义是：能够感受规定的被测量并按照一定规律转换成可用输出信号的器件或装置。由于电学量便于测量、转换、传输和处理，所以绝大多数传感器都是以电信号输出的，以至于可以简单地认为，传感器是一种把非电量转换为电学量的器件或装置。传感器的技术关键是响应的选择性和转换的确定性。

　　通常，传感器由敏感元件和转换元件组成，由于传感器输出信号较微弱，需要信号调理电路将其放大或处理。随着微电子技术的发展，将敏感元件、转换元件和放大电路及模数转换等电路集成在同一芯片上，使传感器发展为传感器系统。

　　传感器技术或传感技术，是以传感器为核心的所有延伸技术的总称，涉及应用物理学、功能材料学、微电子技术、计算机技术、机械电子学、计量技术等许多学科，是多种高新技术的集合产物，由模拟传感器向数字传感器和智能传感器发展。

　　信息收集、通信和计算机（Collection, Communication and Computer），被称为"3C"技术。传感技术是现代科技的前沿技术，是信息技术的三大支柱之一。

6.1.1.2　传感器分类

　　传感器品种繁多，分类多样。按所属学科门类可分为物理传感器、化学传感器和生物传感器。按利用场的规律或是利用材料的物质法则可分为结构型传感器和物性型传感器；按是否依靠外加能源工作可分为有源传感器和无源传感器；按输出量的性质可分为模拟量传感器和数字量传感器等。表6-1列出了传感器的一些重要分类。

表 6-1 传感器的重要分类

分类方法	传感器类型	分类说明
按所属学科分类	物理型、化学型、生物型	分别以学科命名为物理、化学、生物
按构成原理分类	结构型、物性型	结构参数变化；物理特性变化
按转换原理分类	应变式、压电式、热电式等	以传感器对信号转换的作用原理命名
按能量关系分类	能量转换型（自源型）	传感器输出量直接由被测量能量转换获得
	能量控制型（外源型）	传感器输出量能量由外源供给但受被测量控制
按敏感材料分类	半导体、导电材料、磁性材料、陶瓷材料、高分子材料等	以使用的各种敏感材料命名
按输入参量分类	温度、压力、位移、光强等	以被测量命名，按用途分类
按输出信号分类	模拟式、数字式	输出量为模拟信号；输出量为数字信号
按高新技术分类	集成、智能、机器人、仿生等	按相应的高新技术命名

最常用的分类方法是下述两种：第一种是按工作原理分类，如应变式、压电式、压阻式、电感式、光电式等；第二种是按被测量分类，如位移、速度、温度、磁通、光强等等。两种分类方法各有所长，但都只表述了一个方面，所以时常将两种分类方法综合使用，例如应变式压力传感器、压电式加速度传感器、电感式电流传感器等。

6.1.2 自然规律与传感器

6.1.2.1 物理定律与传感器

传感器是信息检测的前端技术。传感器之所以能正确感应和传递信息，是因为它利用了自然规律中的各种定律、法则和效应。

守恒定律是自然界最重要也是最基本的定律，包括能量守恒定律、质量守恒定律、动量守恒定律、电荷守恒定律等。

场的定律，如电磁场感应定律、动力场运动定律等，都是关于物质作用的客观规律，一般用物理方程描述。这些方程就是某些传感器工作的数学模型，传感器的形状、尺寸等参数决定了传感器的灵敏度、量程等性能，因此这类传感器统称为结构型传感器。

物质定律是指各种物质内在性质的定律、法则、规律等，它们通常以材料的物理常数或某种效应描述，如胡克定律的弹性模量、半导体的霍尔效应等。利用物质定律构成的传感器统称为物性型传感器，其主要性能在很大程度上由相应的物理常数决定。

6.1.2.2 物理效应与传感器

物性型传感器是利用某些物质的物理性质随外部被测量的作用而变化的原理研制的，利用了很多物理效应及化学效应，如利用材料的压阻、湿敏、热敏、光敏、磁敏等效应，把应变、湿度、温度、光强、磁场等被测量变换为电量。新原理和新效应的发现和利用，新功能材料的开发和应用，使传感器得到很大发展，并逐步成为传感器发展的主流。

了解传感器敏感材料的各种物理效应，对传感器的理解、开发和应用是非常必要的。表 6-2 列出了主要物性型传感器的基础效应和敏感元件。

表 6-2　主要物性型传感器的基础效应

被测量	类型	基础效应	输出信号	敏感元件或传感器
机械量	电阻式	压阻效应	电阻	应变片
	压电式	压电效应	电压	压电晶体
	磁电式	霍尔效应	电压	霍尔元件
	光电式	光电效应	电流	光敏元件
温度	热电式	塞贝克效应	电压	热电偶
	压电式	压电效应	频率	声表面波温度传感器
	热磁型	热磁效应	电场	红外探测器
磁学量	磁电式	霍尔效应	电压	霍尔元器件
	电导型	磁阻效应	电阻或电流	磁阻元件
	量子型	约瑟夫逊效应	电流或电压	超导量子干涉器件
	光电式	磁光效应	偏振面偏转角	光传感器
光学量	量子型	光电导效应	电阻	光敏电阻
		光生伏特效应	电流、电压	光敏二极管、三极管、光电池
		光电子发射效应	电流	光电管、光电倍增管
射线	量子型	光致发光	光强	闪烁体射线探测器
		光生伏特效应	电脉冲	半导体射线探测器

6.1.3　无损检测传感器

在无损检测技术领域，传感器在不同场合中可称为探头、探测器、换能器等。无损检测传感器一般为物理类传感器，少数涉及电化学传感器。

一种无损检测方法可能还包含一些细分方法，相应的会有不同种类的传感器。不仅有实施检测的主要传感器，还有运动系统的辅助传感器。例如工件扫描或成像系统的线位移传感器、角位移传感器等（见 9.3 节）。采用多项集成技术的无损检测系统，会涉及更多种类的传感器。

按无损检测方法大类，大致分为超声换能器、涡流传感器、磁场传感器、射线探测器、图像传感器、红外传感器、微波传感器等。其中，超声换能器、涡流传感器、磁场传感器属于常规无损检测方法，技术比较成熟，而射线探测器、红外探测器、图像传感器（可见光）则是前景良好的高端传感器。微波传感器比较特别，通常是开放或闭合的微波元件。每种方法中的新技术又会派生出一些新型传感器。

其他常见的分类方法有：按探头和信号通道数量划分，有单通道探头和多通道探头；按探头构造和排列划分，有单探头和阵列式探头；按探头与试件的位置关系划分，有接触式和非接触式等。

无损检测过程中，有时信号较弱，有时信号复杂，有时环境条件较差，且时常需要动态检测，这就要求研制的传感器具有高灵敏度、高信噪比，良好的温度特性和抗干扰能力。无损检测传感器专用性更强，仪器设备厂家自行研制的情况多于自动化测控领域。

6.2 超声换能器

超声波换能器又称超声探头，有简单的单晶探头、双晶探头（分割探头），还有水浸聚焦探头、相控阵探头、电磁超声探头、激光超声探头等。

6.2.1 超声换能器基础

6.2.1.1 压电效应

某些晶体材料沿一定方向受到拉压外力的作用而变形时，在它的两个相对表面上出现正负的电荷。当外力去掉后，它又会恢复到不带电的状态，这种现象称为正压电效应。相反，当在晶体材料上施加电场时，晶体材料会产生伸缩变形，电场去掉后，变形随之消失，这种现象称为逆压电效应。正、逆压电效应统称为压电效应（Piezoelectric Effect），是 1880 年由居里兄弟发现的。

超声波的产生和接收是利用超声探头中压电晶体的压电效应实现的。由超声波探伤仪产生的高频电压加在探头中的压电晶片两面电极上，晶片会在厚度方向产生伸缩变形的机械振动，发生逆压电效应，将电能转换为声能，探头发射超声波。

反之，当晶片受到超声波作用而发生伸缩变形时，使晶片两表面产生不同极性电荷，形成超声频率的高频电压，发生正压电效应，将声能转换为电能，这就是超声波的接收。

因为压电效应可逆，发射和接收超声波可以用两个不同的压电晶体一发一收，也可以用同一个压电晶体先发射后接收。超声波探头在工作时实现了电能和声能的相互转换，因此超声探头又称超声换能器。

6.2.1.2 压电材料

具有压电效应的材料称为压电材料。压电材料具有晶体结构，分为单晶和多晶两大类。单晶材料接收灵敏度较高，多晶材料发射灵敏度较高。多晶材料又称为压电陶瓷。

常用的压电单晶有石英（SiO_2）、硫酸锂（Li_2SO_4）、铌酸锂（$LiNbO_3$）等。常用的压电陶瓷有钛酸钡（$BaTiO_3$）、锆钛酸铅（$PbZrTiO_3$，缩写 PZT）、钛酸铅（$PbTiO_3$）等。

压电单晶体具有各向异性的特点，其产生压电效应的机理与其特定方向上的原子排列方式有关。当晶体受到特定方向的压力而变形时，可使带有正、负电荷的原子位置沿某一方向改变而使晶体的一侧带有正电荷，另一侧带有负电荷。

压电多晶体是各向同性的。为了使整个晶片具有压电效应，必须对陶瓷多晶体进行极化处理，即在一定温度下以强外电场施加在多晶体的两端，使多晶体中的各晶胞的极化方向重新取向，从而获得总体上的压电效应。

6.2.1.3　压电材料主要性能

压电材料主要性能参数包括压电应变常数 d_{33}、压电电压常数 g_{33}、介电常数 ε、机电耦合系数 K、机械品质因素 θ_m、频率常数 N_t 和居里温度 T_c 等。

由驻波原理可知，压电晶片在高频电脉冲激励下产生共振的条件是：

$$t = \frac{\lambda}{2} = \frac{C_L}{2f_0} \tag{6-1}$$

式中，t 为晶片厚度；λ 为晶片纵波波长；C_L 为晶片纵波声速；f_0 为晶片固有频率（谐振频率）。

由上式可知：$N_t = tf_0 = C_L/2$，因为纵波声速是压电材料本身的特性，所以晶片厚度和固有频率的乘积是一个常数，称为频率常数，用 N_t 表示。当 N_t 一定时，晶片厚度 t 越小，振动频率 f_0 越高。

超声波探头对晶片的要求是：（1）机电耦合系数较大，以获得较高的转换效率；（2）机械品质因子较小，以获得较高的分辨力和较小的盲区；（3）压电应变常数和压电电压常数较大，以获得较高的发射灵敏度和接收灵敏度；（4）频率常数较大，介电常数较小，以获得较高的超声波频率；（5）居里温度较高，声阻抗适当。

6.2.1.4　超声换能器（探头）分类

超声波探头种类繁多，可从不同角度进行分类，大部分是基于压电效应的超声探头，也有其他原理的超声探头，如电磁超声探头和激光超声探头。

按产生的波型分类，超声波探头可分为：

（1）纵波探头，主要用于探测缺陷与探测面平行的工件，如锻件、钢板等。

（2）横波探头，主要用于探测缺陷与探测面成一定角度的工件，如焊缝、钢管等。

（3）表面波探头，主要用于探测工件表面缺陷，如汽轮机叶片等。

按耦合方式分类，超声波探头可分为：

（1）接触式探头，探头通过薄层耦合剂与工件接触进行探伤。

（2）水浸式探头，探头不与工件接触，而是通过具有一定厚度的水层来实现耦合。

按波束分类，超声波探头可分为：

（1）聚焦探头，波束聚焦成一点或一条线。常用于管材、棒材等的水浸探伤。

（2）非聚焦探头，常规超声探头，用于多数工件探伤。

按晶片数量分类，超声波探头可分为：

（1）单晶探头，发射功能与接收功能由一个晶片担当，主要用于探测深度较大的缺陷。

（2）双晶探头，发射功能与接收功能由两个晶片分别担当，主要用于探测近表面缺陷。

（3）多晶探头，相控阵探头，晶片排成一维或二维阵列，依次激发，实现声束偏转和聚焦。

6.2.2 传统超声换能器

纵波直探头和横波斜探头是最常用的两种探头。选择探头时，必须考虑到工件中缺陷的方向，否则会引起漏检。缺陷与探测面平行时，宜采用直探头；缺陷与探测面垂直或成一定角度时，宜采用斜探头。

6.2.2.1 纵波直探头

纵波直探头是超声波检测中使用最广泛的一种探头，发射和接收纵波。其基本组成包括：压电晶片、阻尼块（吸收块）、保护膜、电缆和外壳等：

（1）压电晶片。对不同切割方式和极化方式的晶片，存在两种振动模式，厚度振动模式和径向振动模式。超声检测中广泛使用厚度振动模式。纵波直探头中压电晶片一般为圆形，由厚度振动模式激发纵波 $f_0 = C_L/(2t)$，同一晶片兼职发射和接收。

（2）阻尼块（吸收块）。阻尼块也称吸收块，兼有阻尼和吸声作用。作为阻尼块，其作用是使晶片起振后尽快停下来，从而减小脉冲宽度，提高纵向分辨力。作为吸收块，其作用是吸收晶片背面的杂波，提高检测系统的信噪比。

（3）保护膜。保护膜的作用是防止压电晶片与试件表面直接接触造成磨损和腐蚀。保护膜材料要耐磨并有较大的透声率。对于金属材料检测，压电陶瓷与金属材料的声阻抗相近，保护膜的厚度应为超声波在保护膜中半波长的整数倍，一般为半波长。

6.2.2.2 横波斜探头

在发射纵波的压电晶片与工件之间加一透声斜楔，利用纵波在斜楔与工件交界面上的波形转换原理，在工件中产生所需波形的探头称为斜探头。这样产生横波是因为纵波容易激发，而且转换效率高。斜探头由直探头、透声斜楔、外壳等组成。

常在斜楔前端面、顶面上开设声陷阱（打孔、开槽）、贴附吸收块等，使背部和侧面的反射声波经斜楔内多次反射、散射消耗掉，而不回到压电晶片上来，以减少杂波，保证工件中缺陷回波的判别。

斜楔材料与被检材料的声阻抗尽量匹配，减小声衰减。斜楔材料的纵波声速应小于被检材料的纵波声速。当入射角位于第Ⅰ、Ⅱ临界角之间时，被检工件中的折射纵波发生全反射，被检工件中只有横波。

6.2.2.3 表面波探头

当斜探头的纵波入射角大于第Ⅱ临界角时，在工件中便只有表面波传播，因此表面波探头是斜探头的一个特例。表面波探头的结构和横波斜探头一样，主要的区别是斜探头入射角不同。表面波探头的入射角计算公式为：

$$\alpha_L = \arcsin(C_L/C_R) \tag{6-2}$$

6.2.2.4 双晶探头（分割式探头）

双晶探头由发射晶片、接收晶片、透声楔（延迟块）和隔声层组成。根据入射角 α_L 不同，分为双晶纵波探头（$\alpha_L < \alpha_I$）和双晶横波探头（$\alpha_I < \alpha_L < \alpha_{II}$）。双晶探头灵敏度高，杂波少盲区小，工件中近场长度小，适于薄板检测或近表面缺陷探测。

6.2.2.5 聚焦超声探头

聚焦探头可分为点聚焦探头和线聚焦探头，水浸聚焦探头和接触聚焦探头。聚焦的目的是提高检测灵敏度和横向分辨力，特别为管棒材水浸探伤所必须。此处介绍采用声透镜的水浸聚焦探头。

声透镜的材料通常采用有机玻璃或环氧树脂。透镜与晶片接触的声入射面为平面，声透射面为凹曲面（球面或柱面，前者为点聚焦，后者为线聚焦）。当与声透镜凹面接触的第二介质的声速小于透镜声速时，透镜产生聚焦作用。

6.2.3　新型超声换能器

6.2.3.1　相控阵探头

相控阵探头由多个探头单元（阵元）组合而成，各单元之间的辐射能量和激发次序是由计算机程序和相位控制器联合控制的。探头阵元排列有线状、面状和环状，见图6-1。

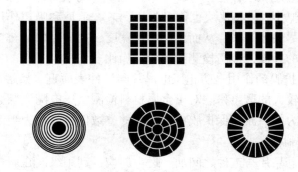

图 6-1　相控阵晶片排列形式

相控阵探头有多种规格，包括不同的尺寸、形状、频率和晶片数。其核心结构是紧密排列的压电晶片（通常 16~128 片），这些小晶片的形状尺寸和功能相同，可以独立地发射和接收超声信号。相控阵探头包括压电晶片阵列、保护晶片的匹配层、背衬材料、连接电缆和探头壳体。

6.2.3.2　TOFD 探头

TOFD 探头使用两个纵波探头，一发一收，对不同壁厚工件选用不同的探头参数。为有效提高发射和接收灵敏度，晶片一般采用复合压电晶片，且直径一般不超 20 mm。不同工件厚度需要不同的探头角度，因此探头与楔块采用分离方法，可根据不同的需要，更换不同的楔块。

6.2.3.3　声发射传感器

普遍应用的声发射传感器是压电式传感器，主要信号频谱区域位于超声频段。声发射传感器大都具有很小的阻尼，在谐振时具有很高的灵敏度。常用声发射传感器有谐振式传感器（无背衬阻尼，高灵敏度）、差动传感器（两压电元件差接，抗干扰能力强）和宽频带传感器（压电元件多个厚度）等。

6.2.3.4　电磁超声换能器

电磁超声换能器（EMAT）是一种在导体中激励和检测超声波的换能装置，可以直接在工件中激发出超声纵波、横波、表面波及板波。EMAT 的物理结构通常由三部分组成：

高频线圈（用于产生高频激发磁场）、磁铁（用来提供外加磁场）和工件（既是被检测对象，又是 EMAT 的一部分）。

　　为了提高 EMAT 的转换效率，可以采用各种形式的螺旋线圈，包括蛇形、回字形、吕字形等。据外加恒定磁场方向的不同，可产生纵波或横波。目前，蛇形线圈已广泛应用于电磁超声的发射和接收过程中，它主要用于产生表面波、板波及一定角度的体波。

6.3　涡流传感器

　　涡流传感器又称涡流探头，包括传统的穿过式线圈、点式线圈、内插式线圈、扇形线圈和新型的涡流阵列探头、磁光涡流探头、远场涡流探头等，无缝钢管探伤一般采用前两种检测线圈。涡流检测线圈一般由激励绕组和测量绕组构成，二者可以是分立的两个绕组，也可以是兼用的同一个绕组。自动涡流探伤系统一般采用激励和测量分开的接法，由差动电路或电桥电路检出信号。

　　根据检测单元所用器件的不同，涡流传感器可分为检测线圈式和固态磁传感器式。与检测线圈相比，磁传感器的测量灵敏度与频率无关，在低频时具有良好的响应特性。目前涡流检测中应用较多磁传感器是霍尔器件（Hall）和巨磁阻元件（GMR）。

6.3.1　检测线圈种类及特点

　　涡流检测线圈即涡流探头，它是用来连接涡流探伤仪和被检测工件的检测元件，所以又称涡流传感器。

　　用于涡流探伤的检测线圈主要有两个功能：一是激励功能，建立一个能在试件中感生出涡流的交变磁场；二是测量功能，测量出带有试件质量信息的涡流磁场及其变化。

　　涡流检测线圈一般由激励绕组（Excitation Coil）和测量绕组（Pickup Coil）组成。激励绕组和测量绕组可以是分立的两个绕组，也可以是同一个绕组。自动涡流探伤系统经常采用激励和测量分立的做法。

6.3.1.1　检测线圈的基本形式（相对位置）

　　检测线圈的种类多种多样。检测线圈的形状、大小及绕制方法不同，对试件中的缺陷以及材质变化等的检出能力是不同的。因此，根据特定的检测对象和检测目的选择适当的检测线圈是十分重要的。检测线圈的基本形式如图 6-2 所示。

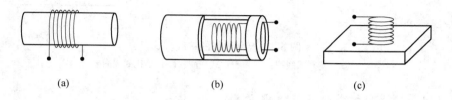

(a)　　　　　　　　　　(b)　　　　　　　　　　(c)

图 6-2　检测线圈的基本形式
（a）穿过式线圈；（b）内插式线圈；（c）探头式线圈

　　穿过式线圈（图 6-2（a））：穿过式线圈适于检测能从线圈中通过的棒材、管材、丝材和各种球体等，可一次检测试件的整个圆周并连续进行，检测速度快，容易实现自动化，特别适于大批量冶金产品的检查。

内插式线圈（图6-2（b））：内插式线圈又称内通过式线圈。内插式线圈适于厚壁管和钻孔等的内壁探伤以及在役设备中管道（如冷凝器）的检测。使用内插式线圈不易实现自动化检测。

放置式线圈（图6-2（c））：放置式线圈也称点探头或探头式线圈。探头式线圈较多地用于平面试件的扫查探伤和管、棒材的螺旋扫查探伤，还能用于复杂形状零件的局部检测。探头式线圈常常绕制在各种形状的磁芯上，以增强检测区域的磁场强度。探头式线圈的检测区域较小，但检测灵敏度高。

6.3.1.2　按比较方式分类（使用方法）

检测线圈的接线方式如图6-3所示。

绝对式线圈：测量绕组只是采用一个绕组进行工作的检测线圈称为绝对式线圈，如图6-3（a）所示。如前所述，试件的各种因素（如材质、形状、尺寸和缺陷等）对绝对式线圈都有影响，绝对式线圈从阻抗的变化判知试件的质量。绝对式线圈常被用于测量涂层厚度和测量间距大小等（提离效应）。

自比式线圈：测量绕组是采用两个相距很近的相同绕组进行工作的检测线圈称为自比式线圈，如图6-3（b）所示。两个绕组对同一个试件的不同部位进行比较，当试件性能稳定且无缺陷时，两个绕组的合成感应电压为零；当出现缺陷致使两个绕组的感应电压出现差异时，给出一个差值电压信号。自比式线圈可抑制试件尺寸、提离间隙和电导率等变化缓慢的信号，而对突变的缺陷信号有明显反应。

他比式线圈（标准比较式）：测量绕组采用两个相同的绕组，一个放在被测试件上、另一个放在标准试样上，这样的检测线圈称为他比式线圈，如图6-3（c）所示。当被测试件性能与标准试样不同时或被测试件有缺陷时，他比式线圈给出一个差值电压信号。与绝对式线圈相同，他比式线圈会受工件材质、形状和尺寸变化的影响，但对管棒材轴线方向从头到尾深度和宽度变化很小的裂纹能够检测出来。

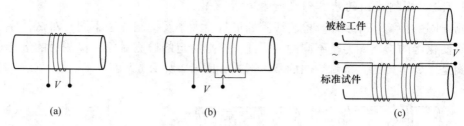

图6-3　检测线圈的接线方式

（a）绝对式线圈；（b）自比式线圈；（c）他比式线圈

6.3.1.3　按感应方式分类（检出方式）

自感式线圈：激励绕组和测量绕组共用同一个绕组。自感方式是直接馈电给检测线圈，同时用它获取感应信号。采用自感检测线圈时，如果激励为一恒流源，应监视线圈的电压变化；如果激励是一恒压源，就要监视线圈的电流变化。由于自感式线圈只有一个绕组，所以容易绕制。

互感式线圈：激励绕组和测量绕组是两个分立的绕组。互感方式是给激励绕组送入交流电，而从测量绕组获得感应信号。因为激励绕组与测量绕组各司其职，所以信号的取出和处理比较方便。在检测速度较高时，互感式线圈的速度效应（即线圈动平衡与静平衡的差异）较小。

6.3.2 信号的形成与检出

6.3.2.1 检测线圈信号的形成

实际上，在涡流检测中处理的是电压或电流信号，而不是阻抗。当试件有缺陷时，将引起试件中涡流幅度、相位等发生变化，可从测量绕组的感应信号中得到伤信息。

检测线圈信号的形成过程中，试件参数变化、或线圈与试件间距变化都将引起试件中涡流的幅度、相位等的变化，导致检测线圈中感应电压的变化。检测线圈输出信号随试件性能变化的过程称之为检测线圈信号被试件信息调制。

当检测线圈对试件进行检测时，会引起多种调制，包括幅度调制、相位调制、频率调制等。在检测过程中，所有这些调制可能会同时出现。

检测线圈感应电压的调制信号有三个独立的信息：幅度、相位和调制频率。需要注意的是频率调制。频率调制是由于试件和线圈的相对运动产生的。频率调制并非使感应电压的频率发生变化，而是指感应电压信号的包络频率发生变化。

6.3.2.2 检测线圈信号的检出

涡流检测线圈的输出信号中，反映被测因素的是感应电压的变化量（或线圈阻抗的变化量）。在检出线圈的电压信号时，让固定分量在线圈中被抵消掉，仅保留并输出电压变化量 ΔV，如此满足放大器动态范围的要求，不失真地把 ΔV 放大到所需要的程度。

在涡流探伤中，抵消固定分量的办法是采用自比式检测线圈。检测线圈的自比连接方式有两种，一种是取检测线圈感应电压随试件变化的差动式，另一种是取检测线圈视在阻抗随试件变化的电桥式。

检测线圈的差动连接方式如图 6-4 所示，由一个激励绕组和两个测量绕组组成。激励绕组在试件中感生涡流，当试件中没有缺陷时，由于两个测量绕组反向连接，感应电压互相抵消，没有输出。试件中若出现缺陷，测量绕组中的感应电压便发生变化，有信号输出。

图 6-5 所示的桥式电路是另一种常用的信号检出方式，四个桥臂上的阻抗元件满足下式条件时交流电桥处于平衡状态：

$$Z_1 Z_3 = Z_2 Z_4 \quad 和 \quad \theta_1 + \theta_3 = \theta_2 + \theta_4 \tag{6-3}$$

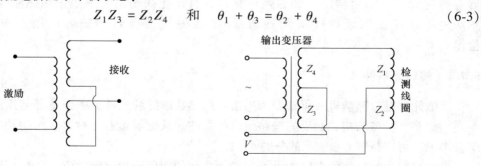

图 6-4 差动式检测线圈　　　　　图 6-5 两个线圈和变压器构成的电桥

当被检试件中没有缺陷时，由于两个线圈的阻抗相等 $Z_1 = Z_2$，电桥处于平衡状态，桥路没有输出电压；当工件中有缺陷且在一个桥臂之下时，$Z_1 \neq Z_2$，电桥的平衡被破坏，桥路有电压信号输出。

桥式检测线圈是一种自感型比较式（自比或他比）线圈，兼具自感型线圈结构简单和比较式线圈只检出变化量 ΔZ（或 ΔV）的优点，但需要与其他元器件（如上述的 Z_3 和 Z_4）配合组成电桥电路。

6.3.3 涡流阵列传感器

涡流阵列传感器由多个单元构成，这些单元有激励单元，有检测单元，也有激励和检测合为一体的。阵列传感器的优势是不需要机械扫描装置，可对工件大面积快速检测，同时解决了长裂纹可能存在的漏检问题。

涡流阵列传感器有多种分类。依据传感器构成单元类型，可分为线圈阵列传感器、霍尔阵列传感器、GMR 阵列传感器、SQUID 阵列传感器、MWM 阵列传感器等。按照涡流阵列传感器单元排布方式，可分为线性阵列、平面阵列和自由形态阵列等。根据制作方式不同，线圈阵列传感器可分为绕线线圈阵列传感器、印刷电路板阵列传感器、柔性印刷电路板阵列传感器和基于 MEMS 的阵列传感器。

线圈阵列传感器结构形式灵活多样，依照检测方式的不同可分为以下三种方式：第一种是含有多个线圈的自感式涡流阵列传感器，每个线圈单元在同一时刻既为激励又为检测，一般是在基底材料上制作多个线圈单元，布置成矩阵形式。第二种是单激励接收式涡流阵列传感器，一般设计为一个大的激励线圈和多个小的检测线圈单元阵列的形式。第三种是多激励接收式涡流阵列传感器，一般设计为尺寸相同的多个小的线圈单元，线圈单元在不同时刻既可作为激励，又可作为检测。多激励接收式线圈阵列传感器具有对提离干扰不敏感，缺陷方向识别能力强，易于扩展形成大规模阵列传感器等优点，对于形状复杂的曲面检测优势明显。

6.4 磁场传感器

磁传感器用于铁磁性材料缺陷漏磁场或其他弱磁场的检测，有感应线圈、霍尔传感器、巨磁阻传感器、磁敏电阻、磁敏二极管、磁通门等不同形式。比较常用的传感器有感应线圈、霍尔传感器和磁阻传感器。自动化探伤系统一般采用感应线圈（检测感应电压）或霍尔元件（检测磁通量），而磁敏二极管和磁通门用于更弱的磁场检测。

6.4.1 磁敏元器件

磁敏元件是对磁信号或可转变为磁信号的参数敏感的元件。磁传感器是用磁敏元件加上适当磁路、机械结构和必要的电路组成的器件。从磁敏元器件材料、结构及原理等方面综合考虑，可进行图 6-6 所示的分类。

导电材料或半导体的电阻随外加磁场而变化的现象称为磁阻效应（MR）。磁阻效应和材料本身的性质、元件形状及结构有关。与霍尔元件相比，利用磁阻效应的传感器的突出

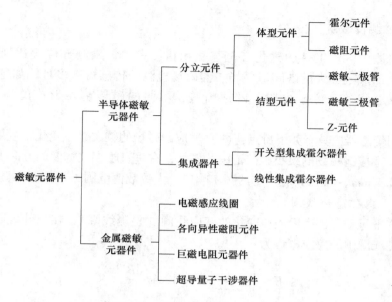

图 6-6　磁敏元器件种类层次结构

优点是动态响应特性好。磁敏电阻的发展历史较短，但是发展速度很快，如今已经形成了一个家族系列。表 6-3 列出了一些磁电阻、巨磁阻元件。

表 6-3　磁电阻元件名称及材料

元器件	缩写	英文全称	材料形状
半导体磁敏电阻	SMR	Semiconductor Magneto Resistance	半导体薄片
各向异性磁电阻	AMR	Anisotropic Magneto Resistance	铁磁金属薄膜
巨磁电阻	GMR	Giant Magneto Resistance	铁磁金属多层薄膜
隧道磁电阻	TMR	Tunnel Magneto Resistance	铁磁层绝缘层隧道结
超巨磁电阻（庞磁电阻）	CMR	Colossal Magneto Resistance	磁性微粒复合薄膜
巨磁阻抗（巨磁电导）	GMI	Giant Magnetic Impedance	钴基非晶态导线

　　强磁性金属的磁阻效应是指铁磁材料的电阻率变化与电流和磁场的取向有关。在强磁场中，金属的电阻率随磁场增强而减小，称为强制磁阻效应。在弱磁场中，当磁场强度大于某数值时，金属的电阻率与磁场强度无关，而与磁场和电流的方向夹角有关，称为各向异性磁阻效应（AMR）。之后，在强磁性金属多层薄膜中发现了有无外加磁场两种情况磁阻变化很大的现象，称为巨磁电阻效应（GMR）。

　　按磁传感器的输出信号形式，磁传感器可分为磁电型（霍尔元件）、电导型（磁阻元件、巨磁阻元件）、电流型（磁敏二极管、磁敏三极管）和声学型（声表面波）。利用巨磁阻抗导线与声表面波（SAW）器件结合，可实现磁场的无源无线测量。

6.4.2 漏磁检测传感器

在漏磁检测中，对工件的磁化规范与磁粉检测一致，检测部位应达到近饱和的状态，目的是能形成足够大的缺陷漏磁场。漏磁场检测的传感器有多种，如感应线圈、霍尔器件、磁敏二极管、磁敏电阻、磁通门等，不同的磁传感器形成的检出信号是不同的。

漏磁检测传感器应具有如下特点：（1）适应漏磁场的较大数值变化，主要范围 10^{-2} ~ 10^2 mT。（2）适应漏磁场的狭小区间范围。例如，在垂直于裂纹宽度的方向上，漏磁场宽度一般小于 0.1 mm。（3）具有一定的频率响应，大致数值范围 1 ~ 1000 Hz。

6.4.2.1 电磁感应线圈

一个检查平行于工件表面磁通变化的感应线圈（检测线圈），在工件表面沿 x 方向作扫查运动，则线圈中的感应电势为：

$$E = -N\frac{d\Phi}{dt} = -NA\cos\theta\frac{dB}{dx}\frac{dx}{dt} \tag{6-4}$$

式中，N 和 A 分别为线圈的匝数和横截面积；θ 为磁通方向与线圈轴线的夹角。

由上式可知，感应电势信号正比于磁通密度沿 x 方向的梯度 dB/dx 和线圈 x 方向的运动速度 dx/dt 的乘积。当线圈作定向、恒速扫描时，线圈感应电压的变化唯一取决于磁通（即漏磁场）的变化。当线圈沿 x 方向扫过缺陷漏磁场时，将形成漏磁场检测信号。

按上述方法检测的是漏磁场 x 切向分量的变化，类似地，如采用轴线正交于工件被检表面的线圈，也可用于检查 y（垂直）方向漏磁场的变化。

感应线圈检测的是磁场的相对变化量，并对空间域上高频磁场信号更敏感。线圈的匝数和相对运动速度决定测量灵敏度，线圈的形状和尺寸决定空间分辨力和覆盖范围等。感应线圈适合恒速动态检测场合，常用于管棒线材自动化漏磁探伤系统。

6.4.2.2 霍尔元器件

一片通有电流的半导体置于磁场中，当电流沿垂直磁场方向通过时，在垂直于磁场和电流方向的半导体两侧将产生电势差，这就是霍尔效应（Hall Effect）。霍尔电压 U_H 的大小正比于电流 I 和磁场 B 的乘积，并与半导体片的厚度 d 成反比，即：

$$U_H = R_H\frac{IB}{d} = K_H IB \tag{6-5}$$

式中，R_H 为霍尔系数，是与半导体材料性质有关的常数；K_H 为霍尔元件灵敏度，是霍尔系数 R_H 与半导体厚度 d 之比。

霍尔系数 K_H 和电流 I 一定时，霍尔电压 U_H 取决于磁感应强度 B。与感应线圈相比，霍尔元件的检出信号只与磁场的强弱有关，而与元件相对磁场的运动速度无关。

霍尔元件材料 InAs、InAsP 和 GaAS 中，InAsP 温度特性较好，GaAS 综合性能最佳（温度系数低至 0.01%/℃，工作温度高达 200 ℃）。集成霍尔器件尺寸小（可 25 μm 以下）、灵敏度高、线性度好、频率特性好（ms ~ μs 级）、测量范围大（10 μT ~ 10 T），是磁场检测的常用器件。与磁敏二极管相比，它具有更好的温度特性和稳定性。

注：霍尔元件是指没有加外围电路的半导体元件，而霍尔器件是指加了放大器等电路的集成器件，霍尔器件灵敏度比霍尔元件高得多。

6.4.2.3 巨磁阻传感器

巨磁阻（GMR）传感器是利用具有巨磁阻效应的磁性纳米金属多层薄膜材料，通过半导体集成工艺制作而成的，具有体积小、灵敏度高、线性度好、线性范围宽、响应频率高、工作温度特性好、可靠性高、成本低等特点。

巨磁阻效应是指磁性材料的电阻率在有外磁场的作用时和无外磁场作用时存在很大变化的现象。巨磁阻效应是一种量子力学效应，产生于层状的磁性薄膜结构。利用外加磁场的变化控制铁磁层的磁矩方向，可使磁性材料产生很大的电阻变化。

巨磁阻传感器需要较高的偏置磁场（约 100 mT）才能获得较大的电阻变化率，在实际测量中，这样的磁场强度有时是不允许的。若不加偏置磁场，GMR 仅比 AMR 的电阻变化率高出有限的比例。巨磁阻传感器最常见的应用是硬盘信息读出。

6.4.3 微弱磁场传感器

微弱磁场的数值范围没有明确的界限，可考虑以地球磁场（$0.25 \sim 0.5$ Gs）作为参考值，取值 1 Gs 或 10^{-4} T，小于此数值可认为是微弱磁场。微弱磁场检测可用于材料损伤机理研究和磁传感器性能测试等情形中。

6.4.3.1 磁敏二极管传感器

磁敏二极管（Magneto Sensitive Diode）是一种结型的磁电转换元件，其灵敏度比霍尔元件要高出数百倍，特别适宜检测微弱磁场，常用于 ± 100 mT 范围内，分辨力 10^{-5} mT。磁敏二极管尺度很小，可以方便地制作成各种探头。

磁敏二极管相当于一个 PN 结的二极管，在二极管的两极施加正向电压同时通过正向磁场，则注入的空穴和电子使电流在磁场垂直的方向被弯曲，而抵达 Y 区域（复合区）被急剧中和，其结果表现为电阻增大，电流减小；若施加反向磁场，则电子和空穴在远离 R 区域方向被弯曲，载流子平均寿命增加，电流增大而电阻减小。

磁敏二极管具有与普通二极管相似的伏安特性曲线。当施加于二极管两端的电压不变时，磁感应强度 B 即与电流（可看成电阻）有对应关系，利用测量电流（电阻）来间接测量磁场的大小。

磁敏二极管温度系数较大，输出电流具有非线性，使其应用受到一些限制。磁敏二极管的互换性不好，尽管有灵敏度高的优点，但至今未能替代霍尔元件。

6.4.3.2 磁通门传感器

磁通门（Flux-gate）传感器以软磁材料为敏感元件，不需要外加偏置，噪声很低，对于直流磁场或低频交流磁场的测量效果较好。

磁芯是传感器的核心元件，磁通门的所有性能都与磁芯的电磁和形状尺寸参数有关。为了减少磁损耗，需要采用高磁导率、低矫顽力的软磁材料作为磁芯。对比各种磁性材料，非晶态合金是一种性能较好的软磁材料。为进一步提高传感器性能，可将磁芯设计为长环跑道形。

磁通门输出依赖于磁芯的磁特性，分辨力随磁芯和线圈尺寸变化。磁通门灵敏度很高，可以测量 1 mT 以下（$10^{-7} \sim 10^{-3}$ T）的弱磁场，分辨力 10^{-10} T。

6.4.3.3 超导量子干涉器件

超导量子干涉器件（SQUID）是目前探测微弱磁场最灵敏的器件，对磁感应强度的分辨力可达 10^{-15} T，可用来测量微弱磁场、磁场稳定性、研究弱磁物质等。SQUID 的工作原理基于弱联接超导体的约瑟夫逊效应，具有灵敏度极高、响应速度极快的特点。

6.5 射线探测器

数字化射线探伤常用阵列结构辐射探测器（DDA），包括非晶硅辐射探测器、非晶硒辐射探测器、CCD 和 CMOS 辐射探测器。DDA 构成的直接数字化射线检测系统称为 DR 系统，有面阵和线阵两种形式，在应用中各有优势。工业 CT 检测系统常用闪烁体光电二极管、闪烁体光电倍增管。

6.5.1 射线探测器概述

6.5.1.1 射线探测器基础

射线探测器完成射线信息的探测和转换，是获得射线检测图像的基本器件，也是影响检测图像质量的基本因素。下面介绍射线探测器的原理分类和构成探测器的共同基础。

A 射线探测器原理分类

按射线探测原理，射线探测器可分为三类：气体射线探测器、闪烁射线探测器、半导体射线探测器：

（1）气体射线探测器。气体射线探测器采用气体作为射线探测介质，利用射线使气体电离的现象实现射线探测。射线与气体作用，一部分能量使气体电离，电离产生的离子对在电场作用下形成电离电流，通过测量电离电流实现对射线的测定。

（2）闪烁射线探测器（图 6-7）。闪烁射线探测器采用闪烁体作为射线探测介质，利用闪烁现象（光致发光）实现对射线的探测。闪烁现象是指闪烁体受到辐射发射可见光的现象。入射线与闪烁体作用时，闪烁体吸收射线能量，并把吸收的部分能量以可见光的形式发射出来。将光信号转换为电信号（光电阴极受光照射发射光电子），测定电信号实现对射线的探测。

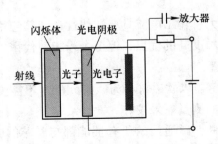

图 6-7 闪烁射线探测器工作原理

（3）半导体射线探测器（图 6-8）。半导体射线探测器利用半导体作为探测介质进行射线探测。射线入射到半导体时，损失的能量产生大量电子-空穴对。在电场作用下，电子和空穴分别向两极漂移，在输出回路形成电信号，通过检测电信号实现对射线的探测。半导体射线探测器可看作是一个探测介质为半导体的固体电离室。

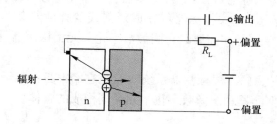

图 6-8　半导体射线探测器工作原理

B　探测介质之闪烁体

闪烁体是部分射线探测器的基本组成部分，用于将射线信号转换为可见光信号，提供给探测器后续单元进行转换、探测。

射线作用可引起瞬时发射可见光的物体一般称为发光材料。发光材料以粉状细小颗粒制作探测器部件时称为荧光物质。发光材料以透明单晶体制作探测器部件时称为闪烁晶体。对于高能射线情况，发光材料常简单统称为闪烁体。

荧光物质和闪烁晶体将射线能量转换为荧光辐射的过程是一种光致发光过程。按照受激辐射原理，发光现象的机理是原子中电子的能级跃迁。

C　探测介质之非晶态半导体

按半导体的原子排列，半导体可分为晶态半导体和非晶态半导体。非晶态半导体不同于晶态半导体，其基本特点是原子排列短程有序、长程无序。非晶态半导体又称玻璃半导体，有锗、硅、硫系玻璃等。

非晶态半导体中每个原子周围的最邻近原子排列有规则，与同质晶体一样，但从次邻近原子开始可能是无规则排列。非晶态半导体短程有序的特点，使电子的共有化运动限制在中心点附近，其能带结构不同于晶态半导体，产生了自己的特性。

D　探测器控制电路 TFT

TFT（Thin Film Transistor）即薄膜晶体管大规模半导体集成电路，TFT 的主要单元是三端器件——场效应管。场效应管通过施加在绝缘栅极上的控制电压（可控制源极和漏极间的电流）实现对输出电流的控制。利用这种集成电路，可容易地用场效应管作为开关实现对大面积下、数量众多的矩阵单元进行控制。

TFT 技术最早应用于液晶显示器大面积矩阵单元的控制，通过有序地控制行列电压实现全屏显示。对于平板探测器，通过类似的有序控制，即可读出每个像素单元的信号。

6.5.1.2　射线探测器系统

按照结构特点，射线探测器可以分为两大类：阵列结构射线探测器和连续结构射线探测器。阵列结构射线探测器主要有非晶硅探测器、非晶硒探测器、CCD 或 CMOS 射线探测器。连续结构射线探测器主要有成像板（IP）、图像增强器（XII）等。

非晶硅探测器、非晶硒探测器、CCD 或 CMOS 射线探测器，它们本身具有很多个分立的射线探测单元（像元）。结构中还包含模/数转换（A/D 转换）部分，统称为分立射线探测器阵列，常用 DDA（Discrete Detector Arrays）表示。这类探测器不仅完成对射线的探测与信号转换，同时也完成了图像数字化，可以直接给出数字图像。

成像板（IP）、图像增强器（XII）等探测器，本身是连续性结构，结构中也不包含模数转换（A/D 转换）部分。这类探测器仅完成对射线的探测与信号转换，直接获得的是模拟图像。为了给出数字图像，需要结合图像数字化单元，探测器性能与图像数字化单元性能共同决定其整体性能。

对于阵列结构射线探测器，"探测器系统"就是它们本身；对于连续结构射线探测器，"探测器系统"则是由探测器和图像数字化单元共同构成的整体。

6.5.2　阵列结构射线探测器

数字射线检测技术使用的阵列结构射线探测器（DDA），主要是非晶硅射线探测器、非晶硒射线探测器、CCD 和 CMOS 射线探测器。DDA 构成的直接数字化射线检测系统称为 DR 系统。

6.5.2.1　非晶硅射线探测器

非晶硅射线探测器由闪烁体、非晶硅层（光电二极管阵列）、TFT 阵列（薄膜晶体管阵列）、读出电路构成。每个探测单元包括一个非晶硅光电二极管和起开关作用的 TFT 场效应管，它们共同构成探测器的像素。

闪烁体将射线信号转换为可见光信号。对于非晶硅射线探测器，常用的闪烁体是碘化铯（铊作为激活剂）或荧光物质硫氧化钆（铽作为激活剂）。

非晶硅层，即光电二极管阵列层，是光电探测器件。闪烁体层将射线信号转换为可见光信号，非晶硅光电二极管将可见光转换为电信号，电信号在 TFT 控制下由读出电路顺序读出，经过系列处理，形成数字图像信号。

光电二极管的基本结构是 PN 结。在 PN 结上施加反向电压，则构成光电二极管。当光照射 PN 结时，在半导体中产生电子-空穴对，在内建电场作用下形成光生电流。光生电流与光照强度成正比，其线性范围很宽。

6.5.2.2　非晶硒射线探测器

非晶硒射线探测器的基本组成部分是非晶硒（光电材料）、TFT 阵列（薄膜晶体管阵列）、读出电路。电容和 TFT 开关构成采集信息的最小单元，构成非晶硒探测器的输出像素。非晶硒直接将射线信号转换为电信号，不存在中间转换过程，是一种直接转换的射线探测器。

非晶硒射线探测器用非晶硒作为光电转换材料。入射到非晶硒的射线，部分能量产生电子-空穴对，射线信号转换为电信号，电信号在 TFT 集成电路中的电容上积聚形成储存电荷。在 TFT 集成电路的读出电路控制下，储存的电荷被顺序读出，经处理、放大、A/D 转换等，形成数字射线检测图像。

6.5.2.3　CCD 或 CMOS 射线探测器

CCD（电荷耦合器件）或 CMOS（互补金属氧化物半导体）射线探测器的基本结构为闪烁体与 CCD 或 CMOS 感光成像器件。在闪烁体与 CCD 或 CMOS 感光成像器件之间采用光耦合器件传输信号。

闪烁体将射线信号转换为光信号，CCD 或 CMOS 感光成像器件将光信号转换为电信号。读出 CCD 或 CMOS 各探测单元电荷，经信号处理电路处理，形成数字图像信号。可见，闪烁体实现射线信号探测，CCD 或 CMOS 实现对光信号的转换和检测。

CCD 的基本结构单元是 MOS 电容，它实现电荷信号的产生、存储、转移，且输出电荷信号正比于照射光强。当光信号照射在 CCD 上时，半导体中产生电子-空穴对，电子被吸引、收集，形成信号电荷，实现光信号向电信号的转换。在 CCD 的栅极上施加按一定规律变化的电压，使电荷沿半导体表面转移，形成输出信号。

CMOS 主要组成部分是像敏阵列（光电二极管阵列）和 MOS 场效应管集成电路，它们集成在同一硅片上。光电二极管完成光信号向电信号转换，MOS 场效应管构成光电二极管的负载、放大器，传送电信号。

6.5.3　连续结构射线探测器

6.5.3.1　成像板（IP）

IP 板是 CR 技术的辐射探测器，构成的间接数字化射线检测系统，简称 CR 系统，参阅 2.2.3 节。

IP 板的基本结构有保护层、荧光层、支持层和背衬层。荧光层采用特殊的荧光物质，即光激发射荧光物质构成。荧光物质的类别、荧光晶体的颗粒尺寸与荧光层的厚度决定了 IP 板的基本性能。IP 板中形成的射线信息潜在图像，可以采用激光激发读出。

IP 板系统由 IP 板、IP 板图像读出器、（读出）软件、读出参数构成。它们作为一个整体共同决定数字射线检测图像质量。IP 板受结构噪声限制，信噪比不够高，但空间分辨力较高，动态范围大。

6.5.3.2　图像增强器（XII）

采用图像增强器可构成间接数字化射线检测的图像增强器系统。图像增强器系统由图像增强器、光学耦合系统、图像采集与图像数字化部分组成。

图像增强器的核心是图像增强管。图像增强管的基本结构为轻金属壳体、输入转换屏（闪烁体）、聚焦电极（光电子）、输出屏（荧光物质）。检测系统图像形成过程可简化表示为：射线→可见光→电子→可见光→后续处理→数字图像。

应用中的图像增强器与光学系统、图像采集系统及模数转换部分结合在一起，其空间分辨力主要受输入屏不清晰度的影响。图像增强器系统最好搭配小焦点或微焦点射线源，应用于在线连续检测场合。

6.6　图像传感器

图像传感器主要用于可见光图像信号检测，可用于观察和记录内窥镜输出信号、磁粉检测中的磁痕、渗透检测中的显像图形、全息或散斑检测的条纹或光斑等，还可用于检测工件形状尺寸和位置等几何信息，是无损检测自动化和智能化的重要器件，也是机器视觉系统中工业相机的关键器件。

常用图像传感器有电荷耦合器件（CCD）、互补金属氧化物半导体（CMOS）和电荷注入器件（CID）三种类型。CCD 传感器成像质量好但结构复杂价格偏高，CMOS 传感器综合性能好，可集成为单芯片，工作速度快。

6.6.1　CCD 图像传感器

CCD 图像传感器是集成化的固态光电传感器，包含大量分立的 MOS 电容或光电二极管（光敏单元、像素），工作原理是内光电效应。CCD 光谱响应范围一般为 0.2~1.1 μm，超过人眼 0.38~0.78 μm 的可视范围。

CCD 传感器以电荷包的形式存储和传送信息，主要由光敏单元、输入结构和输出结构三部分组成。CCD 的工作过程包括光电转换与存储、电荷转移和电荷输出。

6.6.1.1　CCD 光敏单元

CCD 光敏单元是 MOS 电容器或光敏二极管。在 P 型硅片上氧化生成 SiO_2 层，再沉积一层金属电极（栅极）形成一个 MOS 电容器。光照到 MOS 电容器上，栅极附近硅层产生电子-空穴对，多数载流子（空穴）被栅极电压排斥，少数载流子（电子）被收集在栅极形成光生电荷。与 MOS 电容器比，光敏二极管通过扩散形成 PN 结，产生存储电荷的"势阱"。光敏二极管灵敏度高、光谱响应宽、暗电流小，总体性能比 MOS 电容好。

上述单个光敏单元即为 CCD 像元（像素），大量光敏单元按一定规则排列，将电荷存储、转移和输出等电路集为一体，组成 CCD 线阵或面阵传感器，如图 6-9 所示。

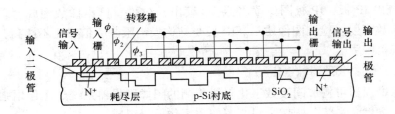

图 6-9　CCD 器件结构示意图

6.6.1.2　线阵 CCD

由光学成像系统（镜头）将光线汇聚在 CCD 像元阵列上，将光强度分布信号转变成光电荷密度分布信号，利用时钟脉冲驱动光生电荷从移位寄存器中转移出去，获得一维图像信号。使用线阵 CCD 对平面图像作扫描运动，则可获得二维图像信号。

线阵 CCD 有单沟道结构（单读出寄存器）和双沟道结构（双读出寄存器）之分。双沟道结构比单沟道结构输出转移时间少一半，转移效率高。线阵 CCD 像元数已从 256×1 发展到 7500×1。还有三行线阵 CCD，像元数有 2700×3、5340×3、10550×3 等多种规格。

6.6.1.3　面阵 CCD

光敏单元阵列是二维阵列，由行和列组成矩阵电路。根据信号电荷向移位寄存器转移方式的不同，分为帧转移、列转移和线转移等类型。线转移型相当于取消暂存区的帧转移型，有效光敏面积大，转移效率高，缺点是电路复杂。

面阵 CCD 输出信号按电视扫描制式，用水平分辨力来评价整个面阵的分辨力。水平方向上的像元数目越多，CCD 分辨力越高。面阵 CCD 像元数从 512×500 发展到 1024×1024、2048×2048、4096×4096 等多种规格。

6.6.2 CMOS 图像传感器

CMOS 器件和 CCD 器件都采用硅半导体材料，光谱响应（0.35～1.1 μm）和量子效率（光生电子与入射光子数量之比）基本相同，但二者电路结构和制作工艺不同，性能特点区别很大。早期 CMOS 成像质量不高，但发展至今已接近 CCD 像质。

CMOS 器件由光敏二极管、MOS 场效应管、MOS 放大器和 MOS 开关电路构成。CMOS 器件工作流程包括初始化、行操作、列操作和复位操作四部分。

6.6.2.1 CMOS 光敏单元

CMOS 光敏单元（像素）可以分为无源像素型（PPS）和有源像素型（APS），具体分为光敏管无源像素结构、光敏管有源像素结构和光栅型有源像素结构三种。

无源像素结构较为简单，没有信号放大，由一个反向偏置的光敏二极管和一个行选择开关管构成。开关管闭合时，列线电压保持一个常数，在读出信号的控制下，将光电信号由电荷积分放大器转换为电压输出。

光敏二极管有源像素结构通过在像元内引入缓冲器或放大器改善像元性能。由于每个放大器仅在读出期间被激发，使得 CMOS 器件比 CCD 器件功耗小。光敏二极管有源像素量子效率高，读出噪声较无源型低。光栅型有源像素结构结合了 CCD 和二维寻址的优点，暗电流噪声小，已经接近高档 CCD 的图像质量。

6.6.2.2 CMOS 器件结构

CMOS 器件结构包括光敏单元阵列和输出及信号处理电路，两部分集成在一块硅片上，如图 6-10 所示。光敏单元阵列按水平 X 方向和垂直 Y 方向布阵，阵列中的任一光敏单元分别由 X 方向和 Y 方向地址译码器确定其唯一地址。每一列光敏单元对应一个列放大器，光电信号经列放大器和模拟开关输出至 A/D 转换器和预处理电路，通过接口电路输出。整个电路由时序脉冲电路提供驱动，并受控于接口电路的同步信号。

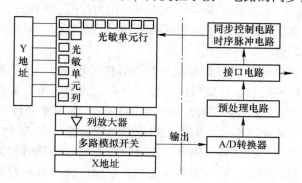

图 6-10 CMOS 成像器件原理框图

综上所述，CCD 器件和 CMOS 器件在内部结构和外部结构上都不相同。CCD 器件输出模拟信号，在器件外部连接驱动电路、接口电路和 A/D 转换电路，而 CMOS 器件各电路可集成在同一芯片上并输出数字信号。CCD 器件具有更好的图像质量和配置灵活性，占据高端应用领域。与 CCD 器件相比，CMOS 器件在制造工艺、集成度、速度和功耗（小于1/10）等方面具有显著优势。

6.7　红外探测器

红外探测器包括热电型（热敏电阻和热释电）和光电型（光电导型和光伏型）两大类。热电型探测器的光谱响应宽而均匀、灵敏度较低、响应时间较慢（毫秒级），在室温下工作。光电型探测器的光谱响应窄、峰值灵敏度较高、响应时间较快（微秒级），需要低温环境。常见的红外无损检测仪器有红外点温仪、红外热像仪、红外热电视三种类型。

6.7.1　光电探测器

（1）光电导型探测器：当红外或其他辐射照射半导体时，其内部的电子接收了能量，处于激发状态，形成了自由电子及空穴载流子，使半导体材料的电导率明显增大，这种现象称为光电导效应。利用光电导效应工作的红外探测器，称为光电导探测器。常用的此类探测器有锑化铟（InSb）探测器、硫化铅（PbS）、硒化铅（PbSe）探测器及锗（Ge）掺杂质的各种探测器。

（2）光伏型探测器：如果以红外或其他辐射照射某些半导体的 PN 结，则在 PN 结两边的 P 区和 N 区之间产生一定的电压，这种现象称为光生伏特效应简称光伏效应。根据光伏效应制成的红外探测器，叫光伏型探测器，常用的有砷化铟（InAs）和光伏型锑化铟（InSb）探测器。在探测率相同的情况下，光伏型探测器的时间常数可以远小于光电导型探测器。

6.7.2　热电探测器

（1）热敏电阻探测器：对 X 射线到微波的辐射都可响应，是一种无选择性探测器，可以在室温环境中工作。它是根据物体受热后电阻会发生变化这一性质制成的红外探测器。其工作原理与光电探测器不同。这种探测器的时间常数大，一般在毫秒级，所以只适用于响应速度不高的场合。

（2）热释电探测器：这是一种新型探测器，是利用某些材料的热释电效应制成的。这种效应是指一些铁电材料吸收红外辐射后，温度升高，表面电荷发生明显变化（通常，温度升高，表面电荷减少），从而实现对红外辐射的探测。常用来制作热释电红外探测器的材料有硫酸三甘肽、一氧化物单晶、锆钛酸铅以及以它为基础掺杂改性的陶瓷材料和聚合物等。采用热释电材料制作的红外探测器，在接收稳定的红外辐射时无信号输出。必须将入射的红外辐射进行截光调制，使其周期性变化，以保证探测器的输出稳定。

6.7.3　红外检测仪器

根据工作原理和结构的不同，一般将红外检测仪器分为红外点温仪、红外热像仪和红外热电视等几大类。其中，红外点温仪在某一时刻，只能测取物体表面上某一点（某一小区域）的辐射温度（某一区域的平均温度），而红外热像仪和红外热电视能测取物体表面一定区域内的温度场。

红外测温仪是用来测量设备或工件表面的某一区域的平均温度。通过特殊的光学系统，可以将目标区域限制在 1 mm 以内，因此，有时称其为红外点温仪。此类红外测温仪主要是通过测定目标在某一波段内所辐射的红射能量的总和，来确定目标的表面温度。这种红外测温仪的响应时间可以做到小于 1 s，其测温范围可达 0~3000 ℃。

红外热像仪是目前最先进的测温仪器，根据其获取物体表面温度场的方式不同，红外热像仪常分为单元二维扫描、一维线阵扫描、焦平面（FPA）等。热像仪的最大特点是不仅可以测某一点的温度，而且还可以测量物体的温度场。其输出可以是直接数字温度显示（点温），也可以通过用不同的颜色来形象地表征被测物体的温度分布。

红外热电视是一种采用电子扫描方式热电探测器的二维红外成像装置。它具有红外热像仪的基本功能，两者的主要差别在于：红外热电视给出的是定性热图像，而红外热像仪输出的是定量热图像。

6.8 微波传感器

6.8.1 微波传感器分类

微波传感器或探头是微波检测的关键部件。微波传感器以微波作为信息载体检测非电量，对材料和产品的湿度、厚度、缺陷、裂纹、脱粘达到测控的目的。

微波传感器可发射微波信号与被测物作用，并接收透射、反射或散射之后的微波信号，将非电量转变为电参量，经过微波电路变成微波幅度、相位、频率测量。

微波传感器包括传输型和发射型两大类，每一类又分为谐振型和非谐振型，具体形式有空间波式、波导管式、同轴线式、微带线式、表面波式和谐振腔式等。常用的传输型天线有：末端开口的同轴线或波导管；装有介质棒的波导管；微带边缘场的谐振传感器；合成孔径天线。

波导传感器有矩形波导、圆形波导和同轴波导。传感器可以是单波导形式，也可以是双波导形式；既可以采用单频激励信号，也可以采用多频或扫频激励信号。

空间波式传感器可分为反射式和透射式，检测金属板材厚度利用双路反射法测量相位差，检测非金属材料厚度采用透射法测衰减和相移，或反射法测反射系数。

微波湿度计的传感器，有波导式、表面波式、谐振腔式，空间波穿透式和反射式。

微波探伤仪有同轴线裂缝探测仪和谐振腔裂缝检测仪等。

6.8.2 常用微波传感器

（1）空间波式传感器：空间波式传感器最常见的是标准增益喇叭，又称喇叭天线。微波的收发可用两个天线（穿透法），也可共用一个天线（反射法或散射法）。喇叭天线有扇形、角锥形和圆锥形，可视为将波导末端扩展而成，易与自由空间匹配，驻波很小。

空间波式传感器的优点是结构简单，可测量各种状态和大小的材料，如复合材料分层和金属表面裂纹等。

（2）波导管式传感器：在矩形波导宽边中心开小孔，或平行轴向开槽，可构成传输型波导传感器。传感器可做成取样型、插入型或在线型，以适应被测物的形态和检测要求。物料为扁平状或颗粒状，也可以是液体，可以测量湿度、密度和组分等。

　　矩形波导管末端开口，可构成发射型波导传感器。这种传感器可以测量介电材料（油漆、涂层）的厚度，多层复合材料的脱粘缺陷，金属材料的表面缺陷。

　　（3）谐振腔式传感器：根据微扰理论，可利用微波谐振腔构成各种传感器。将线度较小的样品引入微波谐振腔中，谐振频率 f_0、品质因数 Q 会随材料介电特性而变化，由此可测样品的湿度、厚度等非电量参数。谐振腔传感器分为单模谐振腔和双模谐振腔两大类。

　　（4）表面波式传感器：微波声表面波是微波频率的表面波，声表面波的速度传播约3500 m/s。在压电材料基板上制作的叉指换能器（IDT）受到高频电信号激励，在基板表面的一个声波长深度内产生表面波。利用表面波在层状固体分界面上的传播特性，可检测多层胶接结构的质量。

——— 本 章 小 结 ———

　　传感器种类多样，了解传感器敏感材料的物理效应，对传感器的理解、开发和应用是必要的。在无损检测技术领域，传感器在不同场合中可称为探头、探测器、换能器等。无损检测传感器一般为物理类传感器，以物性型传感器为主。传感器的主要分类和特点为：

　　（1）超声波换能器又称超声探头，有简单的单晶探头、双晶探头（分割探头），还有水浸聚焦探头、相控阵探头、电磁超声探头、激光超声探头、TOFD 探头等。

　　（2）涡流传感器又称涡流探头，包括传统的穿过式线圈、点式线圈、内插式线圈和新型的涡流阵列探头、磁光涡流探头、远场涡流探头，以及磁传感器（Hall，GMR）。

　　（3）磁传感器有感应线圈、霍尔传感器、巨磁阻传感器、磁敏电阻、磁敏二极管、磁通门等不同形式。自动化探伤系统一般采用感应线圈（检测感应电压）或霍尔元件（检测磁通量），而磁敏二极管和磁通门用于更弱的磁场检测。

　　（4）数字射线检测常用阵列结构辐射探测器（DDA），包括非晶硅、非晶硒、CCD 和CMOS 辐射探测器。连续结构射线探测器有成像板（IP）和图像增强器（XII）。

　　（5）常用图像传感器有电荷耦合器件（CCD）、互补金属氧化物半导体（CMOS）。CCD 成像质量好，但结构复杂价格偏高。CMOS 综合性能好，可集成为单芯片，工作速度快。

　　（6）红外探测器包括热电型（热敏电阻和热释电）和光电型（光电导型和光伏型）两大类。热电型光谱响应宽、灵敏度较低。光电型光谱响应窄、峰值灵敏度较高。

　　（7）微波传感器包括传输型和发射型两大类，每一类又分为谐振型和非谐振型，具体形式有空间波式、波导管式、同轴线式、微带线式、表面波式和谐振腔式等。

复习思考题

6-1　名词解释：敏感元件、传感器、传感器系统、传感器技术。

6-2　如何理解结构型传感器和物性型传感器？各举两个例子说明二者的区别。

6-3　材料 PZT-4 的纵波声速为 4000 m/s，若制作频率 5.0 MHz 的晶片，厚度应取多少？

6-4　以横波斜探头为例说明超声探头的主要功能和结构，简述超声探头常用类型。

6-5　检测线圈有三种分类，简述每一种分类的线圈类型。说明互感自比穿过式线圈的含义和特点。

6-6　画出涡流信号检出电桥电路原理图。当电桥平衡时，各桥臂的复数阻抗有怎样的数学关系？

6-7　名词解释：霍尔效应、霍尔元件、霍尔传感器；磁阻效应、巨磁阻效应。

6-8　漏磁检测的感应线圈输出信号与哪些因素有关，能否进行静态检测？

6-9　简述辐射探测器的类别和探测原理。辐射探测器阵列（DDA）的像素单元是由什么构成的？

6-10　非晶硅和非晶硒辐射探测器有什么不同？成像板和射线胶片有什么不同？

6-11　图像传感器 CCD 和 CMOS 的光敏单元是什么，两种传感器各有什么特点？

6-12　常用的红外探测器有哪些？红外检测仪器有哪几种？

6-13　简述微波传感器的分类。和其他传感器相比，微波传感器具有什么特点？

6-14　利用互联网查阅资料，综述某种无损检测传感器的研究进展及应用情况。

7 探测介质与显示介质

【本章提要】

在多种无损检测方法中，除了采用仪器设备探测材料信息，还有采用探测介质检测缺陷或漏孔的方法，例如胶片射线法、渗透检测法、磁粉检测法、液晶检测法、示踪检漏法等。这类方法通常直接显示缺陷图像或漏孔位置，具有设备和工艺相对简单，检测结果直观的特点。关于探测介质与显示介质，有的方法是各有其物（例如渗透剂和显像剂），有的方法是一物两用（例如胶片、磁粉）。

7.1 射线胶片与全息干板

射线照相胶片射线检测使用最早、技术最成熟的射线探测与显示介质。现在射线照相检测已经形成一个完整的技术体系，正在蓬勃发展的数字射线检测图像也是以胶片图像质量为评价参照和技术进步的。全息干板用于激光全息检测的干涉图样记录。

7.1.1 射线胶片及增感屏

射线胶片（Radiographic Film）通常是上下对称的多层片状结构，从中间的片基向两侧依次是结合层、乳剂层、保护层（图7-1）。其中最重要的是乳剂层，它决定了胶片的感光性能。乳剂层的主要成分是卤化银感光物质和明胶，此外还有增感剂等。卤化银常用AgBr，其颗粒尺寸一般不超过 1 μm。片基为透明塑料，是感光乳剂层的承载物。

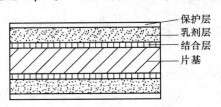

图 7-1　射线胶片结构

射线胶片与普通胶片除了感光乳剂成分有所不同外，其他的主要不同是：射线胶片一般是双面涂布感光乳剂层，普通胶片是单面涂布感光乳剂层；为了能更多地吸收射线的能量，射线胶片的感光乳剂层厚度远大于普通胶片的乳剂层厚度。但感光最慢、颗粒最细的射线胶片也是单面涂布乳剂层。

为使胶片更多地吸收射线能量，提高透照效率，常用增感屏（Intensifying Screen）贴紧胶片一起照射。增感屏是和胶片尺寸相近、可以强化胶片感光的片状物。它利用射线激发金属铅箔产生电子（金属增感屏）或盐类物质发出荧光（荧光增感屏）对胶片产生加强的感光作用。金属增感屏增感系数较小（2~7），但成像质量好，更为常用。金属增感屏不仅可以增加感光，还可吸收散射线，两方面均可改善影像质量。

7.1.2 全息记录介质

全息记录介质有多种，如卤化银全息干板（光密度变化）、重铬酸盐明胶（折射率变化）、光导热塑料（表面浮雕）、铌酸锂晶体（折射率变化）、硫砷玻璃（折射率变化）等。

卤化银全息干板是用极细的卤化银明胶乳剂涂在玻璃板上制成的，分层结构依次是乳胶层、底层、玻璃、防光晕层（图7-2），乳胶层中卤化银颗粒度 $0.03 \sim 0.09 \ \mu m$。卤化银全息干板曝光后的显影、定影等处理和普通感光胶片相同。

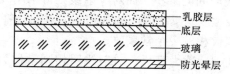

图7-2 全息干板结构

依据全息照相的再现过程原理，冲洗后记录介质的透射率（τ）与拍照时的光强（H）成线性关系为好，这就要求全息照相的曝光量应适当，一般选择在记录介质 $\tau\text{-}H$ 特性曲线的直线部分的中点。这样，通过全息照片的光束具有最大衍射，使记录条纹呈现亮度最大而失真最小的图像。

记录全息图应采用分辨率、灵敏度及感光特性良好的材料。全息干涉条纹的间距很小，所以要用超高分辨率的感光材料。全息记录介质的分辨率一般应达到 2000 条/mm 以上，而普通照相感光胶片的分辨率约为 100 条/mm。超高的分辨率意味着超细的感光颗粒，意味着感光速度慢、曝光时间长（例如 10~100 s）。

7.1.3 潜影形成机理

在射线或光线照射下，感光乳剂层中的 AgBr 感光微粒将发生变化，可以形成潜在的影像，称为"潜影"（Latent Image）。在照相乳剂的制备过程中，感光乳剂层中将形成"感光中心"，即 AgBr 晶体表面的位错等缺陷部位，由于存在中性银原子和硫化银而提高了对光的反应能力，它是潜影形成的基础。按照现代照相理论，潜影的形成分成两个阶段：电子阶段和离子阶段。

在电子阶段，AgBr 微粒吸收的光子激发溴离子产生电子，电子在 AgBr 晶体上移动，陷入感光中心，即 $Br^- + h\nu \rightarrow Br + e$。

在离子阶段，带负电荷的感光中心吸引 AgBr 晶格之间的银离子，使银离子向感光中心移动，与电子中和形成银原子，即 $Ag^+ + e \rightarrow Ag$。

上述过程是潜影形成的基本过程（在一定条件下过程可逆）。在照射时间内不断重复这个过程，直至曝光结束。这样产生的银原子团称为"潜影中心"，由无数的潜影中心构成潜影。经过显影处理，潜影可转化为可见的影像。未被显影但仍有感光性的卤化银颗粒，要用定影液溶解掉，这个过程称为定影。

7.2 射线胶片的感光特性

7.2.1 感光特性曲线

7.2.1.1 曝光量和黑度

曝光量（Exposure）是在曝光期间胶片所接收的光能量，记光（射线）强度为 I，曝光时间为 t，曝光量为 H，则曝光量可以用下式定义：

$$H = It \tag{7-1}$$

在射线照相中通常所说的曝光量（常用 E 表示），与这里的定义不完全相同。例如，对 X 射线采用管电流与曝光时间的乘积，而对 γ 射线则常采用放射性活度与曝光时间的乘积。即，没有直接采用射线强度与曝光时间的乘积，但对同一管电压下的 X 射线或同一放射源的 γ 射线，它们之间仅仅相差一个常系数。

胶片经过曝光和暗室处理后称为底片，对射线照相则常称为射线照片（Radiograph）。底片上各处的金属银密度不同，所以各处透光的程度也不同，可用光学密度的术语来描述。光学密度（Optical Density）表示了金属银使底片变黑的程度，所以光学密度通常简单地称为黑度。

设入射到片的光强度为 L_0，透过底片的光强度为 L，则底片的透光率 $K = L/L_0$。记光学密度为 D，则光学密度定义为：

$$D = \lg(1/K) = \lg(L_0/L) \tag{7-2}$$

即，光学密度为入射光强度与透射光强度之比的常用对数值。若底片黑度分别是 $D = 2$、3、4，则表示其透光率分别为 $K = 1/10^2$、$1/10^3$、$1/10^4$。

7.2.1.2 感光特性曲线

图 7-3 是一般胶片的感光特性曲线的典型样式。特性曲线的纵坐标表示底片的黑度 D，横坐标表示曝光量 H 的常用对数。

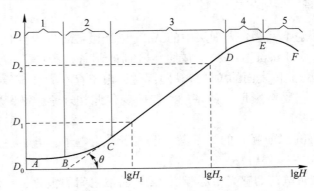

图 7-3 典型的胶片感光特性曲线

胶片的感光特性曲线一般可分为图示的几个部分，其中最重要的区域是曲线中的 CD 部分，称为正常曝光部分。这部分曲线近似为直线，黑度与曝光量的对数近似成正比。射线照相检验中规定的射线照片黑度都在这个范围之内。

对特性曲线的正常曝光部分，底片黑度 D 与曝光量 H 对数之间近似满足下面的关系：

$$D = G \lg H + k \qquad (7-3)$$

式中，G 为特性曲线的斜率，即梯度；k 为常数。

感光材料对不同波长（能量）的射线的感光度不同。要达到同一黑度，采用不同波长的射线需要不同的曝光量，这就是胶片的光谱特性。由于这一特性，胶片感光特性曲线都是对应规定能量射线的。

7.2.2 主要感光特性

胶片的感光特性曲线集中反映了胶片的感光特性，主要感光特性包括：胶片的感光度 S（感光速度）、梯度 G（平均斜率）、灰雾度 D_0（起点黑度）、宽容度 $(\lg H_2 - \lg H_1)$ 和胶片粒度 σ。这些特性大致对应光电传感器的响应速度、灵敏度、暗电流、线性范围和像素，进一步说明如下：

（1）感光度（S）。感光度也称感光速度，即对光（射线）的敏感程度。不同胶片得到同样的黑度所需的曝光量不同，所需曝光量少的感光度高，或者说感光速度快。

（2）梯度（G）。胶片特性曲线上任一点的切线的斜率称为梯度，以前称为反差系数。特性曲线上不同点的梯度是不同的，即使在正常曝光部分，曲线只是近似直线，各点的梯度也存在一些小的差别。为了表示胶片这方面的特性，引入了特性曲线的平均斜率，记为 G。在特性曲线上选择两个特定的点，以此两点连线的斜率作为胶片特性曲线的平均斜率。

（3）灰雾度（D_0）。灰雾度表示胶片即使不经曝光在显影后也能得到的黑度。在胶片感光特性曲线上是曲线起点对应的黑度。

（4）宽容度（L）。宽容度定义为特性曲线上直线部分对应的曝光量对数之差，在这个范围内，黑度与曝光量对数近似成线性关系，不同的厚度将以不同的黑度记录在胶片上。

（5）胶片粒度（σ）。一般地，随着粒度增大，胶片的感光度也增高，梯度降低，灰雾度也会增大。胶片粒度限制了它所能记录的细节最小尺寸。

7.3 渗透剂和显像剂

渗透剂和显像剂是渗透探伤的探测与显示介质。按缺陷显示方法的不同，将渗透检测分为荧光法和着色法两大类；按照渗透液去除方式的不同，又分为水洗型、后乳化型、溶剂清洗型三种；按显像剂状态的差别，分为干式显像剂和湿式显像剂等。一般按前两种分类组合，形成六种渗透探伤工艺方法。

了解渗透检测工艺过程有助于理解渗透剂和显像剂的作用、分类及应用。渗透检测的基本工序是：（1）工件表面预清理；（2）向工件表面喷洒渗透剂；（3）去除工件表面的渗透剂（有时加干燥）；（4）施加显像剂（有时加干燥）吸附缺陷中的渗透剂；（5）观察缺陷显示；（6）去除显像剂。

渗透剂（Penetrant）、显像剂（Developer）和去除剂（Remover）是渗透检测的三种主要材料。去除剂的主要成分是有机溶剂（乙醇、丙酮等），或者是水加表面活性剂。下面概述渗透剂和显像剂。

7.3.1 渗透剂

渗透剂（渗透液）是一种能够渗入工件表面开口缺陷并含有荧光染料或红色染料的溶液或悬浮液。渗透剂是渗透检测的关键材料（探测介质），其性能直接影响检测灵敏度。

7.3.1.1 渗透剂的性能要求

渗透检测中，渗透剂对工件表面的良好润湿是进行检测的先决条件。只有当渗透剂能充分润湿工件表面时，才能继续向狭窄的缺陷中渗入。渗透剂还必须能润湿显像剂，使缺陷内的渗透液回渗至表面以显示缺陷。因此，渗透剂应是表面张力系数小、润湿性能好的某些液体。

对于荧光渗透剂，要求其荧光辉度高；对于着色渗透剂，要求其色彩鲜艳。理想的渗透剂还应具有：良好的去除性，易被清洗；酸碱度中性，无腐蚀；闪点高，不易燃烧；无毒性、无刺激味；光热作用下性能稳定，以及成本较低等。

一种渗透剂不可能各项性能都理想，只能采取折中或取舍的办法，突出其中一项或几项性能指标。因此，不同的渗透剂有不同的特点，不同的适用条件和使用场合。

7.3.1.2 渗透剂的重要组分

渗透剂的主要组分是溶剂、染料、表面活性剂，还有多种用于改善性能的辅助组分，主要内容如下：

（1）溶剂。渗透剂中的溶剂具有溶解染料和产生渗透两种作用，是渗透剂的主体，应具有渗透力强和溶解性好等特性，例如水加表面活性剂、煤油、变压器油等。

（2）染料。荧光渗透剂中的荧光染料是发光剂，应发光强而色泽艳，一般为黄绿色。着色渗透剂中的着色染料，色彩应浓艳，一般为红色。

（3）表面活性剂。水洗型渗透剂中加入一定的表面活性剂作为乳化剂；后乳化型渗透剂中加入少量的表面活性剂作为润湿剂。

7.3.1.3 渗透剂的种类

按显示方式或所含染料的不同，渗透剂分为着色渗透剂（Color Contrast Penetrants）和荧光渗透剂（Fluorescent Penetrants）以及着色荧光渗透剂。按照渗透剂清洗方式的不同，分为水洗型渗透剂（含乳化剂，又称预乳化型）、后乳化型渗透剂（不含乳化剂）、溶剂去除型渗透剂三种，见表7-1。

表 7-1　渗透剂的两种分类

按显示方式分类	荧光渗透剂、着色渗透剂、双灵敏度渗透剂
按去除方式分类	水洗型（水基、自乳化）、后乳化型（亲水、亲油）、溶剂去除型

水洗型荧光渗透剂包括水基型和自乳化型两种。自乳化型基本成分是荧光染料、油性溶剂、渗透溶剂、互溶剂、乳化剂，配方较复杂。后乳化型荧光渗透剂基本成分是荧光染料、油性溶剂、渗透溶剂、互溶剂、润湿剂，适合检测光滑表面的细微缺陷。溶剂去除型荧光渗透剂的基本成分与后乳化型荧光渗透剂的配方相似，适合无水场所。溶剂去除型着色渗透剂的基本成分是红色染料、油性溶剂、互溶剂、润湿剂，适合无水无电的野外作业，但灵敏度较低。

除了基本型渗透剂，后来出现了着色荧光渗透剂（双重灵敏度渗透剂）、化学反应型渗透剂（反应之后出色彩或发荧光）、过滤性微粒渗透剂（无须显像剂）等。

7.3.2 显像剂

显像剂是一种施加于工件表面、加快缺陷中渗透剂的回渗，增强显示宽度和对比度的材料。渗透剂渗出显像的过程与渗入缺陷的过程都是毛细作用现象。显像剂是渗透检测的另一种关键材料（显示介质）。显像剂的重要组分是粉末状吸附剂（氧化镁、氧化锌等）及易挥发溶剂。显像剂粉末非常细微，其颗粒度为微米数量级。

7.3.2.1 显像剂的作用和性能

显像剂增加从缺陷中回渗到工件表面的渗透层的有效厚度，并将该渗透层在工件表面上横向扩展，形成人眼可以观察的缺陷显示。显示宽度可达缺陷宽度的几十倍到几百倍，放大作用显著。

显像剂提供与缺陷显示有较大反差的背景，从而提高检测灵敏度。荧光渗透检测时用紫外线照射观察，显像剂呈现淡蓝紫的白色背景，缺陷显示为黄绿色光斑。着色渗透检测时用白光照明观察，显像剂呈现白色背景，缺陷显示为红色痕迹。

显像剂吸湿能力强，吸湿速度快，易被缺陷处的渗透液所润湿。显像剂粉末细微均匀，对工件表面有较强的附着力，形成又薄又匀的覆盖层，有效遮盖被检材料本色。用于荧光法的显像剂应不发荧光，用于着色法的显像剂应无消色性。

7.3.2.2 显像剂的种类和特点

显像剂分为干式显像剂和湿式显像剂两大类，湿式显像剂又有水溶性和悬浮型之分，见表 7-2。

表 7-2 显像剂类别及特点

类别	干粉型	水溶性	水悬浮型	溶剂悬浮型
特点	无腐蚀，不挥发	均匀，安全	需充分搅拌	速干型，灵敏度高

干式显像剂即干粉显像剂，一般与荧光渗透剂配合使用，是较常用的显像剂。干粉显像剂是一种白色无机物混合粉末，粉末直径不超过 3 μm，常用氧化镁、碳酸镁、氧化锌、氧化钛。干粉显像剂的主要优点是易操作、不挥发、无腐蚀，主要缺点是需控制粉尘污染。

水溶性显像剂是将显像材料溶解于水中配制而成的，一般还需加入润湿剂、助溶剂、限制剂和防锈剂。水悬浮型显像剂是将干粉显像剂按一定比例加入水中配制而成的，一般还需加入分散剂、润湿剂、限制剂和防锈剂。溶剂悬浮型显像剂是将显像粉末加入挥发性的有机溶剂中配制而成的，通常还需加入限制剂和稀释剂。

溶剂悬浮型显像剂是一种速干型显像剂，常用的有机溶剂有丙酮、乙醇、二甲苯等。有机溶剂具有很好的渗透能力，挥发过程中把缺陷渗透液带回工件表面，形成轮廓清晰的缺陷显示。溶剂悬浮型显像剂的优点是显示速度快、灵敏度高，缺点是安全性较差。

7.4 表面和界面力学

7.4.1 表面和界面现象

固体表面的不均匀性和多样性，使其具有许多重要的性能。表面张力和界面张力，毛细现象和吸附现象，都是表面无损检测依据的现象或规律：

（1）表面张力一般以表面张力系数表示，即单位长度上的表面张力，单位是 N/m 或 mN/m。表面张力的作用方向与液体表面相切。易挥发液体的表面张力系数小，杂质含量高的液体表面张力系数小。液体分子之间的相互作用力是表面张力产生的根本原因。

（2）界面张力是存在于液-液界面、液-固界面，使界面收缩或铺张的力。同液体的表面张力一样，界面张力也使其界面有自发减小的趋势。界面张力总是小于两相各自的表面张力之和。两相之间的化学性质越接近，它们之间的界面张力就越小。

（3）毛细现象表现为，润湿液体在细长管中液面升高且为凹面，不润湿液体在细长管中液面降低且为凸面。弯曲液面的根本特性是曲面两侧存在压强差，表面张力是弯曲液面产生附加压强的原因。附加压强与液体表面张力系数成正比，与液面曲率半径成反比（$P = \alpha/R$）。各种纤维、颗粒形成的大量缝隙都是毛细管的表现形式。

（4）吸附现象发生在固-液界面或固-气界面时，表现为液体或气体的某些成分聚集到固体表面上。作为吸附剂的材料有很大的比表面（cm^2/g），例如活性炭、分子筛和某些粉末。

7.4.2 润湿方程和液面高度

对于表面无损检测，分子作用力、表面张力（系数），接触角、润湿现象、毛细作用，渗透、显像。这些名词或现象有着密切的内在联系。

表面张力是液体分子作用力在界面处的表现，液体表面张力的大小用表面张力系数 α（N/m）描述。固体、液体、气体三种交界处的表面张力决定接触角和润湿现象（润湿方程）。润湿/不润湿现象在液体和固体狭缝中表现为毛细作用（液面高度变化）。渗透和显像分别利用了渗透剂（渗透力）和显像剂（吸附力）的毛细作用。

如图 7-4 所示，设液滴和固体接触角为 θ，固液表面张力为 f_{SL}。当液滴处于平衡状态时，三种界面张力平衡，得到润湿方程：

$$f_S = f_{SL} + f_L \cos\theta \quad 或 \quad \cos\theta = \frac{f_S - f_{SL}}{f_L} \tag{7-4}$$

从式（7-4）可知，润湿作用与液体的表面张力密切相关。f_{SL} 减小时，$\cos\theta$ 增大，θ 减小，液体对固体的润湿程度增加。因此，可以在液体中加入表面活性剂来降低表面张力，提高润湿和渗透能力。液固接触角 $\theta < 90°$，称为润湿；$\theta > 90°$ 称为不润湿。

液体润湿毛细管壁时（图 7-5），管内凹形液面下有一个指向液体外的附加压强，迫使管内液体上升，其高度 h 为：

$$h = \frac{4\alpha\cos\theta}{d\rho g} \tag{7-5}$$

式中，α 为液体表面张力系数；θ 为液体与管壁的接触角；d 为毛细管直径；ρ 为液体密度；g 为重力加速度。可见，接触角 $\theta<90°$ 时，液体与管壁的接触角 θ 和毛细管直径 d 越小，液体上升高度越大。接触角 $\theta>90°$ 时，高度 $h<0$，表示毛细管内液面下降（图7-6）。

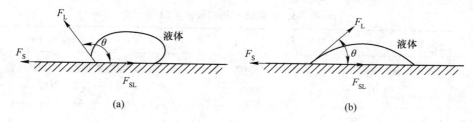

图7-4　不润湿与润湿示意图
（a）不润湿；（b）润湿

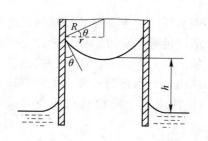

图7-5　毛细管内液面上升

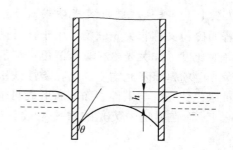

图7-6　毛细管内液面下降

润湿液体在距离很小的两平行板中（间距 d）也会产生毛细现象。对于同种液体，平板间液面上升的高度恰为毛细管内（直径 d）液面上升高度的一半。平行板间液面为柱面，毛细管中液面为球面。

上述讨论只适于模拟贯穿型缺陷，而实际检测中常见的是下端封闭的非贯穿缺陷，因此缺陷内液面高度需另行讨论。缺陷类型不同、缺陷形状不同，缺陷内液体形成的弯曲液面也不同。如气孔近似圆柱形，形成液面为球形；裂纹近似为两平行板，形成液面为凹形柱面。若施加机械振动或负压技术，可提高液体的渗透作用。

7.5　磁粉和磁悬液

对于磁粉检测灵敏度，除了要求有足够强度的缺陷漏磁场，另一个重要因素就是磁粉和磁悬液的性能。性能优良的磁粉、磁悬液能使更多的磁粉被较弱的缺陷漏磁场吸附，形成清晰的磁痕。早期的磁粉探伤因为没有专业磁化设备和专用磁粉而效果不佳。

对于磁粉检测法，缺陷的探测和显示都由磁粉完成。除了纯磁粉，还有分散剂（载液）和荧光物质也参与磁痕的迁移、聚集和显示。

7.5.1　磁粉种类

磁粉探伤所用的磁粉（Magnetic Particles）由铁磁材料的微粒组成，主要成分 Fe_3O_4、

Fe_2O_3和工业纯铁粉等。磁粉的种类较多，常用的分类方法有两种，一是根据磁痕显示光源的不同分为荧光磁粉和非荧光磁粉（表7-3）；二是根据分散剂的不同，分为干式磁粉和湿式磁粉。

表 7-3　非荧光磁粉和荧光磁粉

类别	非荧光磁粉		荧光磁粉
组分	黑色磁粉 Fe_3O_4	红色磁粉 $\gamma\text{-}Fe_2O_3$	核心为磁性氧化铁、工业纯铁粉、羟基铁粉等，外包一层荧光染料
磁痕	白光下呈黑色	白光下呈红褐色	紫外线下呈黄绿色

7.5.1.1　普通磁粉和荧光磁粉

普通磁粉又称非荧光磁粉，用于在可见光下观察磁痕图像。为了提高磁粉与工件表面的色泽对比度，非荧光磁粉具有黑色、红色、蓝色、银白色等不同的品种。

荧光磁粉是将荧光物质黏结在磁性铁粉表面制成的。在紫外灯下，磁痕会发出色泽鲜艳的黄绿色荧光，与工件表面本底形成明显的对比。纯白和纯黑在明亮环境里的对比系数为25：1，而在黑暗中荧光的对比系数高达1000：1，因而荧光磁粉具有很高的检测灵敏度。

7.5.1.2　干式磁粉和湿式磁粉

干式磁粉适用于干法检验，使用时以空气为分散剂施加在被检工件表面，干式磁粉有普通磁粉和荧光磁粉。近些年出现了空心球状磁粉和日光性荧光磁粉等新品种。

湿式磁粉用于湿法检验，使用时，需要以油或水作分散剂，配制成磁悬液，然后施加在工件表面上。由于磁粉要悬浮在分散剂中，湿式磁粉比干式磁粉的粒度更细，检测灵敏度更高。湿式磁粉也有普通磁粉和荧光磁粉之分。

磁粉检测是以磁粉为显示介质的观察缺陷的方法。根据磁化时施加磁粉的干湿种类有干法和湿法之分；按照工件上施加磁粉的时间，检验方法有连续法和剩磁法之分。

干法通常与便携式设备配合使用，一般采用连续法磁化。湿法常与固定式设备配合使用，应优先考虑剩磁法，若剩磁法不适合则采用连续法。

7.5.2　磁粉性能

磁粉性能主要包括磁性、粒度、形状、流动性、密度、识别度等。这些因素相互关联、相互制约，不能孤立地追求某一方面，可靠的测试方法是通过综合性能试验来衡量磁粉的性能。

磁粉性能说明如下：

（1）磁性。磁粉检测中的磁粉应具有高的磁导率、低的矫顽力和低的剩磁。高的磁导率，使磁粉容易被微弱漏磁场所吸附，低的剩磁和低的矫顽力，磁粉容易分散和流动，有利于磁粉反复使用。

（2）粒度。磁粉颗粒的大小对磁粉的分散性、悬浮性和被漏磁场的吸附能力有很大的影响。粒度大，分散性好，悬浮性差，难以为漏磁场吸附，粒度小则反之。湿法磁粉的较好粒度是 $5 \sim 15~\mu m$。

（3）形状。磁粉的形状对磁痕的形成具有较大的影响，磁粉在磁场中受力与磁粉形状有关。条形磁粉受磁力最大，可形成长链，磁痕清晰，但流动性差。球形磁粉磁性较弱，但流动性好。

（4）流动性。磁粉的流动性与磁粉的形状与施加的方式和电流种类有关。湿法利用磁悬液带动磁粉向漏磁场处分布。干法利用微风吹动磁粉，并利用交流电或单相半波整流电搅动磁粉。

（5）密度。磁粉的密度对磁粉的磁性、悬浮性、流动性有影响。密度大，磁性强，悬浮性差，流动性也不好，为此，各类磁粉都有各自的密度推荐数值。

（6）识别度。对于非荧光磁粉，磁粉与工件颜色对比越明显越好。对于荧光磁粉，在紫外光下观察时，磁痕呈黄绿色，色泽鲜明，能提供最大的对比度和亮度。

7.5.3 磁悬液

将磁粉分散、悬浮在适合的液体中，例如某种油或水中，则形成磁悬液（Magnetic Ink）。磁悬液施加于工件表面，能检出细微缺陷，并且磁悬液可以回收重复使用。

磁悬液是磁粉悬浮液的简称，用来悬浮和分散磁粉的液体称为载液，也称作分散剂。载液用油的称为油基载液，配制油磁悬液；用水的称为水基载液，配制水磁悬液。

油基载液常用无味煤油或变压器油，具有低黏度、高闪点、无荧光、无味无毒等特性。水基载液在水中添加乳化剂、防锈剂等，以保证其润湿性、分散性和防锈性。

7.6 热敏材料

无损检测用热敏材料有液晶、热敏漆、热敏纸、热敏磷、荧光材料等。在检测过程中，这些热敏材料既是探测介质，又是显示介质，显示结果简单直观。

7.6.1 热敏涂料法

热敏涂料是一种能通过外观改变来反映温度变化的材料，可以通过颜色变化或熔化与否来显示被测温度的变化。这种检测方法属于热学无损检测法，称为热敏材料涂覆法，或热敏涂料法。热敏涂料法中，液晶检测法应用较多。

热敏涂料法就是将具有这种热敏特性的材料用涂抹、喷涂、浸渍等技术涂覆到试件的表面上，干燥以后即可进行检测工作，所成热图通常可以直接目视观察。这是一种接触式热学检测法，是一种简单实用的测试方法。涂层价格低廉，无须复杂设备。热敏涂料的反应有的是可逆的，有的是不可逆的。可逆性的涂料可以回收使用。

热敏涂料一般为液体，由变色材料（热致变色物质）、基料（粘合剂）、稀释剂（溶剂）和其他添加剂组成。变色颜料是热敏涂料的主要成分，根据测试温度配制或选用，其变色温度即为热敏涂料知识温度。使用时，根据热敏涂料颜色判别被测表面高于或低于某一温度。基料既要符合颜料特性，又不与颜料起反应，且能产生明显的变色和显色。低温基料可用各种树脂，高温基料常用有机硅树脂或改性有机硅树脂。

热敏涂料法在多种材料和工艺的表面质量检测、温度显示和记录中被广泛应用。这种方法的不足之处是只能提供定性或半定量信息，给出的结果是一个温度区间，温度分辨力较低，但对于某些材料的无损探伤，还是很实用的检测方法。

热敏涂料法已用于检测钎焊质量、胶接质量、金属涂层镀层质量，检测电子组件中的热点、冷却器管路堵塞，以及热传导和温度范围的监控、等温曲线测定等。

7.6.2　液晶的性质

液晶（Liquid Crystal）是一种介于液相与固相之间的中间状态相，它既具有液体的流动性和表面张力，又具有晶体的固定熔点、各向异性和光学性质。

液晶物质多是有机化合物，有天然的也有合成的。按照分子排列型式，液晶有向列相（丝状相，图7-7（a））、胆甾相（螺旋相，图7-7（b））、近晶相（层状相，图7-7（c））三种类型，液晶的分子排列型式如图7-7所示。胆甾相液晶多是胆甾醇的衍生物。向列相液晶和胆甾相液晶常用于显示器中，扭曲向列（TN）和超扭曲向列（STN）显示都是在向列相液晶中加入不同比例的胆甾相液晶获得的。

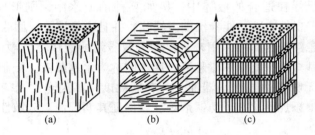

图 7-7　液晶的分子排列型式
（a）丝状相；（b）螺旋相；（c）层状相

液晶的光学特性有选择性散射、双折射、旋光性、圆偏振光的二向色性。在一定温度范围内，光波照射到胆甾相液晶的螺旋结构上时，会产生特别的光学现象，形成鲜艳色彩。胆甾相液晶分子的结合力弱，外界热源（温度）、应力、电场、磁场和化学气氛等会影响液晶分子的螺距和周期，影响选择性散射光的波长，形成有规律的色彩变化。

胆甾相液晶被加热时，在低相变点（熔点），晶体结构开始破坏变成黏稠浑浊可流动的塑性物质，但仍然保持着晶体的光学性质。随着温度升高，液晶会依次散射出红、黄、绿、蓝、紫五色，达到高相变点（澄清点）时浑浊状态消失，变成一种各向同性的无色透明液体，失去了晶体的光学性质。在冷却阶段，液晶物质又要经过相变区，依次呈现与前反序的紫、蓝、绿、黄、红五色。之后液晶再冷却，则失去流动性而转变为晶体。

7.6.3　液晶无损检测

液晶无损检测技术利用了液晶的温度效应和光学效应，采用热光源作为必要的配置，以液晶薄膜作为温度敏感元件，探测和显示温度区间和缺陷分布。

液晶分子对热非常敏感，微小的温度变化，液晶薄膜就显示不同的色彩。将液晶涂在试件表面并适当加热，由于试件结构不连续处存在导热差异性，即存在微小温度变化，用光照射液晶时，在某个温度区间内，不连续处就会发生色彩变化，与四周形成反差，因此可判断缺陷的位置、大小及严重程度。

无损检测所用的液晶是几种胆甾相液晶的混合物，多种混合物配比形成多种配方，以适应不同的检测条件和要求。不同的配方有不同的工作温度和灵敏度，通常把液晶的整个显色温区称为工作温度，而显色温区的宽度称为灵敏度。例如，某一液晶配方 40.5 ℃ 显红色，41.7 ℃ 显紫色，则工作温区 $WT=40.5 \sim 41.7$ ℃，而灵敏度 $\Delta t = 1.2$ ℃。

液晶法可用于检测玻璃钢蜂窝板、不锈钢与镁合金型材胶接质量、胶接点焊零件、铝与铝胶接、铝与塑料胶接等黏结质量，还可以检查热交换器管道的堵塞和多层电路板层间的短路情况等，以及金属材料的疲劳、范性流变和断裂过程的研究等。

7.7 示漏介质

渗漏检测或泄漏检测（Leak Testing，LT）是专门检验液体或气体从压力容器中漏出或从外面渗入真空容器中的无损检测技术。常用的渗漏检测方法有压力变化法、气密性试验、气体放电法、真空计检漏法、氦质谱检漏法、卤素检漏法等，其中以氦质谱检漏法灵敏度为最高，应用也较多。

渗漏检测的应用对象可以分为两种设备系统：压力系统（压力容器、压力管道、锅炉等）和真空系统（真空泵、镀膜机、真空炉等）。每一种系统又分两大类检漏方法：不用示漏介质的方法和利用示漏介质（常为气体）的方法。示踪气体通常只是探测介质，对于检漏结果的显示，还需另外的仪器、仪表、试纸或胶片完成。

7.7.1 漏道和渗漏率

渗漏检测时，对密封容器的一侧施加示漏介质，在另一侧探测有无渗漏。若存在渗漏，要确定总渗漏率是否超过允许值。如果总渗漏率超出允许值，再进一步检测，确定每一个漏孔的渗漏率大小和相应的准确部位。

在压力差或浓度差作用下，使气体或液体从壁的一侧渗漏到另一侧的孔洞、缝隙，称为漏孔（漏道）。一般漏孔由原材料缺陷、焊接表面不清洁、工艺规范不当、结构设计不合理、安装不当等原因引起。

真空技术中的漏孔是极其微小的，截面形状是相当复杂的，无法用几何尺寸来表示其大小，所以一般用渗漏率来表示其大小。

渗漏率是指在一定的温度、压力、体积等条件下，单位时间内流出或流入系统的流体量。气体流量可以表示为总的分子数，或总的质量，或其他成比例的量。对于液体，渗漏率可用称量法测得。

依据理想气体的状态方程 $PV=NRT$，可得出气体渗漏率的单位和计算方法。式中，N 为气体的克分子数；R 为气体普适常数。在一定的温度下，定量气体的压力 P 和体积 V 的乘积与其质量 m 成正比。因此，渗漏率常用单位时间内测得的压力与体积之积来表示，单位是 $Pa \cdot m^3/s$ 或 $Pa \cdot L/s$。

气体的渗漏率也可通过压力和温度的测量并计算得到。假定体积为 V 的容器中的气体在温度 T_1 时被加压到 P_1，维持一段时间后，温度 T_2 时气体压力降到 P_2，则渗漏的气体量（以克分子数表示）为

$$\Delta N = \left| N_2 - N_1 \right| = \left| \frac{P_2}{T_2} - \frac{P_1}{T_1} \right| \frac{V}{R} \tag{7-6}$$

ΔN 乘以气体的平均克分子量，可将 ΔN 转换成质量。将 ΔN 除以两次测量的时间间隔可得到平均渗漏率。多数情况下，系统的容积可视为不变。

7.7.2　渗漏检测技术

渗漏是由于在"漏道"（或漏孔）的两侧流体压力或浓度不同而引起的。用"渗漏率"表示在给定的一组条件下单位时间内渗漏的流体量，用"最小可检漏率"表示采用某种技术和仪器可以检测出的最小渗漏率，也就是检出灵敏度。

渗漏检测的方法很多，基本原理主要是利用示漏介质或示踪气体来判断有无穿壁缺陷（漏道）存在，并根据示漏介质的渗漏率，测定漏道的大小。

渗漏检测的方法可根据系统中的压力和流体（气体或液体）来分类，即分为压力下气体系统的渗漏检测、压力下液体系统的渗漏检测和真空系统的渗漏检测三类。还可依据是否采用示踪气体，以及检测原理和仪表分类。

常用的渗漏检测方法有压力变化法、气密性试验、气体放电法、真空计检漏法、氦质谱检漏法、卤素检漏法等。此外，还有嗅敏半导体、活性炭、红外线、离子泵检漏法，以及渗透、声发射、激光全息、放射性同位素等检漏方法。

确定渗漏检测方法时要考虑的主要因素有三个：（1）被检系统和示踪介质的物理特性；（2）预计漏道的尺寸；（3）检测目的。

测量渗漏率，首先要校准检漏仪。为此，用一个已知渗漏率的标准漏孔（毛细管型漏孔，或薄膜型漏孔）校准检漏仪，用它能响应的最小渗漏率校准。

标准漏孔是一种能稳定地通过特定气体流量的漏孔。常用的标准漏孔有：薄膜渗氦型标准漏孔，硬玻璃-铂丝标准漏孔，放射性标准漏孔等。

7.7.3　检漏方法与示漏介质

根据示漏介质的种类、介质通过漏孔方式及介质的检测装置等，可以分成许多种检测方法，在每一类中又有多种具体方法。例如其中一种分类为真空检漏（负压检漏）、充压检漏、背压检漏和常压检漏。

渗漏检测常用的示漏介质包括：水、油、空气、着色剂、荧光物质、氦气及氩气等惰性气体，氟利昂、氨气、二氧化碳、氢气、氧气、甲烷、丁烷、丙酮、放射性同位素等。

表 7-4 为利用示漏介质的压力系统检漏方法。表 7-5 是利用示漏介质的真空系统检漏方法。其中，真空系统的氦气检漏法也可应用于压力系统。氟利昂采用危害低的氢氟烃类（HFCs）和氢氯氟烃类（HCFCs），如氯二氟甲烷、二氟乙烷、二氯氟乙烷等。

表 7-4 利用示漏介质的压力系统检漏方法

检漏方法		示漏介质	原理现象	检漏器
卤素检漏法	外探头法；热传导检漏仪	氟利昂	卤素使仪器离子流迅速扩大；氢代氟烃和空气导热性能不同	卤素检漏仪
氦气检漏法	充压法；吸嘴法；逆流法	氦	氦离子与其他气体分子分离	氦质谱仪
氨检漏法	氨气试纸法；氨复合涂层法	氨	氨使试纸变色；氨使涂层变色	试纸；涂层
放射性同位素法	示踪原子法；氚照相法	碘^{131}；氚	检测射线强度；射线使胶片感光	示踪原子测试仪；胶片

表 7-5 利用示漏介质的真空系统检漏方法

检漏方法		示漏介质	原理现象	检漏仪器
真空计检漏法	热真空计法	H_2，CO_2等	真空计读数变化	热偶计
	差示法	丙酮，酒精	真空计读数变化	真空计
	电离计法	He，Ar，H_2	真空计读数变化	电离真空计
	氢靶法	H_2	氢通过靶管使读数变化	靶管电离真空计
氦质谱检漏法	喷吹法；氦罩法；累积法；背压法	氦气	氦离子与其他气体分子分离	氦质谱仪

7.7.4 氦质谱检漏技术

氦质谱检漏是目前应用最广、灵敏度最高的一种检漏技术。氦检漏仪运用质谱原理制成，采用氦气作为示漏介质。用氦示漏的原因是空气中氦浓度仅为 10^{-5}，使检漏系统的本底很低，灵敏度很高；氦分子轻，容易通过漏孔；氦是惰性气体，性质稳定。

7.7.4.1 氦质谱检漏仪

氦质谱检漏仪可分为真空系统、质谱室和电路系统三大部分。真空系统由机械泵、扩散泵、电磁阀组、电阻式真空计、冷阴极真空计、抽速阀、节流阀、冷阱、薄膜渗氦漏孔等组成。质谱室由离子源、接收器和磁钢三部分组成。电路系统包括真空操作与测量电路、工作条件电路和漏孔测量指示电路。

在被抽成真空的质谱分析室内有一电离盒，盒中的部分气体分子受到由炽热灯丝发射出来的电子流的轰击，从而失去数个外层电子，成为带正电荷的离子。这些离子受到加速电压所形成的负电场的吸引飞向引出板。离子穿过引出板上的狭缝后射入磁分析区。它在磁场的作用下将按圆形轨道运动。轨道半径可由式（7-7）求得：

$$R = \frac{1.8}{H}\sqrt{\frac{M}{e}U} \tag{7-7}$$

式中，R 为离子运动轨道的半径，cm；H 为磁场强度，A/m；M/e 为离子的质量与其电荷数之比，称为质荷比；U 为加速电压，V。

显然，当 U 和 H 为常数时，具有不同质荷比的离子将按不同的轨道运动。在偏转了一段路程之后，各种离子将按它们的质荷比分离成很多束离子流（图7-8），这就是质谱。在某一特定位置上设置收集极，就可以只接收具有一定质荷比的离子流。

如果磁场不变，而逐渐改变加速电压（也可以电压不变，而逐渐改变磁场），则各离子束运动轨道半径都会随着改变，而且将按质荷比的顺序依次到达收集极，产生离子流的信号输出，如图7-9所示。每个峰值对应于某种质荷比的离子，峰的高度反映离子流强度，与每种气体在质谱室中的分压强成正比。

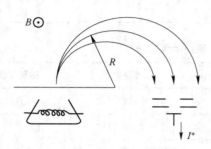

图7-8　离子束运动轨道

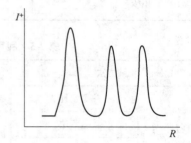

图7-9　离子流信号输出

将被检容器和仪器的质谱室相连，当用氦喷吹容器焊缝时，如果焊缝上存在漏孔，氦将通过漏孔被吸入质谱室内。把加速电压调整得只让氦离子流能到达收集极，就可以根据氦离子流强度来判断被检容器存在着多大的漏孔。

氦质谱检漏仪的最小可检漏率为 $10^{-9} \sim 10^{-10}$ Pa·L/s，测量上限大致是 10^{-6} Pa·L/s。现在已有更先进的四极质谱仪，可用任何气体示漏，但用氦气灵敏度最高，比前述氦质谱检漏仪灵敏度高两个数量级。

7.7.4.2　氦质谱检漏技术应用

尽管真空系统（容器或管道）在制造过程中进行了无损探伤，但由于焊缝中的渗漏性缺陷，有的极其微小，靠常用的超声、射线等无损检测方法是难以查出的。因此，渗漏检测便成为一种必不可少的无损检测技术。真空系统或密封容器，在制造、安装、调试和使用以及维修的过程中都需要渗漏检测。

渗漏检测用于下列三种情况：（1）为了阻止造成人员伤害和环境污染；（2）为了确保零件和系统的安全运行；（3）为了防止贵重物质或能量的损失。检测通常分两步进行：先进行粗检，然后用更灵敏的方法终检。泄漏检测的目的是：找出漏道并进行漏道定位；确定漏道或系统的泄漏速率；泄漏监控与评估。

现在，小到半导体器件、真空管，大到动力设备、输气管道、火箭壳体和高压容器等，都要进行真空检漏。特别在核电站设备中，真空容器或高压容器应用十分广泛，因此，真空检漏技术成为发展核技术不可缺少的一项重要技术。渗漏检测适用于所有非多孔性材料构成的小型器件或大型装备。

渗漏检测技术已从真空系统发展到压力容器、高压气密工程。检漏目的也已从单纯发现系统渗漏，发展到用于评估设备的服役寿命。

———— 本 章 小 结 ————

（1）射线胶片用于记录射线透照影像，全息干板用于记录激光全息图样，它们的感光物质都是溴化银，但后者的颗粒度比前者细很多。感光特性曲线集中反映了胶片的感光特性，包括胶片的感光度 S（感光速度）、梯度 G（平均斜率）、灰雾度 D_0（起点黑度）、宽容度（$\lg H_2 - \lg H_1$）和胶片粒度 σ。

（2）渗透剂和显像剂是渗透探伤的探测与显示介质。渗透剂分为荧光和着色两大类；显像剂分为干式和湿式。渗透剂的主要组分是溶剂（某些油类）、（荧光）染料、表面活性剂，显像剂的重要组分是氧化镁粉末及易挥发溶剂。渗透剂渗入缺陷和回渗显像的过程都是毛细作用原理。

（3）对于磁粉检测，缺陷的探测和显示都由磁粉完成。除了纯磁粉，还有载液和荧光物质也参与磁痕的迁移、聚集和显示。磁粉由铁磁材料的微粒组成，主要成分是 Fe_3O_4、Fe_2O_3 和工业纯铁粉。磁粉分为荧光磁粉和非荧光磁粉，干式磁粉和湿式磁粉。

（4）无损检测用热敏材料有液晶材料、热敏漆、热敏纸、热敏磷、荧光材料等。在检测过程中，这些热敏材料既是探测介质，又是显示介质，主要是通过温度变化导致的颜色变化探测材料表面的异常部位。

（5）渗漏检测的应用对象有两种：压力系统和真空系统。每一种系统又分两大类检漏方法：不用示漏介质的方法和利用示漏介质的方法。示踪气体通常只是探测介质，对于检漏结果的显示，还需另外的仪器仪表或敏感材料，其中以氦质谱检漏灵敏度最高。

复习思考题

7-1　射线胶片中的主要感光物质是什么？射线照射以后发生什么变化？

7-2　胶片感光特性曲线的横轴和纵轴各代表什么？分别解释这两个量的含义。

7-3　探伤用磁粉如何分类？对于磁粉的性能，有哪几方面的要求？

7-4　渗透剂和显像剂的主要成分是什么？起渗入作用和起吸附作用的是什么物质？

7-5　液晶是一种什么样的物质，为什么可以用于无损检测？

7-6　某检漏仪的最小可检漏率为 $10^{-10}\,\mathrm{Pa \cdot L/s}$，解释其含义（渗漏率及其单位）。

7-7　列举几种渗漏检测的示漏介质。为什么氦气的检漏性能最为优越？

8 信息显示与结果评定

【本章提要】

信息显示与结果评定是无损检测信息系统的最后一个环节，涉及显示技术与装置、无损检测成像技术（本章重点是超声成像和电磁成像）、无损检测标准样品和检测结果的解释与评定等。本章以常规无损检测中的超声检测、涡流检测、射线检测和磁粉检测为例，简介结果解释与评定的主要内容。

8.1 显示技术与装置

8.1.1 现代显示装置分类

在信息工程学中，把显示技术限定在基于光电子手段产生的视觉效果上，即根据视觉可识别的亮度和颜色等，将信息内容以光电信号的形式传达给眼睛产生的视觉效果。显示设备或器件的种类繁多，可以从不同角度分类了解：

（1）按显示原理分类，有阴极射线管（CRT）、真空荧光管（VFD）、辉光放电管（GDD）、液晶显示器（LCD）、等离子体显示器（PDP）、发光二极管（LED）、场致发射显示器（FED）、电致发光显示器（ELD）、电致变色显示器（ECD）、激光显示器（LPD）、电泳显示器（EPD）、铁电陶瓷显示器（PLZT）等。

（2）按显示设备的形态，可分为电子束型、平板型、数码显示型：

电子束型显示器——控制真空管内电子束的运动方式，使其在荧屏上扫描并激发荧光，从而显示图像或文字。有视频显示终端、彩色显示器、彩色显像管等形式。

平板型显示器——厚度一般小于显示屏对角线长度的1/4，包括液晶显示器（LCD）、等离子体显示器（PDP）、电致发光显示器（ELD）和全彩色 LED 显示器等。

数码显示器——小型电子设备中显示 0~9 或 A~Z 英文字母的显示器，包括发光二极管（LED）、真空荧光管（VFD）、辉光放电管（GDD）等。

（3）根据像元本身是否发光，可将显示设备分为主动发光型和被动反射型。主动发光型：阴极射线管（CRT）、发光二极管（LED）、电致发光显示器（ELD）等。被动反射型：液晶显示器（LCD）、电致变色显示器（ECD）等。

（4）空间成像型。采用激光等技术在空间形成可供观看的图像，原理上图像大小与显示器无关。空间图像显示因为图像具有纵深而提高了真实感，例如激光全息成像。

（5）其他分类。按所用显示材料分类有固体（晶体和非晶体）、液晶、液体、气体、等离子体。按色彩显示功能分类有单色显示（黑白或红黑）、多色显示（三种以上）和全色显示。按显示内容、形式分类有数码、字符、轨迹、图表、图形和图像显示。按成像空间坐标分类有二维平面显示和三维立体显示。

8.1.2 三维显示技术

8.1.2.1 客观模拟和主观感觉

物体都存在三维尺寸和空间位置关系，只有通过三维立体显示才能真实地重现物体的原貌，即表现出图像的深度感、层次感以及现实分布情况。三维显示是把三维信息或数据进行记录、处理和再现的过程，应用领域包括各种场的三维分布、机械设计、建筑设计、飞行模拟、立体电影等。

三维立体显示是一个复杂的问题，归纳起来包括客观模拟和主观感觉两个方面，即三维结构的物理参数的空间关系重建和人类本身的三维感觉。

对物体结构的物理参数的空间关系进行判断和重建，首先需要对三维图像数据进行预处理，然后将大量数据传送至显示器，同时显示器本身也需要研究。

物体在左眼中的视觉与其在右眼中的视觉所产生的视差能产生立体感。大视野中的平面画面通过物体的大小、透视、遮挡等深度变化，以及不同角度序列影像在大脑中的时间暂留，这些信息经过大脑的综合，也能产生立体效果。

8.1.2.2 三维显示技术分类

目前，从技术上可以将三维显示技术分为传统 2D 模拟显示技术、双目视差立体显示技术和真三维立体显示技术：

（1）传统 2D 模拟显示技术。基于 2D 显示器的计算机图形模拟技术的原理是采用二维的计算机屏幕来显示旋转的 2D 图像，从而产生 3D 的显示效果，即 3D 效果＝2D 图像＋旋转变换。该显示方式基于传统的计算机图形学和图像处理技术，是基于像素的，只产生心理景深，而不产生物理景深。

（2）双目视差立体显示技术，包括沉浸式系统和自由立体显示系统。1）通过软件和电路功能使某一时刻的一对视差图像，在左眼视图输出到 LCD 偶数列像素上，右眼视图输出到 LCD 奇数列像素上；2）使用柱面光栅等使观察者左眼只能看到偶数列像素信息，右眼只能看到奇数列像素信息；3）通过大脑的综合，形成具有深度感的立体图像。

（3）真三维立体显示技术，包括全息显示技术和体积式显示技术。全息显示技术有两种：传统全息显示技术和计算机全息显示技术。计算机全息显示图像漂浮于空中，分辨率高且色域广，被认为是三维立体显示的最终解决方案。

8.1.3 检测系统的显示装置

检测系统的显示装置（仪表、显示器等）可分为模拟式显示仪表、数字式显示仪表和图形图像显示器三类。图形显示器和图像显示器的主要差别是像素大小和色彩多少。

8.1.3.1 模拟式显示仪表

模拟式显示仪表是以仪表指针的偏转角或位移量来显示被测量的仪表，有磁电式动圈显示仪表和自动平衡式显示仪表。这类仪表在结构上都有一个电磁偏转机构或机电伺服机构，由仪表指针的位置读出被测量，或反映被测量的变化趋势。

磁电式仪表有较高的灵敏度，指针偏转角度与电流成正比，标尺为线性分度。读数时眼睛要正视指针，否则会有视差。准确读数时应估读到最小分度的 1/2 或 1/5。

制作涡流检测差动线圈时用模拟式显示仪表监测其零电势变化，比较便利直观。

8.1.3.2　数字式显示仪表

数字式显示仪表直接以数字形式显示被测量值，直接读数无估读无视差。通常采用字符液晶条（LCD）、七段数码管（LED）及荧光数码管，显示数字或其他字符。点阵式液晶屏也可以显示少量汉字，通常为物理量名称及单位，人机交互提示等。数显仪表响应速度快，测量精度高，可靠性高。有的数显仪表设有数字接口，可与计算机连接应用。

数字式显式仪表一般由前置放大器、模数转换器、标度变换和数字显示环节组成。前置放大器输入阻抗很高，电压信号测量准确，这一点明显优于模拟式仪表。模数转换器是模拟信号数字化的关键器件，不同场合使用不同原理、不同速度的转换器。标度变换环节将传感放大的电信号还原为被测信号，信号数值及单位需经计算或查表或分段处理进行变换。

数字式显示仪表在无损检测中通常用于几何尺寸、电导率、硬度应力等显示。

8.1.3.3　图形图像显示器

图形图像显示器的主要形式是嵌入式显示器、计算机显示器、触摸屏和无纸记录仪。按显示原理分类有液晶显示器（LCD）、电致发光显示器（ELD）、场致发光显示器（FLD）和有机发光二极管（OLED）。FLD 是真空器件，相当于 CRT 的平板化。

A　嵌入式显示器

嵌入式显示器一般用于数字化、智能化仪器系统，属于嵌入式计算机系统、专用计算机系统，外观是工业仪器或高端仪器样式。高档嵌入式显示器可以显示图形图像等信息，相当于简化版的计算机显示器，而中低档显示器用于显示数码、文字，表格、曲线、轨迹、图形等。显示器主要性能指标是尺寸、分辨率、响应速度、温度范围和功耗大小。

电致发光显示器（ELD）利用电致发光效应，按发光原理分为本征型和电荷注入型，按发光材料分为无机电致发光和有机电致发光。ELD 为主动发光器件，光线柔和、视角大。在发光型显示器中，ELD 功耗最小。ELD 是全固态器件，抗振动冲击，响应时间快。无机薄膜型交流 ELD 发橙黄色光，在应用中较为常见。

有机发光二极管显示器（OLED）是电荷注入型电致发光显示器。与液晶显示器（LCD）相比，OLED 具有全固态、主动发光、高亮度、高对比度、快速响应、工作温度范围宽、超薄、宽视角等优点。OLED 可在摄氏零度以下工作（LCD 困难），但在强光下需要遮光罩，否则看不清显示内容。

B　计算机显示器

检测系统的测量数据经过计算机处理后，直接以数字、文字，表格、曲线、图形、图像等方式显示在计算机屏幕上，显示形式多样、内容和色彩丰富。计算机显示器常用彩色显示器，擅长图形图像显示，屏幕尺寸和分辨率是首要指标。借助计算机系统的强大资源，很容易实现数据存储和数据通信。

早期的计算机显示器是以阴极射线管（CRT）为核心的，体积大、需高压、有辐射，如今应用越来越少。现在的计算机显示器通常为液晶显示器（LCD），厚度小、屏幕大，有台式机显示器（分体机、一体机）、笔记本显示屏、平板电脑显示屏等多种形式。通常使用台式计算机和笔记本电脑构成智能化检测系统。

采用精细的镶嵌式彩色滤光膜和顺序通断三基色背光照射光源，以及利用铁电液晶显示器的高速响应实现彩色显示。液晶显示器具有低电压低功耗、显示信息量大、易于彩色化、无电磁辐射、使用寿命长等优点，但其温度特性、视角范围等不够理想。

C　无纸记录仪

无纸记录仪属于智能仪表范畴，是一种以 CPU 为核心，采用液晶显示，无纸无笔、无机械传动的记录仪。为了操作习惯及仪表兼容，无纸记录仪采用常规仪表的标准样式。

无纸记录仪可输入热电偶和热电阻信号，4~20 mA DC 和 1~5 V DC 标准信号，以及量程自定义的非标准信号。可以输出标准模拟信号或数字信号（RS485 或 RS232C）。

无纸记录仪采用高亮度、宽视角的液晶显示屏，可方便地显示数字、字符、图形、文字，可同时显示数据、曲线、棒图等，并可实现中英文切换。

8.2　无损检测成像技术

无损检测成像技术包括检测仪器成像（UT、ET、数字 RT 等）和探测介质成像（MT、PT、胶片 RT 等），本节主要讨论仪器成像技术。

8.2.1　无损检测成像技术概述

无损检测的主要对象是材料的表面形态及损伤、材料内部的不连续性和不均匀性、构件的应力分布、设备的温度分布等，这些检测结果的最佳显示方式是图像形式。无损检测成像技术包括图像形成、采集、分析、处理、存储和显示等技术，与无损检测关系最密切的是图像形成、图像处理和图像显示。图像采集数字化和图像处理智能化是无损检测技术的发展趋势。

无损检测成像的原理和方法有多种：（1）按检测方法分类，有射线检测成像、超声检测成像、电磁检测成像、激光检测成像、红外检测成像等；（2）按成像原理分类，有射线透射照相、超声扫描成像、热波成像、脉冲涡流成像、磁光成像等；（3）按声光物理现象分类，有反射成像、透射成像、散射成像、偏振光成像、干涉和衍射成像等；（4）按成像技术分类，有扫描成像、面阵摄像、CT 成像、全息成像等；（5）按涉及的物理效应分类，有光致发光、电致发光、光弹效应、旋光效应、声光效应、声电效应等。

常用无损检测方法中，射线检测、红外检测、视觉检测等成像检测方法在前面几章已做介绍，本节集中概述超声检测和电磁检测成像技术。其中，热波成像、液晶成像、软射线照相、扫描声显微镜 4 种亚表面成像方法的简单对比，见表 8-1。

表 8-1　无损检测亚表面成像几种方法比较

成像方法	检测原理	分辨率	应用情况
热波成像	通过热声信号的幅度和相位反映试样微区热学性质的差异	束调制频率 1 MHz 时，Si 为 3 μm，GaAs 为 1 μm	亚表面裂纹检测，杂质分布成像，应力分布检测

成像方法	检测原理	分辨率	应用情况
液晶成像	检测液晶分子取向变化所形成的温度分布	一般为 3~5 μm	检测试样内部的过热点
射线照相	软 X 射线透过截面的强度变化	密度差异较大时，分辨率 25 μm	集成电路布线接头检查
扫描声显微镜	基于试样声速的变化，接收反射或透射的聚焦声束	表面为 1~3 μm，亚表面 5~10 μm	复合材料的冲击损伤，半导体器件的分层观察

任何图像都是光强和色彩的二维或三维分布，包含多种物理信息和形位信息。不同于一般的检测技术，获取图像信号需要考虑其空间特性，因此形成了两大类成像方法：扫描成像法和面阵成像法。

扫描成像法通常采用线阵传感器，沿垂直于线阵的方向平移或旋转可形成二维图像。采用单个传感器做 X 和 Y 两个垂直方向的运动也可以形成二维图像，但是效率低下，好处是传感器和电子系统比较简单。

面阵成像法采用面阵传感器，像素大小、数量和感光面积是关键指标。为了将较大的被测面投射在较小的感光面上，传感器的前方要配置以透镜为核心的光学系统（镜头）。面阵成像法检测效率高，而且可以省去机械扫描机构。

在常规图像处理技术基础之上，无损检测图像处理着重于图像重构、图像分析和模式识别。重构成像方法可以通过对图像信号进行处理和反演而得到被检区域的三维图像，从图像和图像序列中提取被测量的特征值。

8.2.2　超声检测成像技术

超声检测图像可直接显示物体内部和表面的形态信息，可对缺陷进行定量动态监测，大都具有自动数据采集、自动数据处理，部分还具有自动评价的功能。超声成像方法有工件不同截面的图像显示，还有声显微镜、超声层析、超声全息等成像技术。

超声成像方法主要依据脉冲反射法以扫描方式接收信号，再进行图像重建，因此又称为超声扫描成像技术，起初为 B 扫描、C 扫描，随后为检测焊缝而开发出 D 扫描、P 扫描。因为相控阵技术的出现，又出现 S 扫描（扇形扫描成像）等。

8.2.2.1　B、C、D 扫描成像

A 扫描显示中，示波管的电子束是振幅调制的。若将示波管的电子束做辉度调制，即用荧光屏上的每一点代表被测工件某个截面上的一个点，而用该点的亮度表示从工件内对应点的回波振幅，就得到 B、C、D 显示方式。

B 扫描显示的是与声束移动方向平行且与工件的测量表面垂直的剖面；D 扫描显示的是与声束移动方向及测量表面都垂直的剖面；C 扫描显示的是与工件测量面平行且位于设定深度的横断面。改变电子闸门的延迟时间，就能测得不同深度的断面图像。假设焊缝中有一长条未焊透缺陷，各扫描成像显示方式如图 8-1 所示。

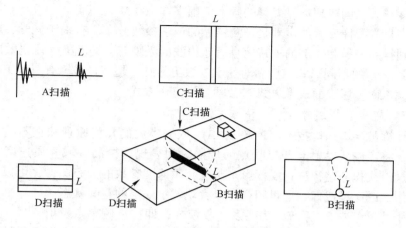

图 8-1 超声检测 A、B、C、D 扫描显示

B、C、D 扫描成像设备较简单、操作容易，是常用的超声检测成像方法，特别是 B 扫描已成为超声检测仪器的常规配置。

8.2.2.2 P 扫描成像

P 扫描是"投影成像扫描"的简称，是专为检测焊缝而开发的显示方式。P 扫描以两个投影图的方式显示工件截面：一个是俯视图，投影面平行于表面；另一个是侧视图，投影面平行于焊缝，且垂直于表面。P 扫描实际上是一种同时显示 C 扫描图像（俯视图）和 D 扫描图像（侧视图）的检测系统。

为帮助正确判别缺陷，P 扫描时在两个视图的下方有一个附加的显示图，显示以分贝标度的回波振幅，是沿焊缝宽度方向所有回波振幅的最大值。由两张视图及附加图可大致估计焊缝缺陷的形状大小和空间位置。使用不同的显示阈值，相当于不同的检测灵敏度，会得到差别很大的显示图形。

8.2.2.3 S 扫描成像及合成 3D

超声检测中，常用的扫描方式有机械扫描和电子扫描。机械扫描又分为线扫描、扇形扫描、弧形扫描和圆周扫描等几种形式，而电子扫描则也有线形和扇形扫描两种形式。相控阵超声成像是通过控制换能器阵列中各阵元激励（或接收）脉冲的次序和时间延迟，改变由各阵元发射（或接收）声波到达（或来自）物体内某点时的相位关系，实现聚焦深度和声束方向的变化，从而得到超声扫描成像。

相控阵可实现多种扫描成像方式，如 B、C、D 扫描成像和较为特殊的 S 扫描成像，即在某入射点形成一定角度的扇形扫查范围，又称扇形扫描成像。还可以通过软件将扫查所得到的平面投影图——B 扫描、C 扫描和 D 扫描合成为 3D 模拟图像显示。

CTS-PA332T 相控阵全聚焦实时 3D 超声成像系统，具有 64 个全并行的相控阵硬件通道，具有多种形式的扫描和成像模式，是国内相控阵超声检测仪器的先进代表。

8.2.2.4 超声显微镜

超声显微镜一般为"扫描型"的，不是光学显微镜的"视场型"。声显微镜对于非透明材料的检测更具优势，检测深度为毫米级量级。超声显微镜分辨率和超声波的波长相近，当超声波频率达到 GHz 量级，分辨力可达 μm 量级。声波频率越高，探测深度越小，而且

192

仪器制造难度越大。国产超声显微镜的频率范围多在 100 MHz 以下。

形成超声显微图像反差的机理是被测样品的声学参数分布，有别于光学、电子、射线成像，能得到样品表面和内部的独特信息。超声波的激励有电场激励（压电效应）和热波激励（光声效应）的不同形式，后者对热学参数更敏感。超声显微镜有三种工作方式：内部成像方式，表面、亚表面成像方式和 Z 轴扫描工作方式。

8.2.2.5　超声层析成像

超声波计算机层析扫描技术简称超声 CT。依据声波的几何原理和在不同介质中传播速度的差异，将声波从发射点到接收点的传播时间表现为探测区域介质速度参数的线积分，然后通过沿线积分路径进行反投影来重建介质速度参数的分布图像，可以提供缺陷的完整二维图像，或三维成像，通过图像可以直观展示缺陷的空间状态。

实际应用的超声波 CT 系统常为一发多收模式，即在一侧单点发射，另一侧作扇形排列接收，然后逐点同步沿剖面线移动进行扫描测量。全部声波 CT 数据需要计算机现场记录，然后采用层析算法和作图软件生成 CT 层析影像。

8.2.2.6　超声全息技术

声全息法是将光全息原理引入声学领域而诞生的成像技术，其原理与光全息基本相同，因为多采用超声为物波，故称超声全息技术。声全息检测过程包括两个步骤：即获得全息图和重建物体像，若是两个步骤同时进行则可做到实时成像。

根据声全息工作原理、检测器类型、记录介质，以及应用情况的不同，形成多种形式的全息成像方法。有利用声光效应的激光超声全息，有利用声热效应的液面显示超声全息，还有利用声电效应、声化学效应的超声全息方法。

超声全息技术不需要全息底片，成像速度快，但试验条件严格，仅能检测较薄工件。

8.2.3　电磁检测成像技术

电磁检测成像技术有涡流成像（扫描成像、涡流阵列、三维成像）、涡流脉冲热成像、磁光成像（法拉第成像、克尔成像）、太赫兹成像等。

8.2.3.1　涡流检测成像技术

涡流扫描成像在获取传感器阻抗或电压变化的同时，利用扫描装置精确控制传感器的空间位置，当传感器扫描完整个被检区域后，将阻抗变化与空间位置信息结合，以电信号的形式输入检测系统，并控制和驱动显示装置，得到被检区域的图像。

涡流扫描成像技术可以采用单个传感器或面阵传感器，两种方式各有所长。还有一种折中方案，就是把扫描成像方法和阵列传感器相结合，形成涡流阵列扫描成像技术，兼具快速性和可视化的优点。

涡流检测单传感器扫描成像只需要一个传感器，但是需要机械扫描装置。该方法既可以采用阻抗分析法，也可以采用场量分析法。传感器可以采取往返扫描或逐行扫描方式。单传感器扫描成像的优点是传感器和检测系统结构简单，缺点是需要机械扫描机构和成像时间长。采用同一个传感器获取信号，可以避免多个检测单元或多个检测通道的校正工作，还可以利用扫描机构提高图像分辨率。

多激励接收式涡流阵列传感器采用多个线圈单元进行规模化排布。不论激励线圈单元还是检测线圈单元，相互之间距离都非常近。为了使各个激励线圈的激励磁场之间、检测线圈的感应磁场之间干扰最小,涡流阵列检测系统通常采用多路复用技术,同一时刻只有一个线圈单元被加载激励信号。

三维成像方法通过对涡流检测输出信号进行反演而得到被检区域的三维图像。该成像方法包含的信息量更大,缺陷位置、形状、长度特别是深度等参数的表征更为准确。三维涡流成像方法基于完备准确的涡流检测数据库,需要对检测对象进行精确的电磁场仿真和大量的试验,以建立并修正该数据库。

8.2.3.2 涡流脉冲热成像

涡流热成像的基本原理是,载有交流电的感应线圈在导体材料表层感应出涡流并产生焦耳热,缺陷会影响涡流分布和热扩散,进而影响材料表面的温度场,通过红外热像仪测量温度场,利用热像图判断缺陷。涡流脉冲热成像是最常用的一种涡流热成像检测技术,具有检测速度快、灵敏度高、分辨率高、频谱丰富、可评估参数多等优势。

涡流脉冲热成像通常采用脉冲调制后的高频交变电流作为线圈的激励信号,涡流脉冲热成像的温度响应信号通常是一个脉冲信号,包含加热和冷却两个阶段。可以采用不同时刻的热像图(温度幅值图)进行缺陷的检测,也可以从温度效应信号中提取最大值、峰值时间等特征值来表征材料性质和缺陷信息。

涡流热成像检测技术是一种特殊的红外热成像检测技术。与其他红外热成像技术比较,不受表面状态影响,检测深度更大,但只适合导电材料。与常规涡流检测技术不同,脉冲涡流检测技术主要对感应电压信号进行时域的瞬态分析。脉冲涡流具有很宽的频谱,比常规涡流技术提供更多的频域信息。

8.2.3.3 磁光成像技术

磁光成像(MOI)是指利用磁光效应进行材料表征的一类成像检测技术,其中应用最广泛的是磁光法拉第成像和磁光克尔成像。磁光法拉第成像是指利用磁光法拉第效应进行材料表征和检测的一类技术,包括磁光涡流成像和磁光漏磁成像。磁光克尔成像是指利用磁光克尔效应对材料表面的磁场、磁畴微观结构及动态磁化行为进行检测的技术。

磁光法拉第效应是指一束线偏振光沿外加磁场方向或磁化强度方向通过介质时偏振面发生旋转的现象,又称磁致旋光效应。实际应用中,通常采用磁光薄膜对被检材料成像。磁光薄膜成像分辨率高,对试件处理要求低,可实现宏观可视化。

磁光成像检测的原理是,试件被磁化时,没有缺陷的区域只产生沿表面方向的磁场,而表层缺陷则会使试件表面空间产生法向漏磁场。靠近试件表面的磁光传感器将有无缺陷处的磁场差异转化为不同角度的线偏振光,通过检偏器获取法拉第转角大小,再通过图像传感器得到灰度图像。旋转角 θ 与漏磁场的强度 H 及分布(对应缺陷的形状和大小)密切相关,因此可以通过磁光成像法检测缺陷信息。

磁光涡流成像结合了磁光成像和涡流技术,可以对金属材料或金属构件复合材料表面、亚表面、深层缺陷进行检测。磁光涡流技术感生平行于试件表面的层流状涡流,而不是常规检测的圆环形涡流。磁光涡流成像技术能快速覆盖被检区域,检测速度是常规涡流法的 5~10 倍,且准确度优于常规涡流检测。

磁光漏磁成像利用铁磁材料内部磁畴在材料表面产生漏磁场,在缺陷周围漏磁场异于其他区域,通过检测缺陷区域漏磁场的大小来判断缺陷轮廓和缺陷深度。磁光漏磁技术不需要外加任何激励,具有方便、高效的优点。

8.2.3.4 太赫兹成像技术

太赫兹波（Terahertz，1 THz = 10^{12} Hz）是指频率在 0.1 ~ 10 THz（波长 3 mm ~ 30 μm）的电磁辐射，在电磁波谱中介于微波的毫米波和红外线之间。

太赫兹波可以由相干电流驱动的偶极子振荡产生，也可以由相干的脉冲激光通过非线性差频产生。太赫兹波的频率很高（波长很小），具有很高的空间分辨率；脉冲很短（皮秒量级，1 ps = 10^{-12} s），具有很高的时间分辨率。

太赫兹技术可用于管道缺陷在线检测和泄漏监测，非极性航天材料缺陷检测，集成电路焊接质量检测等。太赫兹波对金属材料反射强烈，对人体等含水物质（极性分子）吸收强，而对墙壁、废墟、干土等（非极性分子）穿透力强，因此可以用于反恐、搜救和探雷。太赫兹辐射的光子能量较低，不会使生物产生电离损伤。

太赫兹成像技术与其他波段的成像技术相比，探测图像的分辨率和景深都有明显增加。除了太赫兹成像技术，太赫兹波谱技术也是重要的应用技术。

8.3 无损检测标准样品

8.3.1 标准试样与对比试样

技术标准所规定的、与技术要求相对应的实际参照对比物，在我国定义为标准样品。标准样品与相应的文字性技术标准应配套使用。无损检测标准样品有两类：一类是标准试样，另一类是对比试样。根据标准试样或对比试样的具体形态不同，又有标准试块和对比试块，或标准试片和对比试片的不同名称。

8.3.1.1 标准试样

标准试样是按相关标准规定的技术条件加工制作、并经被认可的技术机构认证的用于评价检测系统性能的试样。上述定义确定了标准试样的属性和用途。属性之一是必须满足相关技术条件要求，如规格尺寸，材质均匀且无自然缺陷，人工缺陷的形式、位置、数量、大小等。属性之二是应得到授权的技术权威机构的书面确认和批准。

标准试样可用于校准无损检测仪器，以保证检测结果的可靠性；也可用于检测材料或器材性能，以判断其质量是否满足要求。例如，超声检测用 CSK 系列标准试块、射线照相用光学密度片和像质计、涡流电导率标准试块、渗透检测用 C 型标准试块、磁粉检测用标准试片和试块，以及覆盖层厚度试片等。

8.3.1.2 对比试样

对比试样是针对检测对象和检测要求、按照相关标准规定的技术条件加工制作并经相关部门确认的、用于被检对象质量符合性评价的试样。与标准试样的定义相比，对比试样不同于标准试样的重要属性包括两个方面：一是与被检测对象密切相关，即对比试样的材料特性与被检对象必须相同或相近，这一点在标准的技术要求中会作出明确规定，如材料牌号、热处理状态、规格或形状等；二是与检测要求相适应，即对比试样上人工缺陷的形式和大小应根据检测要求确定，这一点是由对比试样的本质用途所决定。

根据定义，对比试样是被检测对象质量状况的评价依据。它可用于调整检测灵敏度，以判断被检工件是否存在缺陷，评估检出缺陷的位置、尺寸和性质，或评定产品质量是否合格等。例如超声检测的 CS 系列试块、RB 系列试块，涡流检测的无缝钢管对比试样。

8.3.2 部分无损检测标准样品

参考全国标准试样技术委员会无损检测分委会（国内编号为 CSBTS/TC118/SC5）1996 年 11 月发布的无损检测标准试样体系表，整理出大部分无损检测标准试样的名称、规格及用途，见表 8-2，可以部分了解无损检测标准样品概况。

表 8-2　部分无损检测标准试样的名称、规格及用途

专业	样品名称	规格标准	用途
射线	X 射线底片光学密度片	SRM 1001	校准光学密度计
	金属丝型像质计	GB 5618；ISO 1027；ASTM E747	测定射线照相灵敏度
	金属孔型像质计	ASTM E1025	
超声	超声检测铝合金标准试块	ASTM E127；JB 4125	校准仪器和探头组合性能
	超声检测钢制对比试块	ASTM E428；ISO 5180；GB 1259	
	超声检测 1 号对比试块	ISO 2400；DIN 54122；ZB Y232	
	超声检测 2 号标准试块	ISO 7963；DIN 54120	
磁粉	A 型标准试片	JB/T 6065	检验磁粉探伤系统灵敏度；工件表面磁场方向，有效磁化区域
	C 型标准试片	JB/T 6065	
	D 型标准试片	JB/T 6065	
	B 型标准试块	SRM 1853；JB/T 6066	检验磁粉探伤系统灵敏度；考查试验条件和渗入深度
	E 型标准试块	JB/T 6066	
	标准磁粉	JB/T 6063	检查磁粉性能的参考依据
渗透	铝合金淬火裂纹试块（A）	ZB H24002	比较两种渗透剂的性能，检查操作正确性和灵敏度等级，鉴别渗透剂性能和灵敏度等级
	不锈钢镀铬裂纹试块（B）	JB/T 6064	
	黄铜板镀镍铬裂纹试块	SRM 1850；SRM 1851	
涡流探伤	铝合金人工缺陷试块	RM 8458	提供与疲劳裂纹相似的缺陷，用来校准涡流检测系统
	铜合金人工缺陷试块	ASTM E243；GB 5248	
	钢人工缺陷试块	ASTM E309；GB 7735	
涡流电导率	铝电导率标准试块	SRM 1860	校准涡流电导仪和第二级电导率标准试块
	铝镁合金电导率标准试块	SRM 1862	
	铜电导率标准试块	SRM 1864	
	钛合金电导率标准试块	SRM 1865	

专业	样品名称	规格标准	用　　途
涡流测厚	非铁磁金属基体上非导电覆盖层厚度试片	ISO 2360	校准涡流测厚仪
声发射	声发射换能器	SRM 1856	测量表面振动的大小和特性

注：SRM 是 NIST 有证标样代号；RM 是 NIST 无证标样代号；NIST 是美国国家标准与技术研究院代号。其他标准代号见 10.2 节。

8.4　超声检测缺陷定位定量

缺陷检测的重要内容是定位（缺陷位置）和定量（缺陷大小、数量）以及定性（缺陷类别等）。以下重点讨论超声纵波检测和横波检测的缺陷定位，纵波直探头缺陷定量的当量法（试块法、计算法、曲线法）。

8.4.1　缺陷定位方法

缺陷位置的确定是超声波检测的主要任务之一。检测中发现缺陷波以后，应根据示波屏上缺陷波的位置以及扫描速度来确定缺陷在工件中的位置。在常规超声检测中缺陷定位方法分为纵波直探头定位和横波斜探头定位两种。

如前所述，在脉冲反射法纵波探伤中，荧光屏上始波 S 和底波 B 之间的水平距离就代表了工件的厚度 T。因此，根据缺陷波 F 在时基线上的相对位置，就可以确定缺陷在工件中的位置。

由于各种工件的厚度不同，为了实现定位，就要求测距标度（时基线上每格刻度所代表的声程大小）可以方便地调整。这一要求可以通过调节仪器电子束的扫描速度来实现，实际调节的是仪器面板上的深度范围。所以，扫描速度调节和深度范围调节的含义是一样的，只是面向仪器还是面向工件的区别。

8.4.1.1　纵波探伤定位

直探头纵波探伤时，测距标度调节可用标准试块、对比试块或工件的大平底面。调节时应注意零点的校正，使声程起点（入射点）与仪器时基线的零刻度重合。

调节扫描速度时，一般希望得到两次以上的底面回波。只显示一次回波不能正确校准零点，也难以准确调节测距标度。这是因为晶片中心到入射点还有一小段声程，而且发射脉冲和界面回波连在一起，导致始波前沿并非声程起点。由于斜探头增加了决定入射角的楔块，这个现象更明显。

设工件厚度为 T，底波回波在时基线上的刻度为 B_1（一次回波）和 B_2（二次回波），缺陷回波位于刻度 τ_f，按时基线长度与工件厚度成正比的原理，容易求得：

$$测距标度\ k = T / (B_2 - B_1)，\quad 缺陷深度\ X = k\,\tau_f$$

例如，为了探测厚度 $T = 200$ mm 的工件（图 8-2），选用厚度 100 mm 的试块作为深度调节基准（图 8-3）。此时可调节仪器的深度范围，使 100 mm 试块的两个底波 B_1 和 B_2，分别对准时基线的第 5 格和第 10 格。这时，测距标度 $k = 100$ mm/5 格 $= 20$ mm/格。以该比例数值探测工件时，工件的一次底波就落在荧光屏上时基线的第 10 格。

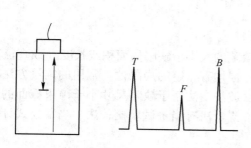

图 8-2　直探头纵波探伤缺陷定位图

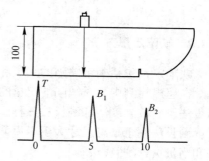

图 8-3　纵波探伤法扫描速度调整

类似地图的比例尺，多数教材将测距标度 k 写作 $1:n$，表示时基线上 1（格）代表实际距离 n（mm）。根据 k 和 n 的含义，此时 $k = n$，缺陷深度表达式不变：$X = n\tau_f$。

8.4.1.2　横波探伤定位

横波探伤时因超声波在探测面的折射和在底面的反射，而使其缺陷定位比纵波探测缺陷定位复杂一些。超声波在到达底面之前发现缺陷，这种方法称为一次波法。超声波经底面反射后才发现缺陷，这种方法称为二次波法。

用斜探头探伤时，缺陷位置可用入射点至缺陷的水平距离 l_f 和探伤面到缺陷的垂直距离 d_f 两个参数来描述。由于斜探头探伤时扫描速度可按声程、水平、深度三者之一调节，相应地，缺陷定位的方法可分为声程定位法、水平定位法和深度定位法。

声程定位法如图 8-4 所示，仪器按声程 $1/n$ 调节扫描速度。探伤中在显示屏上水平刻度 τ_f 处出现一缺陷波，如图 8-5 所示。

一次波检测时，入射点到缺陷的声程为：

$$x_f = n\tau_f \tag{8-1}$$

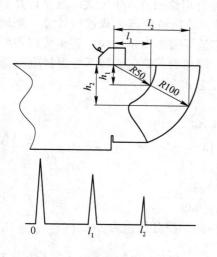

图 8-4　声程法扫描速度调整

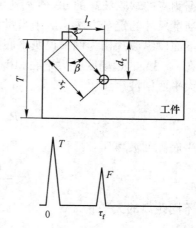

图 8-5　斜探头横波探伤缺陷定位

缺陷在工件中的水平距离 l_f 和垂直距离 d_f 分别为：

$$\begin{cases} l_f = x_f\sin\beta = n\tau_f\sin\beta \\ d_f = x_f\cos\beta = n\tau_f\cos\beta \end{cases} \tag{8-2}$$

8.4.2　缺陷定量方法

缺陷定量包括确定缺陷的大小和数量，而缺陷的大小指缺陷的面积或长度（或直径）。

在超声检测中，对缺陷的定量的方法很多，但均有一定的局限性。常用的定量方法有当量法、底波高度法和测长法三种。当量法和底波高度法用于缺陷尺寸小于声束截面的情况，测长法用于缺陷尺寸大于声束截面的情况。当量法有当量试块比较法、当量公式计算法和当量 AVG 曲线法。

8.4.2.1　当量试块比较法

当量试块比较法是将工件中的自然缺陷回波与试块上的人工缺陷回波比较，来对缺陷定量的方法。

加工制作一系列含有不同声程、不同尺寸的人工缺陷（如平底孔）试块，检测中发现缺陷时，将工件中的自然缺陷回波与试块上的人工缺陷回波比较。当同声程处的自然缺陷回波高度与某人工缺陷回波高度相等时，该人工缺陷的尺寸就是该自然缺陷的当量大小。

利用试块比较法对缺陷定量要尽量使试块与被测工件的材质、表面粗糙度和形状一致，并且其他探测条件不变，如仪器和探头的配置（特别是灵敏度）、耦合剂以及探头施加的压力（利用压块）等。

当量试块比较法的优点是直观易懂，当量概念明确，定量比较稳妥可靠。但这种方法需要大量的试块，操作也比较繁琐，现场检测很不方便。因此当量试块比较法的直接应用不多，仅在近场区探伤或特别重要零件的精确定量时应用。

当量试块比较法是超声波检测中最基础的定量方法，是探伤中常用的 AVG 曲线方法的基础。因此，尽管该法的直接应用有限，但是不能忽视其在缺陷定量中的地位和作用。

8.4.2.2　当量公式计算法

当 $x \geq 3N$ 时，规则反射体的回波声压规律基本符合理论回波声压公式。当量计算法就是根据测得的缺陷波高的 dB 值，利用各种规则反射体的回波声压公式进行计算，来确定缺陷当量尺寸的定量方法。应用当量计算法对缺陷定量不需要大量试块，甚至可以不要试块。下面以纵波探伤为例来说明平底孔当量计算法。同样为了简化，暂不考虑材质衰减。

在 $x \geq 3N$ 的远场区，大平底和平底孔的回波声压公式分别为：

大平底回波声压：

$$P_B = \frac{P_0 F_s}{2\lambda x} = \frac{P_0}{2} \cdot \frac{\pi D^2}{4\lambda x} \tag{8-3}$$

平底孔回波声压：

$$P_f = \frac{P_0 F_s F_f}{\lambda^2 x^2} = P_0 \frac{\pi D^2}{4\lambda x} \frac{\pi \phi^2}{4\lambda x} \tag{8-4}$$

不同距离的大平底（x_B, ∞）与平底孔（x_f, ϕ）的回波分贝差为：

$$\Delta_{Bf} = 20\lg\frac{P_B}{P_f} = 20\lg\frac{2\lambda x_f^2}{\pi\phi^2 x_B} \tag{8-5}$$

不同的平底孔 (x_1, ϕ_1) 与平底孔 (x_2, ϕ_2) 的回波分贝差为：

$$\Delta_{21} = 20\lg \frac{P_{f2}}{P_{f1}} = 40\lg \frac{\phi_2 x_1}{\phi_1 x_2} \tag{8-6}$$

此处设定，平底孔 (x_1, ϕ_1) 为比较基准，平底孔 (x_2, ϕ_2) 为所求缺陷。

利用以上两个公式（之一）和测试数据（缺陷声程、分贝差）可以计算出缺陷的当量平底孔尺寸。

表述缺陷的当量尺寸，要说明标准反射体（人工缺陷）的类型（常用平底孔），因为不同的标准反射体，回波声压公式不同，同一自然缺陷具有不同的当量尺寸。

定量计算需在仪器已经调好灵敏度基准的情况下，测得的缺陷回波和标准反射体回波的分贝差。调整灵敏度基准有时也需要计算，计算的数值就是需要调整的分贝差 ΔdB。求解分贝差 ΔdB 可以直接利用上述式（8-5）或式（8-6），比缺陷定量计算略微简单。调整灵敏度涉及仪器操作，相关内容从略。

8.4.2.3 当量 AVG 曲线法

当量 AVG 曲线法是利用通用 AVG 曲线（图 8-6）或专用 AVG 曲线来确定缺陷的当量尺寸。相对于当量计算法来说，当量 AVG 曲线法为图解法，该法不受 3N 声程条件的限制。通用 AVG 曲线法需要少量辅助计算，专用 AVG 曲线法可以不需要计算。

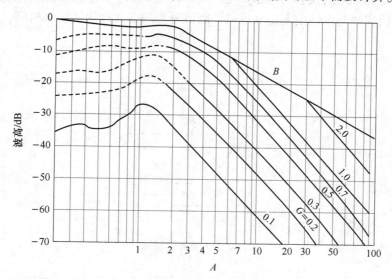

图 8-6 通用 AVG 曲线

两种 AVG 曲线确定缺陷当量的方法相似，不同的是专用 AVG 曲线是针对特定探头的晶片尺寸和频率制作的，图中的每一条曲线都直接表示某一反射体的当量尺寸，因而不用进行归一化计算，比通用 AVG 曲线更简捷、更有针对性。

AVG 曲线的主要用途是探伤过程中的缺陷定量，但是模拟式探伤仪不能显示回波以外的曲线，只能人工画在显示屏或透明板上，可直接从屏幕上读出缺陷当量大小。如今，数字式探伤仪应用越来越多，数字仪器屏幕除了显示脉冲波形，还可以显示各种字符和曲线，顺带解决了以前的定量图线显示不便的难题。

8.5 涡流检测仪器显示

涡流检测仪器用于电导率测量、薄层厚度测量显示时，常用数字显示方式。对于涡流探伤结果，常用图形显示方式，而自动探伤结果由机器自动判定。本节概述自动涡流探伤仪的两种显示方式。

8.5.1 矢量显示和时基显示

目前，涡流探伤仪常用的信号显示方式有两种：矢量光点显示法和线性时基显示法。矢量光点显示法属于阻抗平面显示法，同时包含着被检测因素的幅度和相位信息，可以根据这些显示波形对被检因素进行阻抗分析。

8.5.1.1 矢量光点显示

矢量光点显示简称矢量显示。在以矢量方式显示的仪器中，经放大后的检测信号被一分为二送入两个控制信号相差90°的相敏检波器进行检波。将两个检波器输出的直流电压为 v_x 和 v_y 分别加到显示器的水平和垂直方向上，则在仪器屏幕上形成如图8-7所示的光点。光点在两坐标轴上的投影与两输入电压 v_x 和 v_y 成比例。光点与原点的连线与信号电压幅值成正比，而连线与 y 轴的夹角 θ 是以控制信号为基准的检测信号的相位。

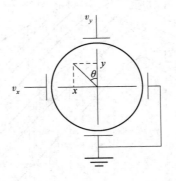

图 8-7 矢量光点显示

可见，此时屏幕展示的是一个阻抗平面，光点的位置表示阻抗的幅度和相位，它与检测线圈阻抗的变化完全一致。如果输入信号中存在有缺陷信号和噪声信号，可以调节移相器，使之对噪声信号的相位 $\theta = 90°$，这样噪声信号的光点只在 x 轴上移动，而 y 轴上的分量很小。伤信号与噪声相位不同，伤信号光点的移动不只限于 x 轴，y 轴上的分量较大，而最终输出的报警信号是 y 轴信号。

8.5.1.2 线性时基显示

线性时基显示简称时基显示。时基显示法是在显示器水平方向上加锯齿波电压（周期性回零的线性电压），而将经过检波和滤波处理的检测信号加在垂直方向上。当没有检测到伤信号或输入的噪声经检波和滤波处理被抑制掉时，加在垂直方向上的电压为零，此时在水平方向上的锯齿波的作用下，屏幕上为一水平扫描轨迹；而当检测到缺陷时，加在垂直方向上的电压不再为零，屏幕上就出现一个脉冲波形。

根据显示原理可知，矢量显示和时基显示在显示器垂直方向上施加的信号是一样的，时基显示法的脉冲信号高度等于矢量显示法信号幅度在纵轴上的投影，如图 8-8 所示。

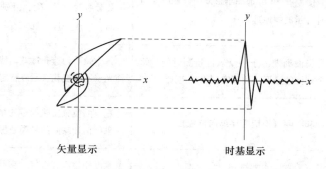

图 8-8　两种显示方法的比较

8.5.2　涡流自动探伤仪屏幕显示

图 8-9 是钢管自动涡流探伤仪的屏幕显示，左侧为线性时基显示（竖线方式，向下行进），右侧为矢量光点（阻抗平面）显示，同时在屏幕上方显示各个参数的当前数值。两种显示关联对应且同步变化，利用下一根试件的端头信号刷新屏幕，每一屏显示一根管棒试件的探测信息。两种显示方式各有所长、同时采用、同屏显示，其特点对比见表 8-3。

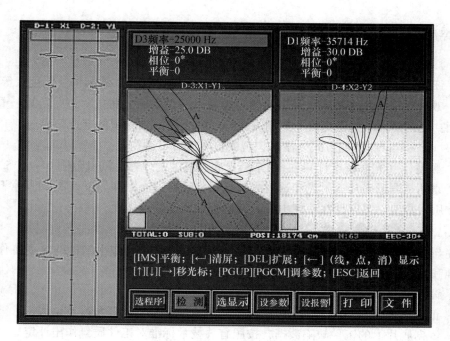

图 8-9　线性时基显示和矢量光点显示

表 8-3   线性时基显示和矢量光点显示比较

比较项目	线性时基显示	矢量光点显示
显示原理	将处理后信号 U_x 和 U_y 加在垂直方向，锯齿波加在水平方向（示波器原理）	处理后信号经过控制信号差 90°的两个相敏检波器分解为 U_x 和 U_y，分别加在水平方向和垂直方向，形成矢量光点
显示特点	令一个锯齿波周期等于一个试件检测时间，每屏显示整个试件的波形，利于实现纵向定位	每个缺陷匀速通过差动线圈时，检测信号变化使光点连续变化，形成特定的"8"字图线
显示信息	信号幅度和时间（对应管棒纵向位置）	光点的位置反映信号的幅度和相位，根据相位信息可估计缺陷的种类或深度位置
报警方式	幅度报警（直线、水平线）	幅度相位组合报警（弧线、扇形区）

将计算机显示器屏幕的阻抗平面设为几个扇形区域，只有进入指定扇区的信号才能报警，而扇区之外的信号幅度大也不报警。扇形区域是由两个相角边界和内外圆弧围成的区域（图中扇形阴影区），形状大小均可调整。

图中的"8"字形是检测线圈的差动连接的两个绕组先后遇到缺陷形成的特征图形，是动态检测过程中的检测线圈的阻抗轨迹，每一个"8"字形对应一个缺陷。

8.6   射线照相底片评定

8.6.1   评片器材和评定内容

8.6.1.1   底片评定器材

底片评定需要专用光源和计量仪器，包括观片灯、黑度计、放大镜、刻度尺等：

（1）观片灯——用于观察底片上的各种影像，是大面积、高亮度的冷光源。重点要求三个方面：光的颜色、光源亮度、照明方式与观察范围。光的颜色应是日光色，光源亮度区间 $10^3 \sim 10^5$ cd/m^2，照明方式为漫射，观察范围应有可调窗口。

（2）黑度计（光学密度计）——用来测量底片黑度的仪器，测量范围 0 ~ 4.5，精度±0.05。其原理是测量底片入射光和透射光的光强，计算透光率和黑度。黑度值等于透光率倒数的常用对数值。黑度计在使用中应定期用标准密度片校验。

8.6.1.2   底片评定内容

评片与报告是射线检测的最后一道工序，也是对检测结果作出结论的重要工作。综合相关标准和规程，射线照相底片评定一般包括以下四个方面：

（1）评定底片本身质量的合格性（黑度范围和灵敏度等）。

（2）正确识别底片上的影像，包括影像的几何形状、黑度分布以及位置。

（3）依据底片上的工件缺陷数据，按照有关技术标准对工件质量作出评定。

（4）整理本次探伤相关的各种原始记录和资料。

8.6.2 评定过程和评片要点

8.6.2.1 底片质量评定

待评定的底片必须是合格的底片，即只有符合质量要求的底片才能成为评定工件质量的依据。对底片质量的要求可分为以下方面：

（1）黑度应处于标准规定的数值范围（为2.0~4.0）。

（2）射线照相灵敏度应达到检验标准的规定要求。

（3）标记系应符合有关的规定。

（4）表观质量应满足标准规定。

8.6.2.2 工件质量评定

质量评定是按照从底片得到的工件缺陷数据，依据验收标准，对工件的质量作出结论性评定。质量评定工作可分为四步：

（1）准备。主要是充分理解和掌握质量验收标准。

（2）整理数据。对从底片得到的缺陷数据进行归纳、分析。

（3）质量分级。依据质量验收标准的规定对工件的质量级别进行评定。

（4）结论。依据质量分级的结果对工件质量作出结论。

评定者需了解被检工件的生产过程，缺陷的生成原因，以及常见缺陷在射线底片上的影像特征，对缺陷的种类进行判定，对缺陷的大小和位置的进行测定。根据缺陷性质和严重程度（数量及大小），对照指定的验收标准，评定出工件等级或作出合格与否的结论。

8.7 磁粉探伤磁痕分析

磁粉探伤是根据被磁化的工件表面的磁痕作出缺陷判断的。分析评定时，通常把磁痕分成三类：由缺陷漏磁场产生的磁痕称为相关磁痕；由非缺陷漏磁场产生的磁痕称非相关磁痕；由其他原因（非漏磁场）产生的磁痕称为假磁痕。磁痕分析首先是要排除假磁痕和非相关磁痕，然后根据缺陷磁痕的特征，进行磁痕分析和质量评定。

8.7.1 磁痕类别与磁痕分析

8.7.1.1 假磁痕——非漏磁场产生

假磁痕的形成不是由于磁力的作用，它是以下某种原因产生的：（1）工件表面粗糙，在凹陷处会滞留磁粉，如铸件表面，焊缝两侧凹陷处；（2）工件表面氧化皮、锈蚀物等边缘处容易滞留磁粉；（3）工件表面的油脂、纤维等会黏附磁粉；（4）磁悬液浓度大、施加磁悬液方式不当，可能造成假磁痕。

假磁痕的磁粉堆积比较松散，在分散剂中漂洗可失去磁痕。如果是工件表面状态引起的假磁痕，可在工件表面上找到原因。若擦去磁痕，对其进行重复检测，之前的假磁痕一般不会重复出现。

8.7.1.2　非相关磁痕——非缺陷漏磁场产生

非相关磁痕由漏磁场产生，但不是缺陷的漏磁场产生的，就是说它和缺陷不相关。非相关磁痕产生的原因有以下几方面：（1）工件截面突变，迫使磁感线逸出，产生漏磁场；（2）工件磁导率不均匀，在低磁导率处处会产生漏磁场；（3）已被磁化的工件与铁磁材料接触，在接触部位会形成弱漏磁场；（4）磁化电流过大，在工件端角或截面变化处、电极工件接触等部位会产生漏磁场。

非相关磁痕的共同特征是磁痕模糊，松散，痕迹不分明。只要结合工件的材质、形状、表面状态和生产工艺等，是能够找到原因并正确判断的。非相关磁痕成因与特征见表8-4。

表 8-4　非相关磁痕成因与特征

类别	形成原因	磁痕特征
形状	工件截面突变，如空洞、键槽和齿条部位等	磁痕松散，有一定宽度
组织	轧制加工金属流线	沿流线方向分布，呈不连续线状
	碳化物带状组织	沿金属流线方向分布，细而淡
	金相组织不均匀，在淬火或冷却时导致组织差异	位于软硬材料接合处，宽而淡
加工	机加工刀痕和划伤	磁痕均匀，稀疏
	未经退火，会在加工硬化边界处产生磁痕；打磨或抛光产生残余应力亦可产生磁痕	磁痕松散，短而宽
	形状复杂导致冷却速度相差悬殊，在应力集中区或焊接温度急变处产生磁痕	磁痕松散
操作	磁化工件间摩擦或碰撞，在接触部位产生磁痕（磁写）	磁痕松散，不清晰
	支杆法电极附近或磁轭法磁极接触部位会产生磁痕	磁痕松散，分布有规律

8.7.1.3　相关磁痕——缺陷漏磁场产生

工件加工方法很多，工艺过程各异，产生的缺陷种类和特征各不相同，磁粉检测中常见的缺陷有裂纹、发纹、折叠、白点、夹杂和疏松。实际工作中，需要根据制造工艺和磁痕特征来判断缺陷的种类。这里简单介绍常见缺陷的形成原因和磁痕特征。

裂纹是材料承受的应力超过其强度极限引起的局部破裂，对工件使用危害极大。裂纹的种类很多，根据材料工艺和缺陷成因，分为原材料裂纹、锻造裂纹、铸造裂纹、焊接裂纹、热处理裂纹、磨削裂纹和疲劳裂纹、应力腐蚀裂纹等。表面裂纹的磁痕一般磁粉堆积浓密，沿裂纹走向显示清晰，磁痕中部稍粗，端部尖细。如果是内部裂纹，随着与表面距离的增大，磁痕将逐步松散，宽度变大，轮廓趋向模糊。

相关磁痕显示有一定的重复性，即擦掉后重新磁化又将出现。不同工件上的相关磁痕出现的部位和形态不一定相同，即使同为裂纹，也都有不同的形态。几何形状引起的非相关磁痕都有一定规律。假磁痕没有重复性或重复性很差。

相关磁痕与非相关磁痕难以辨认时，可借助放大镜仔细观察工件表面状态及磁痕显示。必要时，退磁后再重复磁粉探伤或采用其他无损检测方法（如渗透、涡流等），以及金相检验进行综合分析。

8.7.2 磁痕观察分析和记录

（1）磁痕观察：要在标准规定的光照条件下进行。采用非荧光磁粉时，工件表面的白光强度至少应达到 1500 lx。使用荧光磁悬液时，暗室内的白光照度不大于 20 lx。工件表面的紫外辐照度一般不低于 1.2 mW/cm²，必要时用 4~10 倍放大镜观察细小磁痕。

（2）磁痕分析：就是对观察到的磁痕进行解释和评定。依据磁痕特征和分析试验对磁痕进行解释，分析磁痕产生的原因，确定磁痕的性质，把观察到的磁痕分成三类（相关磁痕、非相关磁痕、假磁痕）。对于缺陷产生的相关磁痕，观察其形貌特征，确定缺陷类别、大小和数量，按照验收技术标准进行评定，得出产品质量合格或不合格的结论。

（3）磁痕记录：磁粉检测是靠磁痕来显现缺陷的，应该对磁痕显现情况记录保存。磁痕记录方式有：照相复制、绘制磁痕草图、透明胶纸粘印、涂层剥离、橡胶铸型等。

要正确识别磁痕，检测人员应对工件的材质和工艺有全面的了解，同时还要有丰富的实践经验。对于初学者，可参照"GJB 2029 磁粉检验图谱"等资料，注意收集典型缺陷的磁痕，在工作中积累经验。

——— 本 章 小 结 ———

本章讲述了检测系统的显示装置，无损检测成像技术，无损检测标准样品概况，简介了几种常规方法检测结果评定的相关内容。

（1）按显示设备的形态，可分为三种形式：电子束型、平板型、数码显示型。检测系统的显示装置可分为模拟式显示仪表、数字式显示仪表和图形图像显示器三类。图形图像显示器的主要形式是嵌入式显示器和计算机显示器。

（2）无损检测成像技术中，应重点关注图像形成、图像处理和图像显示。图像采集数字化和图像处理智能化是无损检测技术的发展趋势。任何图像都是光强和色彩的二维或三维分布，因此形成两类成像方法：扫描成像法和面阵成像法。

（3）超声成像方法有工件不同截面的图像显示（B、C、D、P、S 等扫描成像），还有声显微镜、超声层析、超声全息等成像技术。电磁检测成像技术有涡流成像、涡流脉冲热成像、磁光成像（法拉第成像、克尔成像）、太赫兹成像等。

（4）标准试样可用于校准无损检测仪器，以保证检测结果的可靠性，也可用于检测材料或器材性能，以判断其质量是否达标。对比试样可用于调整检测灵敏度，评估缺陷的位置、尺寸和性质等，以判断被检工件是否合格。

（5）本章简介了超声检测缺陷的定位和定量（公式和曲线），自动探伤涡流仪器显示（时基和矢量），射线照相底片评定（内容和要点），磁粉探伤磁痕分析（非相关和相关）。无损检测结果评定的智能化和网络化是一个重要的发展方向。

复习思考题

8-1　检测系统常用的显示器有哪几种，各有什么特点？

8-2　无损检测成像技术有什么特别之处？电磁检测有哪些成像技术？

8-3　超声探伤仪的 A 型、B 型、C 型扫描方式有何不同，哪一种成像最慢？

8-4　无损检测标准样品有哪几种，各有什么用途？

8-5　简要说明超声检测缺陷定量的三种当量方法：试块法、计算法、曲线法。

8-6　自动涡流探伤仪的时基显示和矢量显示有什么关联和不同？

8-7　射线照相底片评定需要什么光源和仪器，评定过程分哪两个阶段？

8-8　名词解释：相关磁痕、非相关磁痕、假磁痕、磁痕分析。

8-9　用厚度为 200 mm 的工件调节纵波扫描速度，若 B1 对准 50，B2 对准 100，此时扫描速度（用 $1/n$ 表示）为多少？探伤时在时基线 40、80 处发现回波，求缺陷的深度。

9 无损检测自动化与智能化

【本章提要】

本章概述了无损检测自动化和智能化的基础知识和技术应用，全章内容可以分为三个部分：（1）基础部分，包括9.1节无损检测与信息技术，9.2节自动检测与自动控制；（2）自动化部分，包括9.3节运动参数传感器，9.4节运动控制器及电机控制技术，9.5节自动探伤控制系统；（3）智能化部分，包括9.6节检测仪器智能化，9.7节智能化无损检测技术。本章侧重检测仪器和自动化设备的通用知识，其中9.5节和9.7节概述了几种较为成熟的无损检测仪器设备。

9.1 无损检测与信息技术

9.1.1 无损检测与感测控制

无损检测仪器设备的发展离不开微电子技术、传感器技术、信号处理技术、计算机技术、自动控制技术以及精密仪器技术、机械制造技术的进步，体现为先进感测技术、先进控制技术、自动化和智能化技术在无损检测仪器设备中的创新性应用。随着检测设备自动化水平的提高，自动检测技术正在向智能化和网络化的方向发展。

传感技术涉及力、热、磁、声、光、电的各个领域，应用了多种物理效应和集成制造技术。传感器的种类非常之多，例如超声波换能器、电磁涡流传感器、射线探测器、图像传感器、微波传感器、红外传感器、温度传感器以及扫查和成像系统中定位用的位置或距离传感器（光栅尺等）、角位移传感器（编码器等）。不同的传感器针对不同的测量对象达到不同的检测目的。

工业计算机应用于自动控制技术中，产生了跨越式的技术进步，这在自动测控系统的核心单元——运动控制器方面表现最为突出。从早期的模拟式、数字式发展到单板机、微型机，再到如今的微控制器（MCU）、数字信号处理器（DSP）、工业计算机（IPC）、可编程控制器（PLC）、工业物联网边缘控制器，各种先进的现代化控制装置在不同的应用场合发挥着极其重要的作用。

自动测控系统中的执行装置，如伺服电机、步进电机、轨道扫查器、探头保持器等，可按预先设置的程序进行全方位的自动扫查，驱动探头执行位置校正、加速、转向、停止等动作，使其按照被测对象的检测需求完成各项无损检测工作。自动扫查还有另外一种情形，即探头不动而工件运动。两种情形都是由计算机控制器发出控制信号，驱动执行装置来完成动作任务。

无损检测仪器设备设计制造过程中所涉及的技术领域属于光机电一体化的自动检测与

控制技术范畴，计算机系统的软硬件是它的核心和灵魂，信息分析处理技术中的参数分析、频谱分析、自相关和互相关分析、回归分析和方差分析、数字成像以及检测结果的图解表达等，都需要专业化软件设计。不同的无损检测方法有不同的专业软件，这种专用软件在智能化无损检测中的地位越来越重要。

近十年来，国内外在自动无损检测设备研制方面取得了突破性进展：软件方面，随着计算机性能的大幅提高，检测系统的智能化程度有了很大提高，数据处理能力明显增强；硬件方面，各种精密机械部件、集成板卡与控制器件提高了系统运行的精度和可靠性。

中国航空航天、轨道交通和石油化工等领域的自动检测系统研发及应用，包括盘轴件超声自动检测系统、轮轴相控阵超声自动检测系统、涡流自动成像检测系统、钢管高速漏磁检测系统、桥梁斜拉索检测机器人等。

9.1.2 无损检测与计算机技术

如今，计算机技术已广泛应用于无损检测仪器设备之中，例如数字超声波探伤仪、自动涡流探伤仪、超声涡流分析仪、数字化 X 射线系统以及无损检测用各种自动爬行器，它们用来对检测对象自动扫查、对缺陷准确定量、对检测结果进行安全评估。计算机技术在无损检测与评价中的主要应用大致分为 7 个方面：

（1）数据采集。现代数据采集系统能够将从试件上采集的数据立即输入 CPU 或 RAM，对信息可进行快速分析，如有必要也可改变测试参数。数据以模拟量接收，通过模数转换器和控制程序转换为数字量。数字量便于计算分析、记录存储及信息传输。实时数据采集和处理在超声波实时成像和射线实时成像等方面十分必要，因为这些检测方法信息量大，只有及时采集和处理数据，才能对试件的状况进行快速的判定。

（2）动作控制。按照计算机的指令，包括机器人在内的自动探伤设备能够完成传送、测试、分选、判废等各种动作，能快速准确的按技术规范操作。在测量距离、调整速度、转换角度、识别目标、判断检测结果上，不会掺杂人为因素。机器人不但每次给出相同的结果，而且能不知疲倦的重复工作。因此，采用计算机技术的动作控制将随着测试的规范化而显示出更大的优越性。

（3）记录存储。无损检测和无损评价的软硬件与计算机技术结合在一起，形成光机电一体化的各种专用检测与评价系统，两方面的结合使数据存储非常便利。无损检测信息量大，设备存储能力是重要指标之一。

数据存储有多种形式：包括各种磁盘、光盘、网盘、优盘、各种打印机、记录仪等。缺陷的所在位置和具体形状可通过评估系统分析，或进行彩色打印。

（4）数据处理。智能检测系统的数据处理首先是指对测量数据的一些基本处理，诸如信号的平均、平滑、微积分、标度变换、线性化、比较、判断以及显示、控制等，目的在于从测量数据中得到正确结果，减小系统的误差和局限，防止可能出现的故障。其次是指频谱分析、相关计算、统计与评估等较复杂的分析计算。

无损检测仪器在线工作时，数据处理速度必须满足实时性要求，因此处理方法要精练实用，数据采集与数据处理以及存储显示、输出控制等操作需交替进行。

（5）成像技术。图像是缺陷信息的最佳显示方式，因为图像最直观、信息最丰富，而成像技术经常和计算机技术相结合。无损检测成像技术包括超声成像、射线成像、涡流成像、磁光成像、红外成像、紫外成像、微波成像等，这里以超声成像技术为例简单说明。

超声成像技术对缺陷的大小、方向、位置、性质都可以分析判定。采用计算机技术进行图像放大、旋转、剖面等操作，有利于判断缺陷性质。B、C、D扫描成像、P扫描成像、准三维成像和超声全息成像等技术都能实现缺陷的定性、定量检测，可以给出缺陷的形状、尺寸、位置及埋藏深度等参数。

（6）图像处理。数字图像处理技术可分为三个层次：狭义图像处理、图像分析、图像理解。狭义图像处理是对输入图像进行某种变换，改善图像的视觉效果或对图像进行压缩编码等，获得输出图像。图像分析是对图像的局部（例如缺陷影像）进行检测与测量，建立图像目标的描述，给出图像数值或符号描述。图像理解是在图像分析基础上，基于人工智能等研究图像目标的性质与目标间的相互关系，对图像内容的理解和解释。

（7）安全评估。计算机技术在无损检测与安全评估中具有非常重要的作用。这方面比较突出的是声发射检测的仪器系统。利用全数字化多通道数据采集系统得到声发射信号的时域波形，通过计算机信号处理技术实施参数分析法和波形分析法（频谱分析、模态分析和时频分析），以及利用人工神经网络实现对声发射源的识别，发现可能存在活动性缺陷，或对已知缺陷进行活性评价。

9.1.3 无损检测与网络通信

我国信息学家钟义信教授在其著作《信息科学原理》中指出，信息技术的四项基本内容是：感测技术、通信技术、计算机和智能技术、控制技术。信息技术的内部结构可用"信息技术四基元"描述（图9-1），四基元是一个有机和谐的整体。

图9-1 信息技术四基元及其功能系统

图9-1表明，通信技术和计算机技术处于整个信息技术的核心位置，感测技术和控制技术则是核心与外部世界之间的接口。没有通信技术和计算机技术，信息技术就失去了基本的意义；而没有感测技术和控制技术，信息技术就失去了基本的作用（失去了信息的来源和归宿）。可见，信息技术的四基元是一个完整的体系。

近年来，随着信息技术和无损检测技术的进步，网络化无损检测技术也发展到一个新的高度，诞生了无损云检测/云监测技术（Cloud Non-destructive Testing, CNDT）。

无损云检测是基于云计算技术和检测集成技术的全新概念，是包含了各种物理与化学的无损检测方法，实现信息共享和远程控制的一种无损检测集成技术。

网络服务器集群是无损云检测集成网络的中枢，提供资源的网络被称为"云"。"云"中的各类资源是动态的，处于不断地扩大、更新和升级的过程中。

云检测技术为检测终端用户提供数据存储、处理、分析的服务，使计算分散在大量的分布式计算机上，而非本地计算机或远程服务器中，其数据中心的运行与互联网相似。从本质上讲，云检测是指检测用户端的智能传感器通过近、远程连接获得存储、计算、处理、数据库以及交互等服务。

将监测任务赋予无损云检测系统，无损云检测的良好兼容性很容易实现无损云监测，特别是提供结构健康监测（Structural Health Monitoring，SHM）方面的服务。

9.2 自动检测与自动控制

自动化是人类文明进步和现代化的标志，自动检测技术是自动化科学技术的重要分支，无损检测领域的自动化技术与装备又是自动检测技术和自动控制技术的应用与发展。

9.2.1 自动检测技术

自动检测及仪表是人们自动获取科研、生产和生活中各种信息的技术和装置。自动检测的方法和仪器仪表的种类很多，但是它们具有一些共性技术，例如，传感器技术、自动化仪表技术、信号处理技术等。自动检测系统通常由传感器、信号处理器、显示器（部分含执行器）三大部分构成。

传感器是用来感受被测量并按照一定的规律转换成可用输出信号的器件或装置。当传感器的输出为标准规定的电流信号时（4~20 mA DC），通常称为变送器。传感器的基本功能是"检测"，广义上属于检测仪表范畴。

信号处理器用来对测量数据进行算术运算、线性变换、相关分析、逻辑判断等，可以是信号处理电路、微处理器或微控制器、数字信号处理器等形式之一，数据处理的结果要传输至显示器及执行器。

显示器又称二次仪表，是检测系统显示或输出测量值的装置，具有指针式（模拟式）、数字式、图形显示、记录仪等多种显示方式。

自动检测行为表现为自动扫查、自动切换、自动处理、自动记录、自动报警等多方面。自动检测效率高、精度高，减少了人为因素和工作强度，是现代科技发展必然结果。

随着生产设备自动化水平的提高，自动检测技术正在向智能化、集成化和网络化方向发展，形成了"无损检测集成技术""云检测/云监测"的创新概念和技术融合。

9.2.2 自动控制技术

由于被控对象的不同，形成了电气自动化（运动控制系统）和过程自动化（过程控制系统）两大派别。电气自动化的特征是被控设备所加工、装配或检验的是材料、零件、部件等，对应冶金机械等行业。过程自动化的特征是被控设备所生产的是液体、气体等流体，对应化工石油等行业。

9.2.2.1 控制系统的分类

按照被控对象、被控变量、控制算法、动力介质、系统结构等多种分类，可形成各种名目的控制系统，而自动化探伤设备属于机电一体化技术中的运动控制系统。

按照系统功能和调节规律，划分为程序控制、顺序控制、PID 控制、前馈控制等简单控制系统，最优控制、自适应控制、自学习控制等复杂控制系统。按给定值的变化情况可划分为定值控制系统、随动控制系统和程序控制系统。按照所用的动力能源和信号介质，分为电动、气动、液动、机械控制系统。按照系统的反馈情况，分为开环控制系统和闭环控制系统。

从位式控制、PID控制、预测控制到模糊控制，从模拟控制器、数字控制器、计算机控制装置到可编程控制器，控制技术发展到今天，形成了多种不同类别的控制系统。

9.2.2.2 开环控制与闭环控制

开环控制是被控对象与控制装置之间只有单向作用而没有反馈通道的控制方式，通常用于对控制精度要求不太高的场合。基于扰动补偿原理的前馈控制属于这种控制方式，即仅有局部反馈的系统也称为开环控制系统。大多数步进电机都是开环工作的。

闭环控制是依被控量与给定值的偏差量对被控对象实现无偏差运行的控制方式，亦称反馈控制，是控制系统中最基本、最常用的控制方式。相应地，闭环控制系统又称反馈控制系统，是一种有主反馈的控制系统。例如伺服电机系统，使用编码器作为反馈元件，把转动位置或者速度信息送到运动控制器。

9.2.2.3 联络信号与传输方式

自动化系统中的成套仪表需要有统一的联络信号和规定的传输方式，以便协调各类仪表共同组建测控系统。为此，国际电工委员会（IEC）对自动化系统的联络信号制定了如下标准：

（1）电动测控装置采用 24 V 直流供电，现场传输电流信号范围 4~20 mA DC，控制室联络电压信号范围 1~5 V DC，信号电流与电压的转换电阻为 250 Ω。

（2）信号传输采用电流传送、电压接收的并联方式，即进出控制室的传输信号为电流，该信号通过标准电阻转换为电压信号，并联地传输给控制室各仪表装置。

联络信号下限不为零，容易识别断线、断电等故障；现场变送回路为两线制，既是电源线又是信号线，节省费用；室内仪表并联接线，且有公共接地端，便于配套安装使用。

9.2.3 检测与控制的关系

如前所述，检测单元是控制系统的组成环节，没有实时准确的状态参数检测，就不可能正确地设定控制模式和控制参数，更谈不上准确地控制。同样，在检测过程中也需要对某些物理量进行控制，大致表现在以下几个方面：

（1）在自动检测系统中除了数据采集与信号处理系统之外，还要有工件定位系统、传感器运动系统和输出打印系统等（打印结果，标记工件等），这些运动都需要准确地控制。

（2）在精密检测中环境因素干扰是测量误差的重要来源，对温度、振动、噪声、间距等的控制，就成为测量系统的重要组成部分。例如，利用恒温装置控制温度变化，利用跟踪装置控制间距变化。

（3）产品或工件测试过程中，测量和控制更是互相联系的。例如三维复杂表面的检测是以精确的坐标控制为基础的。

（4）某些精密测量器件或装置本身就是一个控制系统，如各类伺服加速度传感器（力平衡式传感器）。

总之，检测与控制已成为紧密关联的技术，在许多文献中将二者合称为测控技术、测控系统。

9.2.4　运动控制系统

9.2.4.1　运动控制系统分类

运动是机器的本质特征，各种机械对运动形式的需求是多种多样的。经过归纳分析，可以把运动控制系统的运动类型划分为如下两大类别：

（1）空间位置或运动轨迹变化问题。其特征是被控对象（工件、刀具或探头）空间位置发生改变，称为第一类运动系统问题，也有文献称为线性轴问题。三维空间位置控制问题是这类问题的典型代表，平面二维运动是空间三维运动的特例，而一维运动又是二维运动的特例。

（2）周期性旋转速度变化问题。由于某一类物理量（温度、压力、流量、转矩等）变化而使电机转速随负载而变化，以满足这类物理量保持恒定的目的。这类控制问题称之为第二类运动系统问题，也有文献称之为旋转轴问题。

一维运动有两种基本形式：直线运动和圆周运动，相应的机械为直线滑轨或单轴平台。把两个一维直线运动平台互相垂直搭接在一起，就构成了二维运动平台。三个一维运动单元的合成就是典型的三维运动系统，每一维度的运动可以是平动，也可以是旋转。

9.2.4.2　运动控制系统组成

运动感知、运动控制和运动执行是运动控制系统的三大要素。一个完整的运动控制系统由六部分组成（图9-2）：（1）人机接口；（2）运动控制器；（3）驱动器；（4）执行器；（5）传动机构；（6）传感器。它们的主要功能为：

（1）人机接口即控制面板，用于操控机器和给控制器编程。控制面板可以是基于硬件的，也可以是软硬结合的，后者是触摸屏或虚拟仪器前面板。

（2）运动控制器是自动化系统的大脑，它将运动曲线分配给各个轴，监控输入输出并且闭合反馈回路。运动控制器由计算机主体、各类I/O接口以及通信模块构成。

（3）驱动器产生大功率电压和电流以及波形时序驱动某种电机工作，有三种典型的电机驱动技术。

（4）执行器是为驱动负载提供能量的装置，包括电动、气动、液压三种动力，缸类、马达类两种类型。

（5）传动机构连接负载和电机，使测控对象完成预定的运动轨迹，有齿轮传动、丝杠传动、链传动等。

（6）传感器用于测量负载的位置和速度以实现反馈控制，包括控制器和驱动器的两类反馈信号。

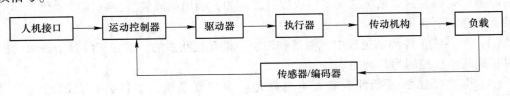

图9-2　运动控制系统组成框图

9.3 位置、位移及速度传感器

对于自动化无损检测系统，除了缺陷信号等试件特性的传感器，通常还需要工件扫查或成像定位用的线位移传感器、角位移传感器等。这些传感器可以统称为运动参数传感器，它们一般输出数字信号，易于接入计算机系统。

机械装置的运动要素包括启停位置、移动位置（动态轨迹）、移动速度等，相关的检测传感器可以归纳为如下三类：

（1）位置、通断检测类。在顺序控制等系统中，多数场合只要求判断运动部件是否到达某个位置或处于某种状态，传感器只需要提供"通"或"断"两种信号。这是一种开关量检测，行程开关、接近开关、光电开关、霍尔开关等均属此类。

（2）线位移、角位移检测类。控制系统需要动态连续地检测运动部件的实时位置，实现任意位置的定位与运动轨迹的控制。现代测控系统中主要使用数字式位移传感器，包括计数式和编码式两大类。光栅、磁栅和容栅都属于计数式位移传感器，而编码器则是编码式位移传感器的简称。

（3）速度、加速度检测类。传统的速度检测有专门的传感器，如测速发电机、差动变压器等。现代控制系统中的速度检测通常以测量精度高、制造简单的位移传感器替代。位移测量信号只需要通过微分运算，便可方便地转换为速度、加速度信号。

9.3.1 开关量传感器

检测开关是一种能够根据运动部件的位置自动输出通断信号的元件，这种开关信号容易接入控制器的数字 I/O 端口。常用的检测开关一般为机械式、感应式（电感式、电容式）、光电式或磁电式：

（1）机械开关。机械式检测开关一般用于行程位置的检测，通过机械碰撞动作产生信号，故称为行程开关、限位开关或微动开关，是最简单的检测开关。机械开关一般有多个常开触点和常闭触点。继电器或接触器的多余触点也可作为检测开关，用于感知执行装置的通断状态。

（2）接近开关。感应式检测开关通过挡块或物品使开关的电磁信号发生变化而实现检测，只要两者相互靠近即可产生检测信号，故称为接近开关。常用的感应式接近开关有高频振荡型（电感式）与静电电容型（电容式）两类，前者要求挡块为金属导磁材料，后者可以用于金属或非金属材料的检测。电感式接近开关和传动机构的金属齿轮配合，也可以检测电机的转速。

（3）光电开关。光电开关利用光路的通或断来探测目标物是否存在。一个光电开关包括一对器件——发射器和接收器。发射器是光源，通常采用不可见的红外光，而接收器通常采用光敏晶体管或光敏达林顿管。光电信号采用脉冲方式传输并经过滤波处理，以防止环境光线的干扰。

光电开关有三种结构型式：透射式（收发异侧对正安装）、集中反射式和分散反射式（收发同侧并排安装），需要根据使用条件选用。集中反射式需要配置反光片或反光条，检测距离可达数米；分散反射式直接利用目标物反射光线，在三种型式中检测距离最小。

（4）霍尔开关。霍尔开关是基于霍尔效应的检测开关。如果将通电的半导体（或金属）薄片置于磁场中，由于洛仑兹力的作用，在垂直于电流和磁场的方向上将产生电动势（霍尔电压），这一物理现象称为霍尔效应。利用这一效应，可以检测磁场的大小或有无，亦可检测负载电流的大小，生成开关型的通断信号。

霍尔开关可以做得很小，而且价格很低，但要求检测物体为强磁性材料。霍尔开关与传动机构的磁性齿轮配合，也可以测量电机的转速。

9.3.2　光栅传感器

光栅是由很多节距相等的透光和不透光的刻线相间均匀排列构成的光学元件，有物理光栅和计量光栅两大类别。物理光栅主要是利用光的衍射现象分析光谱和测定波长；计量光栅主要是利用光栅的莫尔条纹现象精密测量位移或位置。

光栅传感器又分为直线光栅传感器（简称长光栅）和旋转光栅传感器（简称圆光栅）。长光栅用于测量直线位移，测量精度可达亚微米级。圆光栅用于测量角位移，测量精度可达角秒级。光栅传感器测量精度高，但结构较为复杂，工装要求高，成本较高。

直线光栅传感器由光源、标尺光栅（长）、指示光栅（短）、光电器件、透镜、信号处理电路等组成。标尺光栅的长度决定传感器的测量范围，刻线密度决定传感器的测量精度。

标尺光栅与指示光栅上有密集的平行刻线，刻线间的距离称为栅距或节距，每毫米的刻线数有 50 条、100 条或 200 条等。指示光栅与标尺光栅的栅距相同，但尺寸比标尺光栅短得多。

将标尺光栅和指示光栅的刻线面叠合在一起，并使二者沿刻线方向成一个微小角度。由于刻线交叉的遮光现象，在光栅上出现了明暗相间的条纹，即莫尔条纹。当标尺光栅左右移动时，莫尔条纹沿垂直方向上下移动。莫尔条纹节距 B 与刻线夹角 θ、光栅节距 W 的关系为：$B/W \approx 1/\theta$（θ 很小时）。这个数值可达数百，体现了莫尔条纹的放大作用。因此，计量较大节距的莫尔条纹，就可以得到标尺光栅的精密位移。图 9-3 是长光栅的直线形莫尔条纹，图 9-4 是圆光栅的辐射形莫尔条纹。

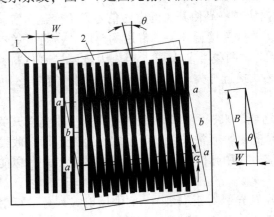

图 9-3　直线形莫尔条纹（长光栅）

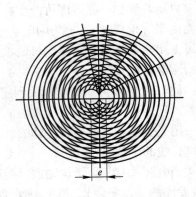

图 9-4　辐射形莫尔条纹（圆光栅）

利用光电器件，可将莫尔条纹的光强变化转换为电信号，经过放大、整形和微分，转换为脉冲信号，再经辨向电路和可逆计数器，得到数字式位移量（位移量＝计数×栅距）。

9.3.3 磁栅传感器

磁栅传感器是利用电磁感应原理工作的，分为直线磁栅（长磁栅）和旋转磁栅（圆磁栅）两种，分别用于测量直线位移和角位移。磁栅传感器由磁性标尺（磁栅尺）、磁头、检测电路三部分组成。

磁性标尺有带形、线形或圆形等。在非导磁材料上制作一层磁性薄膜，采用录磁方法形成相等节距且周期变化的磁化信号。磁化信号节距可为 0.05 mm、0.1 mm、0.2 mm 等。磁头是利用电磁感应原理进行磁电转换的器件，包括两个激磁绕组和两个输出绕组。为了在低速甚至静止时也能进行位置检测，必须使用磁通响应型磁头（磁调制式磁头）。检测电路是进行信号放大、整形、细分与输出转换的电路，输出信号形式与光栅传感器完全一致。

磁栅传感器录磁方便，可以擦除重录，也可以在安装之后再录制，避免安装误差。磁栅测量精度可达微米级，比光栅精度总体偏低，但更适合潮湿、粉尘、振动等工作环境。

9.3.4 光电编码器

编码器是依据不同位置的特定形状或磁性将位置或位移信息转换成数字代码的位移传感器，是一种直接数字化的数字传感器。测量线位移的称为直线编码器，测量角位移的称为旋转编码器。按照不同的编码类型，编码器又分为绝对编码器和增量编码器。非接触式编码器主要包括光电编码器和磁电编码器两大类，本小节简要介绍两种光电编码器。光电编码器测量精度高，技术成熟稳定，是应用最多的编码器。

9.3.4.1 绝对编码器

绝对编码器有一个多道码盘（N 个同心圆环），每一个码道有 2^N 个等间隔的透光区（1）或不透光区（0），这样，每一个角位置（很窄的扇形区域）就对应一个数字编码。利用 N 个径向排列的光电器件可测出位置信号对应的数字代码（内环高位，外环低位）。

最简单的编码方式是直接二进制码（图 9-5），例如 $N=4$ 位二进制数（仅用于解释原理），最小角度对应编码 0000，中间角度在 0111 和 1000 之间，最大角度对应编码 1111。当编码器是 12 位时，角分辨率为 $360°/2^{12}=0.088°$。对于直接二进制码，制作和安装误差会产生邻区数码误变，改进措施是采用二进制循环码（格雷码），可显著减少出错的机会和数值。

绝对编码器的位置编码是唯一的，不会因断电或重启而改变。各码道有独立的光电器件，位置编码是全量程并行的，输出电路与微机接口简单方便。光电编码器的线驱动差分信号输出、TTL 电平输出接口与光栅传感

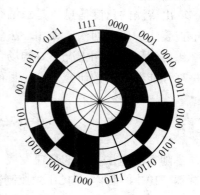

图 9-5 绝对编码器码盘

器类似；集电极开路输出与接近开关输出类似。串行输出型编码器具有分辨率高、连接线少等优点，越来越多地用于测控系统中。

9.3.4.2　增量编码器

增量编码器的码盘具有零位标志和较少的码道，码盘旋转时检测电路发出系列脉冲。随着角度增加，脉冲数线性增大，即相对零位的累计脉冲数代表旋转角度。根据旋转方向的变化，利用可逆计数器对这些脉冲进行加减计数，即可得到转轴的角位移。

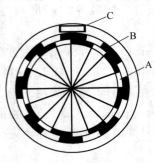

图9-6　增量编码器码盘

光电增量编码器由光源、码盘、光电器件和输出电路组成。码盘圆周方向刻有三圈轨道：（增量）计数轨道、辨向轨道、基准轨道。计数轨道 B 是节距相等的窄缝扇区，构成均匀分布的透明区和非透明区（图9-6）。码盘每转过一个刻线周期（两个扇区），检测元件就输出一个近似的正弦电压波形，可整形为脉冲波。辨向轨道 A 与计数轨道 B 错开半个扇区，随着转向的变化有 A 信号在前或 B 信号在前两种情况，由此可以判断旋转方向。基准轨道 C 只有一个扇区，用于产生零位脉冲，使计数器归零。

增量编码器在通电后，需要执行回原点（零位）操作，之后才能得到正确的角度数据，而绝对编码器在通电瞬间即可得到正确数据，无需回零操作。通过测量脉冲的频率或周期，还可以利用增量编码器测量物体的转速。增量编码器具有结构简单、价格较低、精度易于保证等优点，目前应用最多。

9.3.5　磁电编码器

磁电编码器又称磁性编码器，简称磁编码器，是采用某种磁性结构与磁传感器、以数字量形式输出的旋转编码器（角度传感器）。磁编码器采用充磁磁极代替光电编码器的光学码盘。当磁极随着连接的转轴运动时，产生周期性变化的空间磁场。该磁场作用于磁传感器上，其敏感元件的电势差或电阻值会发生变化，经过一些处理和变换，得到旋转角度和速度等运动信息。

充磁磁极可以是多极磁化，也可以是单极磁化。传感器一般采用霍尔效应芯片，或者是某种磁阻效应芯片，以单极磁化和霍尔传感器的组合应用较多。从传感器输出的信号中解算出待测的角度信息，是磁编码器的关键技术之一。旋转角度解算方法主要有三种：标定查表法、反正切法、锁相环法。

磁编码器适用工况不好的场合，允许更大的旋转速度，但其产品规格较少。磁编码器是高性能编码器的研究热点，目前数字信号分辨率一般为 12~20 位。

9.4　运动控制器与电机驱动技术

随着微电子技术的高速发展，工业上广泛采用以微处理器为核心的控制器，如 PLC 控制器、IPC 控制器、MCU 微控制器、DSP 控制器等。本节简介自动探伤系统常用的两种控制器 PLC 和 IPC，以及三种典型的电机驱动控制技术。

具有通信功能的控制器是工业控制网络上的一个节点，可以构成具有电气控制、过程控制、过程优化、调度、监控、故障诊断等功能的综合自动化系统。

9.4.1 可编程控制器（PLC）

可编程控制器（Programmable Controller，PC），又称可编程逻辑控制器（Programmable Logic Controller，PLC），是一种以微处理器为核心的、以逻辑和顺序控制为基本功能的专用控制装置。多年来，PLC 和 PC 两种名称并存，为了和个人计算机 PC 区分，国内多称之为 PLC。

可编程控制器是继电器逻辑电路的更新换代产品，以程序设计实现逻辑电路功能，以标准接口取代继电器接线，用大规模集成电路与可靠元件取代线圈和触点。PLC 控制系统外部电路简捷，大大减少了接线数量；编程方法简单，容易优化控制功能，使整个控制系统具有很好的可靠性和适应性。

PLC 采用可编程序的存储器，执行逻辑运算、顺序控制、定时、计数和算术运算等操作，通过数字的、模拟的输入和输出信号，控制各种类型的机械运动或生产过程。

9.4.1.1 PLC 结构形式

PLC 有整体式和模块式两种，在外观、规模、价格等方面不同，适用不同的工作场合。

整体式结构把 CPU、存储器、I/O 接口等基本单元装在少数几块印刷电路板上，并连同电源一起集中装在一个机箱内。它的输入输出点数少、体积小、造价低，适用于单体设备和开关量自动控制。

模块式结构又称卡式 PLC，它把 CPU、存储器和输入单元、输出单元做成独立的模块，即 CPU 模块、输入模块、输出模块，然后组装在一个带有电源模块的机架上。它的输入输出点数多，模块组合灵活，扩展性好，适用于复杂过程控制的场合。

PLC 与微型计算机的区别，体现在组成结构、程序设计、可靠性、便利性及外观上。计算机与外部连接时，需要接口电路，如 A/D 转换器、I/O 接口、计数器等，而 PLC 直接带有各种接口模块，使用便利。

9.4.1.2 PLC 基本组成

PLC 系统由硬件电路与软件系统构成。PLC 的硬件部分由输入接口电路、运算控制电路、输出接口电路、编程接口和通信接口等组成，见图 9-7。PLC 的软件部分包括系统程序和用户程序两部分。

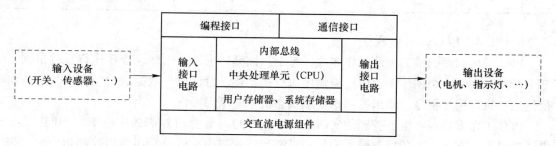

图 9-7 PLC 控制器单元结构及输入输出

（1）中小型 PLC 的输入输出信号一般是数字式（主要是开关量），少数是模拟式。因此，输入或输出的信号必须经过 I/O 接口电路转换或整形为规定的信号类型。I/O 接口电路分为开关量输入（DI）、开关量输出（DO）、模拟量输入（AI）、模拟量输出（AO）等部件。

（2）PLC 的运算控制电路以 CPU 为核心，包括控制器、运算器、寄存器、存储器等部分。CPU 按用户设计的程序对输入信号进行处理，实现控制过程的算术运算和逻辑运算等功能。

（3）PLC 的程序是由编程设备输入的，具有两种操作方式：1）使用手持编程器通过编程接口向 PLC 内部传送；2）利用计算机的 PLC 编程软件，经过通信接口向 PLC 下载程序。

9.4.1.3　PLC 编程语言

不同厂家生产的 PLC 指令不同，但编程方法类似。编程语言有图形语言和文本语言两种。图形语言包括梯形图、逻辑功能图、顺序功能图等，而文本语言包括指令语句和结构化文本，见表 9-1。不同编程语言的主要特点为：

（1）梯形图（LD），由电气控制原理图演变而来，沿用了继电器触点、线圈、连线等图形符号，形象直观，在 PLC 编程中使用最广泛。

（2）指令语句（IL），通常由梯形图转换而来，用一系列助记符表示程序指令，是最基本的编程语言，其他编程语言最终也要转换到指令语句。

（3）功能块图（FBD），即逻辑功能图，沿用了数字电路逻辑图的表达方式，适合熟悉数字电路者。

（4）顺序功能图（SFC），按照工艺流程图进行编程，对顺序控制非常适用，用"步"和"转换条件"表示流程控制。

表 9-1　几种编程语言对照

电路图	梯形图	功能块图	指令语句
			LD A AND B OUT Y

9.4.1.4　PLC 工作方式

PLC 采用顺序扫描的循环工作方式，每个扫描循环有输入采样、程序执行、输出刷新三个阶段。在每一个循环中，PLC 要顺序执行初始化、自诊断、数据通信、输入状态或命令信息、执行用户程序、输出控制指令或状态信息的系列操作。

PLC 工作方式与继电器控制的实时响应不同，也与计算机控制的中断响应不同。PLC 采用扫描工作方式，循环检测输入变量，求解当前控制逻辑以及修正输出控制指令。在整个运行期间，这种扫描工作连续重复地进行，扫描循环周期一般为毫秒量级。

9.4.2　工业计算机（IPC）

工业计算机（IPC）是商用计算机（PC）技术向工业环境拓展的产物，具有完善的测控功能和环境适应性，具备高可靠性、高实时性、扩充性、兼容性，具有丰富的软件支持和强大的通信功能。

9.4.2.1　工业计算机主要特点

IPC 对工业生产过程进行实时在线监测与控制，对工况的变化予以快速响应，及时进行数据采集和输出调节，保证系统正常运行。IPC 具有很强的输入/输出功能，与工业现场的各种检测仪表和控制装置相连，完成各种测控任务。

IPC 采用底板插卡或背板接口的结构，配套各种功能的 I/O 板卡或模块，具有很强的扩充能力。用户可以在短时间内像搭积木一样构建自己所需的测控系统。因为模块化结构和允许带电插拔，IPC 平均维修时间为每次 5 min，平均无故障时间为 10 万小时（商用 PC 大约 1.5 万小时）。

IPC 测控系统主要有两部分组成：主机部分和用户扩充部分。IPC 软件包括实时多任务操作系统、应用软件、通信软件、数据库、工控软件包、组态软件等。

9.4.2.2　主机结构和扩展模块

IPC 主机结构包括主板、底板或背板、电源、机箱四部分：（1）主板，包括 CPU 和内存、硬盘接口、通信接口、显示接口等。（2）底板或背板，有多个并行总线或串行总线接口，总线驱动能力强，用于扩展 I/O 板卡或模块。（3）电源，具有高可靠性，适应较宽的电压波动，可承受瞬间浪涌冲击。（4）机箱，为全钢结构标准机箱，含过滤、减震和加固，部分产品配置大功率风扇散热。

IPC 的标准模块或接口板卡包括：主控模块、硬盘模块、显示模块、网络模块、模拟量输入/输出模块（A/D 和 D/A）、信号调理模块、开关量输入/输出模块、定时计数模块、中断控制模块等。在自动探伤控制系统中，用户扩充部分应用较多的是开关量模块和定时计数模块。

开关信号包括（1）输入类：机械开关、接近开关、光电开关、数字传感器等；（2）输出类：阀门开闭、继电器、接触器、晶闸管通断、指示灯亮灭等。定时计数工作包括（1）输入类：产品计数、脉冲间隔测量、频率、速度、线位移、角位移测量等；（2）输出类：时钟信号、频率发生器、触发信号、步进脉冲信号、脉宽调制波（PWM）等。

9.4.2.3　技术现状与发展

以工控领域代表品牌研华科技为例，大致了解 IPC 的现状与发展。研华提供五大类产品：PC/104、PCI 总线、ISGA 总线、USB 架构及 CompactPCI 模块。全新的操作系统支持 Win7、Win10 和 Linux，支持多种编程语言：C/C++、Visual Basic、C#、VB. NET 和 LabVIEW。

多种 I/O 设备包括信号调理模块、嵌入式 PCI/PCIE 卡、便携式 USB 模块、数据采集（DAQ）嵌入式计算机、模块化 DAQ 系统，以及 DAQNavi/SDK 软件开发包和 DAQNavi/MCM 设备监测软件。

ATX 母板：采用主流的 ATX 规格，具有标准尺寸、高可靠、丰富的 I/O（多串口、多 USB、多显），最多支援 7 个扩展槽，从低功耗架构到多核心 CPU 均有选择。无电源背板：兼容 PICMG 1.0 和 PICMG 1.3 规范，从 4 槽到 20 槽产品，并可灵活组合 64bit/32bit PCI 和 ISGA 插槽。

工业物联网边缘控制器融合了 PLC 控制技术与 PC 信息化技术，将 PLC、IPC、网关，运动控制、数据采集、现场总线协议、机器视觉、设备联网等多领域功能集成于同一控制平台，可同时实现设备运动控制、机器视觉检测、设备预测维护，数据分析和优化控制，数据可直接传送至工业云平台。

9.4.3　电机驱动控制技术

运动控制是以机械位移、速度或加速度为控制对象的自动控制技术，包括传统意义上的伺服驱动系统和电气传动系统等方面内容。前者以位置控制为主要目的，亦称位置随动系统（广义上可包含其他控制量）；后者以速度控制为主要目的，亦称变频调速系统。

伺服控制系统和调速控制系统的控制原理相同，都属于反馈控制，但二者侧重点不同。伺服控制系统着重准确跟踪能力和快速响应能力，而调速控制系统则强调稳定性和抗扰动能力。

运动控制系统的执行装置为电机，应用最多的是交流伺服电机和交流感应电机。这类电机按低惯量设计，动态响应快，适合运动控制。

9.4.3.1　交流伺服系统

交流伺服驱动系统是随晶体管脉宽调制（PWM）技术与矢量控制理论发展起来的一种新型控制系统。与直流伺服驱动系统相比，具有转速高、功率大、运行可靠、几乎不需要维修等优点，在数控机床和机器人等控制领域已全面替代直流伺服驱动系统。

交流伺服系统一般以交流永磁同步电机作为驱动电机，它消除了无刷直流电机的转矩脉动，运行更平稳，工作特性更好。交流伺服电机的运行原理与直流电机相似，结构上相当于将二者的定子与转子对调。交流伺服电机的转子上布置高性能的永磁材料，定子上安装三相绕组。定子绕组通电后产生电磁力，使磁极（转子）产生旋转。利用转子上编码器或霍尔元件给出的磁极位置信号，控制定子绕组对应的功率晶体管依照规定的顺序轮流导通。改变功率管的通断次序，即可改变电机的转向；改变功率管的切换频率，则可改变电机的转速。

根据电机工作原理，交流电机的转速取决于输入三相交流电产生的旋转磁场的转速（同步转速），其值与输入交流电频率成正比。因此，改变交流电频率就可以改变电机同步转速。为了能够对电压的频率、幅值、相位进行有效控制，一般采用先将电网输入的交流转换为直流、再将直流转换为所需交流的逆变方式。实现交流逆变的装置称为逆变器或变频器。

9.4.3.2　变频调速系统

变频调速系统是随 PWM 技术与矢量控制发展起来的、以交流感应电机为调速对象的新型调速系统。20 世纪 70 年代，晶体管 PWM 技术的出现使得变频控制成为可能，V/f 控制的变频器被迅速实用化。

感应电机的运行是依靠三相交流电在定子中产生旋转磁场，通过电磁感应的作用，使转子跟随旋转磁场作圆周运动实现的。旋转磁场的极性和强度不变，但以一定的速度在空间旋转。只要在对称的三相绕组中通入 ABC 三相交流电，就会产生旋转磁场。单绕组线圈时（极对数为1），旋转磁场的转速 n（转/秒）在数值上等于电流频率 f（次/秒），称为同步转速。P 组对称三相绕组时（极对数为 P），同步转速变为 $n=f/P$（转/秒）。因此，只要改变交流电的频率，即可改变感应电机的同步转速。

根据法拉第电磁感应定律，转子运行的速度（电机转速）要略低于定子磁场的旋转速度（同步转速），这两个速度之差称为转差。因为电机不运行于同步转速，感应电机又称为异步电机。

变频器是一种用于交流感应电机调速的变换驱动器。变频器可在改变电机转速时，执行一种算法使电压频率比保持不变。这种感应电机恒转矩调速的控制技术，即为 V/f 变频控制。开环 V/f 控制调速是较简单较常用的控制方式。

9.4.3.3 步进驱动系统

步进驱动系统由步进电机和驱动器等组成，用于简单的速度与位置控制。步进电机是一种数字控制电机，适合采用微机或单片机控制，构成小型自动测控系统。步进电机工作时，要按顺序对各相绕组轮流通断，将控制器的指令脉冲转换为不同绕组的驱动电流。

步进电机是一种可以使转子以规定的角度（步距角）断续转动或保持定位的特殊电机。步进电机的绕组用脉冲信号驱动，来自运动控制器的定位脉冲经过步进驱动器放大，可以直接控制步进电机的角位移，通过滚珠丝杠、同步带轮等传动机构转换为直线运动或回转运动。

步进电机一般为三相至六相或者更多。电机的相数和齿数越多，步距角就越小，位置控制精度就越高，但在同样脉冲频率下的转速也越低。采用步进电机驱动的位置控制系统，只要改变定位脉冲的频率，便可控制步进电机的转动速度；改变定位脉冲的数量，便可控制转动位置。

步进电机的角位移与输入脉冲数严格成正比，没有累计误差，具有良好的跟随性。电机转速可大范围平滑调节，低速下仍能保证大转矩，一般可不用减速器而直接驱动负载。步进电机运动停止时还可以利用绕组通电产生自锁转矩，保持定位点不变。

9.4.3.4 执行装置和传动机构

执行装置又称为执行器，是一种能提供直线或旋转运动的动力装置。执行装置的驱动方式分为电动、气动、液动（液压）三种，其中电动装置的核心部件是电机。在自动探伤系统中，电动和气动执行器应用较多。执行器接收控制器的指令信号，并转换为角位移或直线位移，操纵传动机构，改变被控对象的运动方式，实现预定的目的。

传动机构是转速、转矩、方向的变换装置，用于传递动力和运动。大多数机械在负载和电机之间存在传动机构，将电机的旋转运动转换为直线运动或低速旋转运动。机电系统常见的机械传动有啮合传动、摩擦传动及推压传动三种类型。下面重点介绍啮合传动和摩擦传动：

（1）啮合传动，靠主动件与从动件啮合或借助中间件啮合传递动力或运动，包括齿轮传动（含齿轮齿条）、螺旋传动（丝杠螺母副等）和链轮传动等。齿轮传动经常用于伺服系统的减速增矩，由数对啮合齿轮组成减速箱。啮合传动能够用于大功率场合，传动比准确，但要求具有较高的制造安装精度。

（2）摩擦传动，靠机件间的摩擦力传递动力和运动，包括辊轮传动、带传动和绳传动等。摩擦传动容易实现无级变速，适应轴间距较大的场合，过载打滑能起到缓冲作用，但不能保证精确的传动比。

9.5　自动探伤控制系统设计概要

管棒材自动探伤系统（涡流、漏磁或超声）具有相似性，除了探伤仪器及检测探头不同，它们的机械传动装置和电气控制系统大体一致，本节以钢管涡流自动探伤系统为例，说明自动探伤控制系统设计要点。

此例中，钢管自动探伤系统的核心采用可编程控制器（PLC），一种面向工业自动化控制的专业计算机系统（见9.4节）。PLC用于自动探伤系统，具有以下优点：（1）可靠性高；（2）设计灵活，功能多样；（3）具有故障检测和处理能力，维护容易；（4）具有在线修改能力，柔性好。

9.5.1　系统结构与工作原理

钢管自动探伤系统如图9-8所示，钢管自动涡流探伤系统由上料单元、探伤主机、下料单元、探伤仪和控制单元五大部分组成。探伤主机由检测线圈及固定调整装置、磁饱和装置、驱动压轮和升降装置等组成。

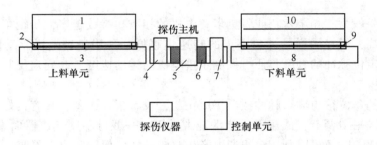

图9-8　钢管自动探伤系统组成

1—上料架；2—上料机构；3—进料辊道；4—驱动压轮（左）；5—检测线圈、磁饱和装置；
6—定心装置、升降装置；7—驱动压轮（右）；8—出料辊道；9—分选下料机构；10—分选槽

对于普通探伤灵敏度和较高探伤速度的检测要求，采用穿过式线圈固定和钢管直线传送的方式对材料进行100%检测。探伤仪激励单元产生正弦交流电，通过激励绕组在材料中产生涡流。测量绕组感测含有材料特征信息的涡流信号。信号经过仪器的放大、处理和判别比较，超过标准则驱动报警电路及标记机构。探伤完毕，钢管放入正品槽（下料），或放入次品槽（分选）。

9.5.2　探伤工艺流程

动作完整的探伤工艺流程可大致以图9-9表示。依靠各处接近开关检测位置信号，驱动执行机构不断上料、传送、下料，使探伤工作连续进行。为提高探伤效率，一个工作循环在进行当中，满足位置条件后可开始下一个工作循环。

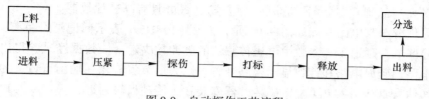

图 9-9　自动探伤工艺流程

探伤系统的自动化包括：以自动控制为主的动作过程自动化和以自动检测为主的信号流程自动化。动作过程自动化是指：自动上料、自动传送、自动压紧、自动探伤、自动打标（有伤时）、自动释放、自动分选（有伤时）、自动计数等；信号流程自动化是指：自动采样、信号处理、时频分析（必要时）、自动判断（是否合格）、自动输出、自动诊断（设备状态）等。

9.5.3　系统控制功能

系统具有探伤和调试两种工作状态，自动、半自动和手动三种控制方式。能够完成上料、传送、压紧、探伤、标记、下料或分选各功能。

半自动工作方式是指，在系统自动运行中出现超标伤信号时，暂不标记，而辊道停止运动，由手动控制系统复探确认后再自动运行。

辊道电机可以正反转动，使样管往复运动以便调试校准设备；可以动态显示探伤钢管正品和次品数量；具有抗干扰能力和一定的容错能力；具备对各执行元件和传感元件的故障检测和报警功能；具有掉电保持功能；切除钢管头尾干扰信号。

系统的控制功能大致包括自动探伤运行和可靠性保证两方面，由电路设计和程序设计共同实现。

9.5.4　硬件配置方案

电气控制系统的硬件可以分为输入类、输出类和控制器三类。方案设计时，需要仔细考虑和统计各类信号和元件的个数，这样才能正确选择 PLC 的种类及型号，主要如下：

（1）输入信号，来自传感器和各类开关：

探头和仪器（PR）——超声探头、涡流线圈、霍尔元件等，检测伤信号。

接近开关（SP）——电感式、电容式、光电式。输入工件位置信息，电子类非接触式。

行程开关（SP）——输入工件位置信息，机械类接触式。

手动开关（SW）——输入手动部分工作状态。有两种类型，锁紧 SA，回弹 SB。

接触器触点（KM）——输入电机工作状态，有正、停、反三种状态。

（2）输出信号，驱动各类执行器，包括继电器（KA）、接触器（KM）、电磁阀（YV）、电动机（M）、指示灯（HL）、蜂鸣器（HA）。

（3）逻辑控制，由 PLC 程序实现，完成自动上料、自动压紧、自动检测、自动打标、自动分选、自动下料及故障诊断等工作任务。

根据涡流探伤系统需要的功能、探伤速度、I/O 点数、输入输出信号、程序存储器容量和性能价格比，选择合适的 PLC。有多种品牌和型号的 PLC 可供选择。选用的原则是：

可靠性尽量高（品牌），适当留有余量（型号），最好具有高速计数器。

测控元件分布与电路框图如图 9-10 所示。图 9-10 中，c 表示标记延迟距离，d 表示管端信号切除区域。延迟距离参数由电磁传感器的脉冲数决定，该数据经试验得出后由人工输入延迟电路。延迟电路和计数显示电路外置可以大量节省输入、输出点数。为了及时监测，可将伤信号直接引入 PLC。电磁传感器安装在主传动齿轮附近，将它接入 PLC 可监测辊道电机的状况。样管调试指标是指测试次数、漏报人工缺陷个数和误报次数。

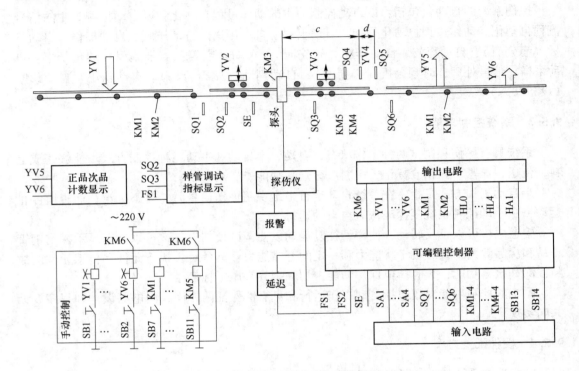

图 9-10　测控元件分布与电路框图

磁饱和装置和升降电机只有人工控制。而上料、辊道、压辊、标记、下料和分选兼有自动/人工控制。设置完备的手动控制按钮便于试验调整设备各部分，并保留完整的备用探伤操作。为了避免手动操作干扰自动探伤，用 PLC 的一个输出继电器和接触器 KM6 控制手动回路电源的通断。

9.5.5　程序设计要点

控制系统的用户程序包括控制功能程序和故障检测与显示程序。前者是基本功能，完成探伤任务；后者是加强功能，提高系统的可靠性。

9.5.5.1　控制功能程序

控制功能程序主要包括上料、辊道、压辊、标记、下料和分选各段程序。实际上，上料、标记、下料和分选各动作都有时间持续性（0.20～3.0 s）。持续性动作用定时器功能实现。对于标记和压辊机构，由于在出现信号位置不能执行动作，造成动作的延迟性。为简化起见，图 9-10 中只给出了部分转换条件。控制功能程序的工作特点为：

（1）上料功能程序。第一根上料存在特殊性，因为不能由接近开关得到信号。处理的办法是，可以手动上料第一根，或者由程序设定自动上料第一根。上料动作的主令信号：↓SQ1（接近开关1信号）；约束条件：自动或半自动探伤状态，辊道非反向运转。

（2）标记功能程序。标记信号是经过延迟的伤信号，使用高速计数器HDM接收，防止延误一个扫描周期。每次标记后用软件复位HDM。标记动作的主令信号：FS2（延迟的伤信号）；约束条件：自动探伤状态，不在管端区域，辊道正向运转。

（3）下料、分选功能程序。一根钢管探测后，有伤则执行分选动作，无伤则执行下料动作。下料主令信号：↓SQ4（接近开关4信号）；分选主令信号：↓SQ4 * FS2（逻辑与）。约束条件均为自动探伤状态与辊道正向运转。一批钢管探伤完毕时，所有接近开关均无感应信号，这可作为辊道电机停止的转换条件OV。

（4）连续测试功能程序。测试设备的一些综合性能指标，需要样管往返运动多次。此功能程序可避免人工反复操作。先将测试次数用自锁按键SB13，SB14设定（4种状态可分别表示20次、50次、100次或自定次数），再将SA4（选择开关4）置于调试状态。设备根据样管的位置信号，自动进退样管并测试性能指标。达到设定次数CN后自动停止。

（5）辊道控制功能程序。自动探伤状态辊道只有正向运转，自动调试状态辊道有正、反向运转。正向的转换条件是LS，反向的转换条件是RS。其中，LS代表样管在进料位置（左边），RS代表样管在出料位置（右边），ED=LS+RS（逻辑或）。可用KM1-4（电机正转信号），KM2-4（电机反转信号）判断方向，用接近开关SQ1和SQ5的变化判断位置，并结合二者得出转换条件。

程序设计中采取延时验证的方法消除开关量输入信号的抖动干扰。主要用于上料、压辊、下料和分选几段程序的开始部分。根据实际情况，定时时间短的为20 ms，长的为1.8 s。

9.5.5.2　故障检测与显示程序

为了及时发现故障事件，快速查找故障位置，特别设计了故障检测与显示程序，实现自动停机或报警。

该系统主要根据判断检测法发现故障，即根据设备的状态和控制过程的逻辑或时间关系，判断设备运行状况是否正常，主要方法如下：

（1）如果传送线上的6个接近开关超过预定时间信号不发生变化，而辊道电机仍在运转，表明钢管运动受阻，压辊动作机构有故障或主机调整部分有问题。

（2）监测主传动系统的电磁传感器应发出等间距脉冲，若间距不等或脉冲消失，说明主传动系统异常，特别是辊道电机异常。

（3）根据接触器第4触点状态是否正常，判断接触器及电机工作状况。

（4）监测某一动作执行情况时，启动一个定时器，时间设定比正常情况下该动作持续时间长约25%。当动作时间超过设定时间，定时器发出故障信号。

9.6　检测仪器智能化内容与发展

智能化检测有初级、中级、高级三个层次，有智能传感器、智能仪表、虚拟仪器等多种形式。相应地，形成了传感信号处理和知识决策处理两类方法。单片机与嵌入式系统可构成智能传感器和智能仪器，虚拟仪器技术充分发挥了计算机软硬件优势，建立了标准体系的仪器形式。

9.6.1　检测智能化的层次

信息技术的发展可以分为数字化、自动化、最优化、智能化四个层次。"数字化"是把客观事物模型化、抽象化，用计算机可以识别的编码表示事物，以便于数据的存储和处理。"自动化"是按照一定的逻辑顺序或规则对事物进行重复处理。"最优化"是按照某一个或几个预定的目标，通过一定的算法使目标函数最大或最小或最佳。"智能化"则包括理解、推理、判断、分析等一系列功能，要求具有数字逻辑与知识决策能力。

实际上，在不同的领域，智能及智能化具有不尽相同的含义。在检测技术领域，智能化检测可分为三个层次，即初级智能化检测、中级智能化检测及高级智能化检测。无损检测信息量大而且复杂，对检测智能化有较高的需求。

9.6.1.1　初级智能化检测

初级智能化检测只是把微处理器或微型计算机与传统的检测方法结合起来，它的主要特征和功能包括以下几点：

（1）实现数据的自动采集、转换、存储与记录。采用按键式面板通过按键输入各种常数及控制信息。

（2）利用计算机的数据处理功能进行简单的测量数据处理。例如，进行被测量的单位换算和传感器非线性补偿；利用多次测量和平均化处理消除随机干扰，提高检测精度。

9.6.1.2　中级智能化检测

中级智能化检测要求检测系统或仪器具有部分自治功能，除了具有初级智能化的功能外，还具有自动校正、自补偿、自动量程转换、自诊断和自学习功能，自动进行指标判断及进行逻辑操作、极限控制和程序控制的功能。目前大部分智能仪器或智能检测系统属于这一类。中高级智能检测系统的智能化内容的归类和解析见表9-2。

表9-2　智能检测系统中高级智能化内容

智能化类别	智能化内容解析
测量校验	数字滤波、线性校正、温度补偿、曲线拟合、误差计算、数据融合
故障自诊	传感器、模拟电路、数字电路、接口电路、执行器各部分自诊断
图像处理	数字化和编码压缩、增强和恢复、分割和描述、特征提取和分类
信号分析	时域分析（相关分析、传递函数等）、频域分析（幅值谱、相位谱、功率谱）
智能推断	模式识别、人工神经网络、专家系统
记忆显示	存储、查询、波形显示、图像显示、静态显示、动态显示
网络通信	上传数据、远程控制、云检测与云监测

9.6.1.3　高级智能化检测

高级智能化检测要求将检测技术与人工智能原理相结合，是利用人工智能的原理和方法改善传统的检测方法，其主要特征和功能如下所述：

（1）具有知识处理功能。可利用领域知识和经验知识通过人工神经网络、专家系统解决检测中的问题，具有特征提取、自动识别、冲突消解和决策能力。

（2）具有多维检测和数据融合功能。可实现检测系统的高度集成，并通过环境因素补偿提高检测精度。

（3）具有"变尺度窗口"。通过动态过程参数预测，可自动实时调整增益与偏置量，实现自适应检测。

（4）具有网络通信和远程控制功能，可实现分布式测量与控制。

（5）具有视觉、听觉等高级检测功能。

9.6.2 智能检测系统的形式

检测仪表的发展过程经历了五个阶段，即机械式仪表、普通光学-机械仪表、电动量仪、自动检测系统、智能检测系统。智能检测系统的形式主要有四种，即智能传感器（Smart Sensor）、智能仪器（Intelligent Instrument）、虚拟仪器（Virtual Instrument）和通用智能检测系统。

9.6.2.1 智能传感器

智能传感器是将微加工制造的硅基传感器与信号处理电路、微处理器集成在同一芯片上或封装在一起的器件。按智能化程度分类，智能传感器同样具有初、中、高三种级别形式。

由传感器与信号调理电路集成而形成的智能传感器，其智能是有限的，其自补偿、自校正功能也只能补偿传感器部分的漂移和非线性，但成本低廉，产量较大。

一般智能传感器有信号调理、存储、自检与自诊断、自校正与自适应，以及输出处理、数据通信等功能。信号调理包括漂移补偿、灵敏度校准、非线性补偿、温度补偿等。

图9-11表示了智能传感器内部电路的基本构成。智能传感器的硬件结构可以概括为：传感器+微处理器+通信接口。目前已将微处理器与传感器集成，形成了中高级智能传感器，实际上是微型智能仪器。

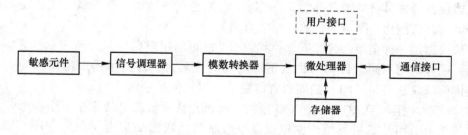

图9-11 智能传感器硬件结构原理图

9.6.2.2 智能仪器

智能仪器的产生早于智能传感器，他们的定义和功能特点相似。智能仪器同样具有自检、自诊断、自补偿、数据处理和逻辑判断等功能，但智能仪器比智能传感器规模更大，功能更强，特别是具有人机接口，即控制和显示面板。

智能仪器实际上是一个专用的微型计算机系统，由硬件和软件两大部分组成。硬件部分主要包括传感器、模拟量输入/输出通道（包括放大器、采样/保持器、A/D 转换器、D/A 转换器等）、数字量输入/输出通道、计算机数字电路（微处理器、存储器、外围电路等）、人机接口电路、通信接口电路等；软件部分包括系统监控程序、接口管理程序和仪器功能程序。

智能仪器通常采用 8 位或 16 位微处理器，12~16 位 A/D 转换器。近些年出现了单片数据采集系统（ADI 公司、TI 公司），或混合信号处理器（Silicon 公司），是将上述大部分模拟电路和数字电路集成在一块芯片上的单片智能系统，具有体积小、成本低、开发时间短的优势。

智能仪器通常采用薄膜键盘替代机械按键，结构简捷而耐用。利用微处理器的算术运算和逻辑运算功能，可显著降低非线性误差和温度漂移误差，其强大的数据处理和分析判断能力更是传统仪器难以企及的。智能仪器具有自动设置、自动调零、自动校准、自动切换量程等功能，自动化水平高。利用仪器通信接口和标准总线，可上传数据和远程控制，亦可组建自动测试系统。

智能仪器是将微处理器嵌入仪器内部构成的独立仪器，而下述的虚拟仪器则是将仪器功能板卡插入计算机箱体（PC-DAQ 系统），使计算机具有仪器的功能。

9.6.2.3 虚拟仪器

虚拟仪器（Virtual Instrument，VI）是通过应用程序将计算机资源（微处理器、存储器、显示器）和仪器硬件（信号调理器、A/D、D/A、数字 I/O、定时器等）结合起来，形成的测量装置和测试系统。用户通过形象的图形界面（虚拟面板）操作计算机，就像操作传统仪器一样。

虚拟仪器名称来源于英文意译，它是真实的仪器，而不是仿真系统。虚拟的内涵是：以计算软件代替大部分电路或仪器功能，以计算机屏幕图形代替实物按键、旋钮、显示窗口等。但这些仿真图形对应的是真实的信号，可以输入输出或调节，完成需要的测控任务。

虚拟仪器的智能化主要体现在功能板的设计及软件开发中。虚拟仪器的功能模板已具有了智能仪器通常具有的零点补偿、自校准、计算分析等功能，在高级人工智能实现方面潜力很大，其智能化水平与用户的开发能力相关。

虚拟仪器是一种全新的仪器概念，其应用功能可由用户自行定义和开发。基本硬件具备以后，通过调用不同软件即可构成不同功能的仪器，软件技术是虚拟仪器的关键。因此，美国国家仪器公司（NI）的简短宣传用语是"软件就是仪器"。

虚拟仪器具有 PC-DAQ 系统、VXI 系统、标准总线系统及 PXI 系统等多种形式，其中最简单的是由通用计算机系统、虚拟仪器平台软件、数据采集卡及配套程序构成的 PC-DAQ 系统。虚拟仪器可以与个人电脑（PC）、笔记本电脑及专用机箱组合。一台功能较全的虚拟仪器，可以替代一间实验室的多台电子测量仪器，而且用户可以多次开发、创新升级。

9.6.2.4 通用智能检测系统

通用智能检测系统不采用嵌入式微处理器，而采用通用微型计算机构建检测系统，实现数据采集与处理功能，并可以与其他控制和执行系统组合，组成智能测控系统。

通用智能检测系统由于采用通用微型计算机，可以充分发挥计算机内存量大、运算速度快的特长，利用更高层次的信息处理方法实现高级智能。

检测智能化的方法大致可以分为两类：一类是传感信号处理方法，另一类是知识决策处理方法。典型的智能检测系统经常是两种方法（或子系统）的混合。

9.6.3 单片机与嵌入式系统

计算机技术的发展，特别是微处理器的出现对自动化仪表的发展产生了巨大的作用。微处理器的引入使自动化仪表的开发由纯粹的硬件设计转变成为软、硬件相结合的设计。以微处理器为核心的自动化仪表由于软件的参与而具备了某些智能的特点，因此又称为智能仪表。

习惯把单片微控制器（Micro-controller Unit，MCU）称为单片机，是计算机系统的一个重要分支。它将 CPU、存储器、中断逻辑、定时器、I/O 口甚至 ADC、DAC 等集成于一个芯片之中，特别适合于嵌入自动化仪表中，对各功能电路进行管理和控制，执行信号采集、数据计算、信息存储、显示和通信等任务。

9.6.3.1 单片机（微控制器）

单片机是将微处理器、存储器、中断定时、I/O 接口等集成在一个芯片上的超大规模集成电路，本身即是一个最小型的微机系统。尽管不同型号的单片机在其结构、字长、指令集、存储器组织、功耗和封装等方面存在着很大差别，但它们的内部功能结构一般包括以下共同部分（图 9-12）：

（1）中央处理单元 CPU——也称微处理器单元 MPU，数据长度有 8 位、16 位和 32 位等，完成数据运算、逻辑判断、数据读取、存储和传送等功能，是单片机的核心部分。

（2）两种存储器——单片机内部都有一定数量的 ROM 和 RAM，用作程序存储器、数据存储器、堆栈和特殊功能寄存器。

（3）时钟电路——为单片机的时序电路提供最基础的工作节拍。

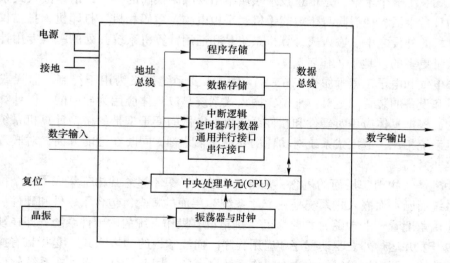

图 9-12 单片机基本结构框图

（4）复位电路——使单片机从一个确定的初始状态开始工作，包括开机复位和故障复位。

（5）中断逻辑电路——有若干中断源输入电路与这些中断源相对应的中断管理控制电路。

（6）定时器/计数器——可用来实现应用系统的定时、计数、频率测量、脉宽测量等。

（7）并行输入/输出接口——用于标准数字信号的输入输出，可单口使用，也可多口并用。

（8）异步串行通信接口——用来与其他单片机、通用计算机或智能设备之间的串行通信。

随着单片机技术的不断发展，新型单片机内部陆续扩展了多种控制功能。例如，增加了 A/D 转换器、D/A 转换器、脉宽调制器（PWM）、计数器捕获/比较逻辑（PCA）、高速 I/O 接口、监视定时器（Watch Dog Timer，看门狗）、I^2C 总线接口等，突破了 Microcomputer 的传统内容，朝着 Microcontroller 的内涵发展。因此，国外已将单片机统一称为 Microcontroller（微控制器），而国内仍按原来的习惯称为"单片机"。

单片机起源于 Intel 公司（1980 年前后），壮大于 Atmel 公司和 Philips 公司（20 世纪 90 年代），同期还有 TI、DALLAS、Silicon、ST、Microchip、ARM、Winbond（台湾华邦）等众多公司百家争鸣。中国现在也有数十家单片机厂商，产品以消费类电子常用的 8 位机为主。南通国芯（STC89××，STC15××）的单片机种类较多，性能较强，近年正在向各类高校大力推广（数种教材和实验系统）。

STC15W4K32S4 单片机是 STC15xx 中较为先进的一个系列。该单片机提供了系统在线仿真、系统在线编程、无需专用仿真器，以及可远程升级的功能。该系列芯片采用增强型 8051CPU 内核（即 80C52），具有单时钟周期速度快、两类存储器容量大、并行端口丰富、数据采集与控制功能模块较全的优点，是一款很有竞争力的产品。

9.6.3.2　嵌入式系统

嵌入式系统这个术语，是信息技术领域中出现频率很高的一个词语。嵌入式系统伴随着我们的日常生活，他们隐身于智能手机、平板电脑、数码相机、打印机、扫描仪，以及通用计算机的外设之中。嵌入式计算机系统是和通用计算机系统并列的一类专用计算机系统，是数量更多的"地下工作者"。

美国电气和电子工程师协会（IEEE）对嵌入式系统定义为用于控制、监视或者辅助操作机器和设备的装置。更具体地说，嵌入式系统是以具体应用为导向的，以计算机技术为核心的，根据具体应用对硬件和软件系统量身定做的便于携带的微型计算机系统。与普通计算机系统相比，嵌入式系统对功耗的要求非常苛刻，同时在性能方面，对嵌入式系统的要求也非常高。

单片机是"物理"层面的概念，是指某个芯片，只不过芯片内部集成了一个很小型的计算机系统而已；而嵌入式系统是一个"系统"层面的概念，包含了软件和硬件。

从应用角度看，平常说的"单片机"是指没有操作系统的软硬件系统，即在硬件系统上，直接开发并运行外设驱动程序和应用程序。而经常说的"嵌入式"是指带有操作系统的软硬件系统，即应用程序是构建在操作系统之上的。因此，对于嵌入式系统软件和硬件开发人员来说，他们所关注的重点并不相同。

对于软件开发人员来说，在操作系统之上开发应用，就不需要特别清楚地知道硬件系统结构的各个细节，而只需要大概了解一下即可；而在硬件上直接开发应用，就需要对底层的硬件细节非常清楚，如寄存器的地址、类型和其中每一位的含义等。

嵌入式系统的核心部件可以是微处理器 MPU、微控制器 MCU、数字信号处理器 DSP等。常见的嵌入式操作系统有：Linux、μClinux、WinCE、IOS、Android、RTX51 等。

9.6.4　虚拟仪器技术

9.6.4.1　虚拟仪器的特点

虚拟仪器是一种全新的仪器概念，与传统的测试仪器相比，它具有以下特点：

（1）虚拟仪器的应用功能由用户自行定义和开发。基本硬件具备以后，通过调用不同软件即可构成不同功能的仪器。软件技术是虚拟仪器的关键，因此美国国家仪器公司（NI）提出"软件就是仪器"的营销用语。

（2）虚拟仪器系统的控制器。计算机具有开放性，因而容易实现与网络、外设及其他部件相互间的连接，具有易扩展性。

（3）计算机强大的图形用户界面（GUI）和数据处理能力，使仪器将测量与数据分析处理相结合，增强了仪器的显示及分析功能。

（4）虚拟仪器的设计开发灵活开放，可与计算机技术同步发展，技术更新快。虚拟仪器技术更新周期为 1~2 年，而传统仪器的更新周期为 5~10 年。

9.6.4.2　虚拟仪器结构形式

虚拟仪器由计算机、应用软件和仪器硬件组成。虚拟仪器系统按照仪器硬件的构成方式可分为以下四种系统：

（1）PC-DAQ 系统。PC-DAQ 系统是以数据采集板（Data Acquisition Board，简称 DAQ板）和信号调理器为仪器硬件，以板卡形式直接插在计算机扩展槽内而形成的系统。

（2）VXI 系统。VXI 系统是以 VXI 总线组成的仪器系统。VXI 是 VME-bus（Versatile Backplane Bus）在仪器领域的扩展（VME-bus Extensions for Instrumentation），是计算机控制的模块化仪器系统。

（3）PXI 系统。NI 公司在 1997 年公布的新一代模块化计算机控制仪器的技术规范。根据该标准生产的产品和系统称为 PXI 系统（PCI Extensions for Instrumentation）。

（4）标准总线仪器系统。标准总线仪器系统是以具有并行总线 GPIB、串行总线或现场总线的标准仪器为基础构建的系统。

9.6.4.3　虚拟仪器开发软件

虚拟仪器开发平台软件有 NI 公司的 LabVIEW 和 LabWindows/CVI，HP 公司的 VEE，Tektronix 公司的 TekTMS 等，其中 NI 公司的 LabVIEW 应用最多。

LabVIEW 是一种基于 G 语言的图形化开发语言，用来进行数据采集和控制、数据分析和数据表达、测量与测试、实验室自动化以及过程监控。这种图形化编程语言面向非计算机专业人员，编制好了框图程序即完成了程序设计初稿，不必编写文本代码。

LabVIEW 提供了大量的函数库供用户直接调用。从基本的数学函数、字符串函数、数组运算函数和文件 IO 函数到高级的数字信号处理函数和数值分析函数。从底层的 VXI 仪器的驱动程序、数据采集板和总线接口硬件的驱动程序到世界各大仪器厂商的 GPIB 仪器的驱动程序，LabVIEW 都有现成的模块。LabVIEW 提供 DLL 接口和 CIN 节点，使用户能够在 LabVIEW 平台上使用其他软件编译的模块。

使用 LabVIEW 编制的程序称为虚拟仪器程序，简称 VI。VI 包括前面板（Front Panel）、框图程序（Block Diagram）和图标连接器（Connector）三个部分。图 9-13 和图 9-14 是前面板和框图程序的简单示例，这两个界面一表一里，前后呼应，成对出现。图 9-13 左侧的滑动开关选择温标（摄氏度（℃），华氏度（℉）），图 9-14 中的数字和算符对应的是温标换算。

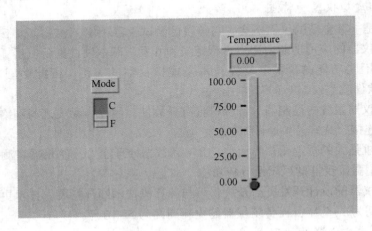

图 9-13　温度测量装置的前面板

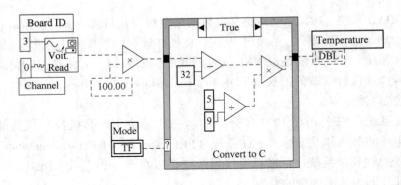

图 9-14　温度测量装置的框图程序

虚拟仪器面板保持了 Windows 的界面风格，用鼠标点击按钮可实现数据采集和分析，但显示和处理功能增强了。同时在面板上可以实时改变仪器参数，进行加窗处理等。

9.7　数字化智能化无损检测技术

9.7.1　数字超声检测仪器

数字超声检测仪是在模拟式超声检测仪的基础上，采用计算机技术实现仪器功能的自动控制、信号获取和信号处理的数字化，具有模拟式超声检测仪的基本功能，同时又增加了数字化带来的数据测量、显示、存储与通信功能。

数字式超声仪器的关键部件是模数转换器和微处理器以及显示器。由于超声信号频率很高，使得模数转换器的转换速度达到了技术上限，这是数字超声仪器的一个特殊之处。近年来，数字超声检测仪器发展很快，基本上替代了模拟式仪器。

9.7.1.1　仪器基本组成

从仪器基本构成来看，数字式仪器发射电路与模拟式仪器的是相同的，接收电路的前半部分，包括衰减器和高频放大器等，与模拟式仪器的也是相同的。但信号经放大到一定程度后，则由模数转换器将其变为数字信号，由微处理器运算处理后，进行显示或存储、打印或通信，数字式超声探伤仪电路框图如图 9-15 所示。

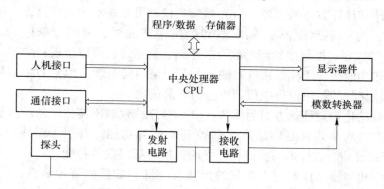

图 9-15　数字式超声探伤仪电路框图

对于模拟式仪器的检波、滤波、抑制等功能，可以通过数字信号处理完成，也可在模数转换前采用模拟电路完成。数字式仪器的显示是二维点阵式的，与模拟式仪器的显示方式有很大的不同，不再由单行扫描线经幅度调制显示波形，而是由微处理器程序控制显示器实现逐行逐点扫描。因此，数字式超声仪不再需要扫描电路，也就不需要同步电路，所需的控制信号都是由微处理器发出的。

9.7.1.2　模拟信号数字化

模拟信号数字化的关键器件是模数转换器（ADC），有多种转换原理和速度类型。常用的 ADC 类型有并行比较式、流水线式、逐次逼近式、Σ-Δ 式、双积分式等。并行比较型又称闪电型（Flash）ADC，最高采样率可达几百兆赫，是转换速度最快的 ADC。

选择 ADC 首先考虑的指标是转换速度和分辨率，而转换精度在很大程度上取决于分辨率。转换速度即每秒转换多少次（kHz、MHz），分辨率常用量化后二进制数的位数表示。位数对应量化级数，例如 12 位 ADC，量化级数为 $2^{12}=4096$。ADC 位数越多，分辨率越高，单位数字量代表的模拟信号越精细。

相对于其他检测仪器，超声检测仪的突出问题是信号频率非常高（10MHz 量级），只能选用速度最快的并行比较型转换器才能达到 100MHz 以上的转换速度，这对模数转换器来说是一项超高条件，导致转换器的位数较低。如果采用 8 位 ADC，量化误差 $1/256=0.4\%$。这个位数对于一般的检测仪器是偏低的，但是对于超声检测是可以接受的。

数字式仪器与模拟式仪器的检测灵敏度、分辨力、放大线性等与模拟仪器差别不大。

差别最大的是数字式仪器中的模数转换、信号处理和显示部分，其性能决定着显示信号是否失真。这部分性能的主要影响参数是：模数转换器的转换速度、转换位数和存储深度，以及显示器的刷新频率。

若要模数转换后重建的波形不失真，应尽量提高采样频率。采样频率在理论上要满足采样定理，实际上应高于超声波频率的 5~10 倍，否则可能采集不到信号峰值，严重时会引起漏检。能否实时的把超声信号全部显示出来，与数据处理速度和显示器响应速度有关。显示器的刷新频率应与超声脉冲重复频率一致，才能保证所有信号得到显示。

9.7.1.3　数字超声仪的优势

数字超声检测仪器本质上是一个专用计算机系统，具有一般计算机系统的数据输入、数据处理、图形图像、储存打印、联网通信、更新升级等功能。

显示、存储和计算方面的优势：（1）数字式仪器可以显示中英字符，方便仪器参数设置和状态确定；可以显示距离-波幅曲线和峰值包络曲线，有利于缺陷的定量和定性。（2）仪器参数的数字式控制使检测参数可以存储、检测过程可以重现；数字式仪器屏幕信息的存储和打印功能改变了模拟式仪器缺乏永久记录的局限性。（3）数字信号的计算、分析与处理，可从接收的超声信号中得到更多的缺陷信息。

小型化、自动化和柔性化方面的优势：（1）数字式仪器不需传统的示波管，便于仪器的小型化。（2）数字式仪器容易实现遥控和联网等功能，有利于组建自动检测系统。（3）更新数字式仪器的软件即可提高仪器性能，或者扩展仪器功能。

新型全数字超声检测仪具有大容量波形数据存储和数据库管理软件，可以实现 B 扫描、C 扫描和准 3D 显示等增强功能，在缺陷成像和定性方面有进步，但仍有很大潜力。

9.7.2　数字射线检测系统

9.7.2.1　数字射线检测系统概述

一般地说，数字射线检测系统主要包括：（1）射线源；（2）探测器系统；（3）图像显示与处理单元；（4）机械驱动装置系统（需要时）。数字射线检测系统的智能化主要体现在图像处理技术方面。

射线源的能量直接关系到检测系统适用的材料与厚度范围。探测器（系统）的性能直接关系到检测系统获得的检测图像质量。图像显示与处理单元包括显示器、存储器、计算机系统。图像显示器、计算机硬件和软件的性能直接影响检测图像的显示和调整质量。

软件必须具有数字射线检测技术需要的基本功能，这些功能可分为采集、显示（包括处理与测量）、存储等方面，它们至少应可实现下列功能：

（1）采集图像，应能设置帧速，按帧、帧叠加或帧平均从探测器及系统采集图像。

（2）显示图像，应能设置关注区（目标区、局部开窗），进行窗宽窗位调整（亮度对比度调整），具有统计窗功能（如可完成关注区像素灰度平均值和标准差测量），绘制关注区灰度分布曲线，可对图像裁剪缩放，可滤波处理，可自动测定局部细节图像尺寸、面积等。

（3）存储图像，应能按照要求的文件格式存储检测图像。除了一些通用文件格式，还有一种数字射线检测专用图像文件格式（DICONDE）。

（4）对于 DDA 系统，软件还必须包括探测器响应校正和坏像素修正等功能。

工业数字射线检测系统包括：（1）分立辐射探测器阵列（DDA）构成的直接数字化射线检测系统（DR）；（2）IP 板系统构成的间接数字化射线检测系统（CR）；（3）图像增强器系统构成的间接数字化射线检测系统；（4）微焦点（数微米或亚微米级）射线源构成的数字射线检测系统；（5）底片扫描装置完成底片图像数字化的后数字化射线检测系统。

9.7.2.2　数字图像增强处理技术

在数字射线检测技术中，为了更好地识别图像信息，通常在观察和评定图像时要运用数字图像处理技术。

数字射线检测技术中常用的数字图像处理是狭义图像处理，主要是图像增强处理的内容。图像增强处理主要是根据图像质量的一般性质，选择性的加强某些信息，抑制另一些信息，改善图像质量。可以把常用的图像增强处理方法分为对比度增强、图像锐化、图像平滑三类处理，还可包括伪彩色处理。

一般认为，人眼可分辨的不同色彩可达上千种，但对于黑白变化仅可分辨 20 多个灰度级。当不同细节的灰度值相差较小时，人眼不能识别。但若将灰度值变换为不同颜色，则可能被人眼识别。伪彩色处理就是将灰度图像的各像素，按其灰度值以一定规则赋予对应的不同颜色，将灰度图像转换为彩色图像。

9.7.3　智能化涡流检测仪器

9.7.3.1　智能化涡流检测仪体系结构

智能化涡流检测仪一般包含管理、自检、分析识别、检测、数据库及帮助等功能模块，智能化涡流检测仪器体系结构如图 9-16 所示，现分述如下：

（1）管理系统是智能化涡流仪的核心，通过计算机应用软件的操作界面实现各项管理功能，如任务选择、参数设置、调整、保存、删除等。

（2）检测控制系统是直接驱动涡流检测系统各硬件部分完成预期任务的功能模块，如驱动检测线圈运转、控制仪器各硬件单元完成信号采集、转换与传输，该模块是智能型涡流检测的基本组成部分。

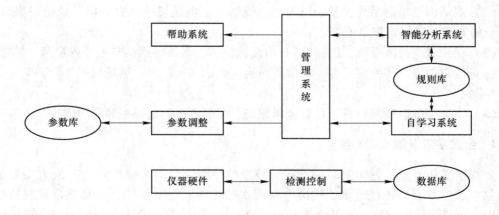

图 9-16　智能化涡流检测仪器体系结构

（3）智能分析系统比常规的涡流检测仪具备更多、更复杂和更高级的信号分析识别的方法和能力。智能化的数字电导仪可以通过比较数据的变化趋势与变化幅度确定探头耦合的最佳状态，并自动读取该状态下的数据。这种差值分析、逻辑判断是智能化涡流检测仪最基本的信号分析方法。

（4）自学习系统可以在检测工作中不断完善和充实自己的知识库，不断提高检测的灵敏度和评价的准确度。自学习功能是智能系统的一个重要方面。

（5）数据库的作用是为检测提供相关知识和技术支持，如针对不同检测对象和要求确定的探头形式、频率、相位、增益、滤波等检测参数固化后形成的检测工艺可以完整地存储在数据库中，相同零件再次检测时可直接调用；另外，该模块还可以保存各种典型缺陷信号，为信号的识别与判读提供支持和帮助。

9.7.3.2　数控操作和数据处理

（1）涡流检测的数控操作。智能化涡流仪器的计算机通过总线及接口与其他部件相连，实现功能选择、量程选择、数据传输和数据处理。数控操作包括键盘操作、数据采集、数据传输、自检测（自诊断）、检测过程自动化。

（2）涡流检测的数据处理。测控技术中，数据处理的基本功能是算术运算和逻辑运算。涡流检测常用的数据处理功能有常规运算、消除系统误差和统计运算等。

常规运算功能包括偏移运算、乘法运算、比例运算、比较运算（求极值、判区间等）。误差处理包括消除系统误差（自动校准）和消除随机误差（数字滤波）。其他数据处理方法有：频谱分析（傅里叶变换）、主频涡流扫描成像、组态分析（椭圆分选域）。

9.7.3.3　涡流检测仪器技术进展

近年来，国内外在电磁检测技术开发应用方面取得了突破性进展：检测技术方面，由较为单一的涡流检测方法发展为多种无损检测手段，同时综合其他信息技术；硬件方面，超大规模集成电路的应用大大缩小了仪器的体积和功耗；软件方面，随着计算机性能的大幅度提高，检测仪器智能化水平有了很大提高，降低了用户操作技能的要求。不同涡流检测仪器技术特点为：

（1）多功能涡流检测仪，综合涡流、磁记忆、漏磁、低频电磁场、远场涡流等多种电磁检测方法。

（2）涡流网络检测系统，基于以太网总线结构，由无损检测服务器、数据采集系统、数据分析系统和数据管理系统组成。

（3）视频涡流检测系统，涡流检测+内窥镜检测，涡流传感器与工业内窥镜一体化。

（4）电磁超声一体检测设备，集常规涡流、磁记忆、漏磁、远场涡流、低频电磁场和超声检测于一体。

（5）掌上型电磁检测设备，具有金属探伤、镀层测厚和电导率测量功能。

9.7.4　全数字声发射检测系统

全数字多功能声发射检测系统已成为声发射检测仪器的主要形式，其最大特点是经前置放大的信号不必再经过多个模拟电路而直接转换成数字信号，同时进行常规特性参数提取与波形记录。全数字式仪器稳定性好、可靠性高，而且大大强化了信号处理能力。

DiSP 声发射检测系统是一种有代表性的全数字仪器系统。该系统采用插卡式并行处理结构，由 PCI 总线的 PC 计算机、声发射传感器、前置放大器外、多个并行结构的 PCI-DSP-n 板卡组合而成，每块 PCI-DSP-n 板卡处理 n 个 AE 通道。

每个基本 PCI-DSP-n 板卡含有一个或两个 32 位的 DSP 处理器及 n 个独立的 16 位模数转换器以不低于 10MHz 的采样速度采集数据。板卡以处理 AE 特征参数为主，同时可选辅助处理模块专门处理 AE 波形，实现 AE 特征参数及波形捕捉记录和分析。

DiSP 系统的软件，除了波形采集、参数提取、信号分析、源定位、图表显示等基本功能外，还可配置小波分析、神经网络分析与模式识别等软件，用于复杂情况下的声发射分析与研究。系统具有灵活的图形组合显示，可以在同一屏幕中显示多幅 2D、3D 图形，定位图，波形图，参数图等。

9.7.5 无损检测机器人

9.7.5.1 机器人

机器人技术综合了众多学科的发展成果，是当代最先进的自动化技术。自 2013 年起，我国工业机器人销量连续多年占据世界第一位。机器人代替传统机器成为发展趋势，无损检测机器人的种类和数量也在逐年增加。

机器人的概念是随着技术发展而不断变化的，我国学者对机器人的定义是：机器人是一种具有高度灵活性的自动化机器，它具备一些与人或生物相似的智能或能力，如感知能力、规划能力、动作能力和协同能力。这里强调的是模仿人或生物的智能或能力，而不一定具有人的外形。实际上，人形机器人反而是少数。

机器人可以分为工业机器人（制造业）和特种机器人（非制造业）。工业机器人包括多关节机械手和多自由度机器人。特种机器人包括探测机器人、巡检机器人、抢险机器人，空中机器人、水下机器人，以及各领域（军事、农业、交通、商业等）的机器人。

在研究和开发未知或不确定环境下作业的机器人的过程中，人们逐渐认识到机器人技术的本质是感知、决策、行动和交互技术的结合。

9.7.5.2 智能机器人

从智能化的角度看，智能机器人有三个层次：智能机械运动、智能检测和智能分析。

智能机械运动主要依赖机器人的视觉功能和定位功能（部分还有听觉功能和触觉功能），利用微型 CCD 摄像机和位置传感器获取环境信息，由智能化系统控制器操纵执行机构完成机械运动。智能化操控由一系列的算法和相应的软件完成。

在智能机械运动的基础之上，智能检测机器人能够智能化地操控一个或多个或阵列式探头，实施智能化检测操作。由于检测对象、检测方法、探头操控技术各不相同，导致智能检测机器人种类繁多、外形各异，形成各种专用机器人。

实施智能分析是智能机器人的最高层次，并非所有的智能检测机器人都具有这项功能。这类智能检测机器人能够对检测数据进行快速的初步的分析和处理，获取检测结论。

智能分析的原则和判据与所采用的无损检测技术相关。

9.7.5.3 智能无损检测机器人

智能无损检测机器人主要用于操作者难以进入或接近的场合，如狭小空间、管道内部、高大建筑、大桥钢缆、高低温环境、水下设施、核反应堆等。机器人与一般的自动化装备的重要区别是它对不同任务和特殊环境的适应性，在外形上更加符合应用领域的特殊要求，以爬行器、轮式车、潜水器等形式出现。

无损检测机器人通常由主机（机座+移动机构+执行机构）、驱动系统、控制系统和无损检测系统几部分组成。移动机构有履带式、磁轮式、吸附式和腿足式。执行机构包括传感器的夹持装置和运动装置，通常有 3~6 个运动自由度，包括平动和转动。无损检测机器人传感器有两类：无损检测传感器和环境状态传感器。环境状态传感器包括视觉、听觉、触觉、温度、湿度、气压等传感器。

智能无损检测机器人的常见检测单元有微型摄像头及光学系统，超声传感器、电磁传感器、射线探测器及其系统。微型摄像头可以作为视觉传感器测量表面状态和形位尺寸，更要作为机器人的眼睛形成环境影像供操作者监控检测工作。超声探头用于被测对象的厚度测量和内部检测，涡流探头用于被测对象的表面涂层厚度测量和表层检测。

无损检测机器人的应用领域和机器种类越来越多，例如复合材料结构监控机器人，飞机机翼检测机器人，反应堆压力容器检测机器人，桥梁斜拉索全自动无损检测机器人，超声、漏磁、射线管道检测机器人，海洋钢结构水下检测机器人等。

——— 本 章 小 结 ———

（1）信息技术的四项基本内容是：感测技术、通信技术、智能技术、控制技术。就技术手段来说，无损检测属于信息技术中的感测技术。无损检测自动化设备是一种运动控制系统，运动感知、运动控制和运动执行是运动控制系统的三大要素。

（2）运动参数传感器包括开关量传感器（测量位置或状态）、光栅和磁栅传感器（测量线位移和角位移）、光电和磁电编码器（绝对型和增量型，主要测量旋转角度）。无损检测类传感器在第 6 章专门讲述。

（3）运动控制器是控制系统的核心，常用可编程控制器（PLC）和工业计算机（IPC）。三种典型的电机控制技术是交流伺服、变频调速、步进驱动。以 PLC 控制的钢管涡流自动探伤系统为例，解析了自动探伤控制系统设计要点。

（4）智能化检测有初级、中级、高级三个层次，有智能传感器、智能仪表、虚拟仪器等多种形式。单片机与嵌入式系统可构成智能传感器和智能仪器，虚拟仪器技术充分发挥了计算机软硬件优势，建立了标准体系的仪器形式。

（5）无损检测数字化和智能化部分包括：数字超声检测仪（模数转换），数字射线检测系统（图像处理），智能涡流检测仪（软件结构），全数字声发射检测系统（仪器结构），无损检测机器人。其中超声、射线、涡流的相关内容是学习重点。

复习思考题

9-1 简述无损检测与感测控制、计算机技术、网络通信的关系。

9-2 运动控制系统的三大要素是什么？一个完整的运动控制系统由哪些部分组成？

9-3 无损检测自动化设备常用的位置、线位移、角位移传感器有哪些？

9-4 与模拟式超声检测仪器比较，数字式超声检测仪器有哪些特点？

9-5 简述数字射线检测 CR 系统和 DR 系统的组成、特点及性能。

9-6 简述检测智能化的三个层次和智能检测系统的仪器形式。

9-7 简述单片机的含义及其典型功能；虚拟仪器的含义及其四种形式。

9-8 可编程序控制器（PLC）的基本组成和编程语言有哪些？对于管棒材自动探伤系统，有哪些输入信号和输出信号？中间的逻辑控制部分需要完成哪些工作？

9-9 利用互联网查阅各种图文资料，简述我国无损检测机器人的某一类别或某一领域的研发和应用情况。

10 无损检测质量控制体系

【本章提要】

无损检测质量控制基础知识包括检定校准及标准样品、法律法规和标准规程、检测规程和检测工艺卡等。无损检测工作的控制要素有人员、设备、器材、法规、检测、环境六个方面。其中的设备、器材、检测、环境在前面各章都有讲述，本章着重引述无损检测法规标准和检测人员技术资格鉴定这两方面。

10.1 无损检测质量控制基础

无损检测是检测产品质量的技术，是质量管理体系的重要一环。狭义的质量控制是指对适应性质量的控制，即借助检验手段和工艺控制来保证产品质量。无损检测质量控制可归结为达到一定等级的产品质量要求所采取的作业技术和活动。

10.1.1 检定、溯源、校准、标定及标准样品

检定：查明和确认计量器具是否符合法定要求的程序，包括检查、加贴检定合格印（证）、出具计量检定证书。检定分为首次检定、后续检定和周期检定。

溯源：通过一条具有规定不确定度的不间断的比较链，使测量结果或者测量标准的值能够与规定的参考标准，通常是与国家测量标准或者国际测量标准联系起来的特性。

校准：在规定条件下，为确定测量仪器或者测量系统所指示的量值，或者实物量具或者参考物质所代表的量值，与对应的由标准所复现的量值之间关系的一组操作。

标定：利用适当的标准样品调节无损检测仪器，以获得或确定已知的、可复现的响应的操作。标定通常在检测前进行，也可在检测过程中有需要的任何时候进行。

标准样品：与技术标准所规定的技术要求相对应的实际参照对比物，在我国定义为标准样品。标准样品与相应文字性技术标准配套使用。

无损检测标准样品有两类，一类是标准试样；另一类是对比试样。

标准试样是按相关标准规定的技术条件加工制作，并经被认可的技术机构认证的，用于评价检测系统性能的试样。它可用于校准无损检测仪器的性能，以保证检测结果的准确和稳定；也用于检查检测用品（材料）的性能，以判断其质量是否满足检测方法的要求。例如：超声检测用铝合金标准参考试块、射线照相检测用光学密度片、涡流电导率标准试块、渗透检测用黄铜镀镍铬试块（即 C 型标准试块）以及覆盖层厚度试片等。

对比试样是针对被检测对象和检测要求，按照相关标准规定的技术条件加工制作的，并经相关部门确认，用于被检对象质量符合性评价的试样。它可用于调整检测灵敏度，以判断被检测工件是否存在缺陷，评估检出缺陷的尺寸、位置和性质，或评定产品质量是否合格等。例如：各种超声检测用对比试块等。

10.1.2 法律、法规和规章、标准、规范和规程

10.1.2.1 法律、法规和规章

根据中华人民共和国立法，我国法律体系分为三个层次，第一层为法律，第二层为行政法规，第三层为规章：

（1）法律。法律由全国人大通过，效力仅次于宪法，可分为行政法、财政法、经济法、民法、刑法、诉讼法等。

（2）法规。法规分为国务院行政法规和地方性法规。由国务院通过的是国务院行政法规，由地方人大常委会通过的是地方性法规。

（3）规章。规章分为国务院部门规章和地方政府规章。由国务院组成部门以部长令形式发布的是国务院部门规章，由地方政府以政府令形式发布的是地方政府规章。

10.1.2.2 标准、规范和规程

标准、规范、规程都是标准的一种表现形式，习惯上统称为标准，只有针对具体对象才加以区别：

（1）标准。各国对标准的定义不尽相同。2002年，我国将标准定义修订为：为在一定范围内获得最佳秩序、经协商一致制定并由公认机构批准，共同使用的和重复使用的一种规范性文件。同时，给出了一条注释：标准宜以科学、技术和经验的综合成果为基础，以促进最佳的共同效益为目的。引自GB/T 20000.1—2002《标准化工作指南第一部分标准化和相关活动的通用词汇》，以此代替GB 3935—1996。

（2）规范。规范一般是在工农业生产和工程建设中，对设计、施工、制造、检验等技术事项所做的一系列规定。例如：设计规范、产品规范、材料规范等。

（3）规程。规程是对作业、安装、鉴定、安全、管理等技术要求和实施程序所做的统一的规定。

10.1.3 无损检测规程与无损检测工艺卡

10.1.3.1 无损检测规程

无损检测规程可定义为叙述某一无损检测方法对一类产品如何进行检测的技术文件。

无损检测规程始于从客户端收到的规范；规范是对检测对象以及在检测对象上所实施的无损检测的一系列要求和限制条件，主要包括：（1）检验内容和检验部位；（2）如何检查（通常引用标准或法规）；（3）验收标准；（4）如何报告结果；（5）检测人员资格。

无损检测规程由相关方法的Ⅲ级人员根据给定的规范或标准、法规进行编写，其主要用途是指导Ⅱ级人员编写无损检测工艺卡。

无损检测规程内容包括：范围，引用文件，人员资格要求，仪器设备和材料要求，校验和验证要求，制件检测前的准备要求，检测顺序要求，结果解释与评定要求，标记（标识）、报告和其他文件要求，对无损检测工艺卡的要求，检测后处理要求，编制者姓名、资格级别和日期等。

10.1.3.2 无损检测工艺卡

无损检测工艺卡可定义为叙述某一无损检测方法对特定检测对象如何实施检测的作业

文件。无损检测工艺卡由相关方法至少取得Ⅱ级资格的人员根据无损检测规程或相关标准编制，其主要用途是为Ⅰ级和Ⅱ级人员提供充分的指导，以使他们能够实施无损检测技术，并可以给出一致性的、可重复性的检测与评定结果。检测工艺卡样例见表 10-1。

表 10-1 超声检测工艺卡样例

ZXJGG-××.××-×××××-×××× 共 页第 页

零件名称		材料牌号		热处理状态		图号或规格	
检验方法 及类型		检验标准				验收标准	
技术条件					检测图示：		
仪器型号		灵敏度调整					
探头							
耦合剂							
扫查方式							
对比试块		补充说明					
批准/日期：		审核/日期/级别：			编制/日期/级别：		

无损检测工艺卡的内容一般包括：检测零件标识，委托者，要求检测的部位，零件/装置示意图，仪器设备和材料，仪器设备调整，检测方案细节，验收标准，零（部）件预处理、后处理要求，其他特殊事项，编制者姓名、资格级别和日期等。

10.1.4 无损检测质量控制要求

10.1.4.1 检测资源

检测资源是完成检测任务的物质基础，无损检测机构必须配备足够的检测资源。可将必备资源概括为"人、机、料、法、环"五个方面：

（1）人：按有关规定的要求配备检测人员。

（2）机：配备必要的仪器（设备）。

（3）料：配备必要的检测用品（材料）。

（4）法：建立企业标准、规章制度，编制无损检测规程及工艺卡。

（5）环：配备必要的场地并满足必要的环境要求。

10.1.4.2 质量管理

质量管理的内容包括：建立质量管理体系，明确职责与权限；建立内部审核与外部监督机制，持续改进内部管理。具体如下：

（1）无损检测机构应建立质量管理体系，确保无损检测过程处于受控状态。

（2）明确检测机构的职责与权限，独立行使相应的管理职能，保证无损检测质量。

（3）无损检测机构应建立内部审核制度，适时审核无损检测工艺卡、检测质量及工艺制度等，建立无损检测人员技术档案，加强对检测人员的考核与管理。

（4）无损检测工作应接受有关部门和用户代表的监督。

10.1.4.3　工艺流程

无损检测工作流程：审查确认检测任务、接收送检件、制定检测工艺、实施检测作业、做好原始记录、解释与评定检测结果、签发检测报告、返回送检件、检测资料归档。

10.2　无损检测标准概况

10.2.1　无损检测标准的作用与分类

10.2.1.1　无损检测标准的作用

标准是为在一定范围内获得最佳秩序、经协商一致制定并由公认机构批准，共同使用的一种规范性文件。标准应以科学、技术和经验的综合成果为基础，以促进最佳的共同效益为目的，经有关方面协商一致，由主管机构批准，以特定形式发布，作为共同遵守的准则和依据。可见，标准是一种特定的文件，其主要作用是作为人们从事某种特定工作（如制造一个产品，进行一项检测）时共同遵守的准则和依据。

与无损检测相关的标准，是人们进行无损检测工作时共同遵循的原则，保证检测过程的正确实施和检测结果的正确评判，因而是无损检测质量控制的重要依据。不同检测单位共同遵守同一标准时，无损检测标准又可作为产品质量仲裁的依据。

要保证无损检测的工作质量和产品质量，就必须对检测进行全面、全员、全过程的质量控制，使检测工作六项要素（人员、设备、器材、法规、测试、环境）处于全面受控状态。显然，标准是决定工作质量和产品质量诸要素中的关键要素。无损检测标准及其应用水平，直接关系到产品质量。为了保证装备研制和生产的质量，必须通过标准规范所应用的无损检测技术，必须通过标准控制无损检测工作本身的质量。

10.2.1.2　无损检测标准的分类

按标准的不同用途，可将无损检测标准分为基础标准、管理标准、专业标准三类：

（1）基础标准。基础标准为无损检测领域通用的基础性标准。含通则、术语、符号与标识等。

（2）管理标准。管理标准为无损检测领域通用的管理性标准。含质量管理要求、检测人员资格、检测实验室管理、检测大纲要求、文件编制指南、作业质量控制等。

（3）专业标准。专业标准为无损检测方法的技术性标准。每一种专业标准可包含导则、方法标准（实施方法标准/检测方法标准）、设备器材标准、质量分级/验收标准和安全防护标准：

1）导则。导则为本专业无损检测技术及其使用提供有关资料、数据、方案或指南的一类标准。

2）方法标准。方法标准是对检测过程各要素的控制规定，是保证检测可靠性的主要技术文件，也是检测质量控制的主要依据，包括实施方法标准和检测方法标准。实施方法标准是关于如何实施无损检测技术的通用性指导标准，据此编制特定产品的无损检测规程或无损检测工艺卡。检测方法标准是针对检测对象，规定一组明确和限定的程序，由其得出检测结果的一类标准。

3）设备器材标准。设备器材标准为规定设备器材技术条件或使用性能及其测试与评价方法的一类标准。设备器材标准可包括设备仪器、标准物质、辅助材料与消耗材料标准。用于无损检测用设备器材的标准化和质量控制。

4）质量分级/验收标准。质量分级/验收标准规定了代表检测结果的一系列特征指标，依据这些指标，可对被检件的质量状态作出结论。多数情况下，质量分级/验收标准不是一份独立的标准，常常是某种或某类材料技术条件或产品标准的一部分，是对被检对象的一系列质量要求之一。专门的质量分级标准主要集中于射线照相检测专业。

5）安全防护标准。以射线照相检测和计算机层析成像检测为主，通常按相关国家标准执行，例如：GB 16357—1996。

上述各类标准中，方法标准和验收标准是与无损检测过程直接相关的标准，是编制无损检测规程的主要依据。方法标准是对无损检测过程的全面要求，验收标准是对被检对象的要求，是检测技术选择的依据之一，也是检测结果评定的依据。

10.2.2　我国无损检测标准概况

我国无损检测标准分为四个级别：国家标准（GB）、国家军用标准（GJB）、行业标准（JB、YB、HB、SJ、…）、企业标准（Q/××××）。我国标准代码多数采用关键字汉语拼音缩写（有的源于历史沿革，核工业=二机部，电子=四机部，兵器=五机部，航天=七机部）。部分国内标准代号（代码）及发布机构见表 10-2。

表 10-2　部分国内标准代号的意义及发布机构

级别	代号	含义/全称	发布机构
国家标准	GB	国家标准	国家市场监督管理总局
国家军用标准	GJB	国家军用标准	国防科技工业技术委员会
行业标准	JB	机械工业标准	国家机械工业局
	YB	冶金工业标准	全国钢标准化技术委员会
	SJ	电子工业标准	国家工信部
	HB	航空工业标准	国防科技工业技术委员会
	QJ	航天工业标准	
	CB	船舶工业标准	
	WJ	兵器工业标准	
	EJ	核工业标准	
企业标准	Q	企业标准	相关企业

10.2.2.1 国家标准（GB）

国家标准由国家市场监督管理总局和国家标准化管理委员会领导下的全国无损检测标准化技术委员会（代号：SAC/TC 56）组织制定。按照《中华人民共和国标准化法》的规定，对需要在全国范围内统一的技术要求，应当制定国家标准，因此国家标准是适用范围最广的标准。

20 世纪末期开始，为了促进国际交流，适应中国加入世界贸易组织（WTO）的新形势，国家标准的制定方式多是直接采用国际标准（如 ISO 标准）。

10.2.2.2 国家军用标准（GJB）

国家军用标准是针对国防工业的特点，在国防工业领域具有一定通用性的标准。一般包括三种情况：

（1）基础标准；管理标准；专业标准中的导则，实施方法标准，设备器材标准，质量分级标准和安全防护标准。

（2）有两个或两个以上军工行业使用的检测方法标准。

（3）虽然只有一个军工行业使用，但需要与军口或民口协调的检测方法标准。

这些标准一般比通用性的国家标准更严格更具体，虽然是针对某一行业产品的标准，但因其在与民企的订货合同中被引用并共同执行，所以也制定为国家军用标准。

10.2.2.3 行业标准

行业标准主要针对各行业的特殊产品或特殊要求制定的标准。如：用于机械行业的标准（JB）、用于航空工业的标准（HB）、用于航天工业的标准（QJ）、用于兵器工业的标准（WJ）、用于船舶工业的标准（CB）、用于核工业的标准（EJ）等。

无损检测的机械行业标准（JB）是较为特殊的行业标准。由于金属材料与零件的加工几乎均可归类为机械行业，而金属材料与零件又是无损检测的主要对象，使无损检测的机械行业标准具有广泛的通用性，也常被国防工业等行业采用。

10.2.2.4 团体标准

团体标准是依法成立的社会团体为满足市场和创新需要，协调相关市场主体共同制定的标准。我国已经建立了较为完善的团体标准法规体系，在全国团体标准信息平台上公布的社会团体有八千多个。其中较为活跃的有中关村材料试验技术联盟（CSTM）、中国特钢企业协会（SSEA）、中国电子工业标准化技术协会（CESA）、中国电力企业联合会（CEC）等。

CSTM 是由中国钢研科技集团联合中国建材院、中国计量院、北京科技大学和中国铝业公司共同发起的社团组织，是中国材料与试验团体标准体系的支撑平台。

10.2.3 国外无损检测标准概况

国外无损检测标准由标准化机构/组织负责完成，主要的标准化机构/组织有：国际标准化组织，区域性标准化机构/组织，各国国家标准化机构，各国协会标准化组织，国家军用标准化机构等，见表 10-3。

表 10-3 部分国际组织与标准代号及其制定机构

序号	代号	制定/发布机构	制定/发布机构英文名称
1	ISO	国际标准化组织	International Standardization Organization

序号	代号	制定/发布机构	制定/发布机构英文名称
2	IEC	国际电工委员会	International Electrotechnical Commission
3	IAEA	国际原子能机构	International Atomic Energy Agency
4	ICS	国际造船联合会	International Committee of Shipping
5	ANSI	美国国家标准学会	American National Standards Institute
6	ASTM	美国材料试验协会	American Society for Testing and Materials
7	ASME	美国机械工程师协会	American Society of Mechanical Engineers
8	SAE	美国自动化工程师协会	Society Automotive Engineer
9	MIL	军用标准　美国国防部	Military Standard；the U. S. Department of Defence
10	CEN	欧洲标准委员会	European Committee for Standardization
11	BS	英国标准学会	British Standards Institute
12	LR	英国劳氏船级社	Lloyd's Register of Shipping
13	DIN	德国标准学会	Dutsches Institute für Normung
14	NF	法国标准协会	Association Fran, caise de Normalisation
15	JIS	日本工业标准委员会	Japanese Industrial Standards Committee
16	ГОСТ	俄罗斯国家标准委员会	The State Standard Committee of Russian

10.2.3.1　国际标准

国际标准是由国际标准化组织所属各技术组织（包括技术委员会及其下设的分技术委员会、工作组等）负责草拟，经全体成员国协商表决通过，以国际标准形式颁布的标准。ISO 标准制定的目的是有利于国际间的经济贸易活动，有利于在科学技术交流中发展国际间的相互合作。TC135 是 ISO 的无损检测技术委员会下设 7 个分技术委员会中，负责结构材料、元件和总成的无损检测标准化委员会。ISO 无损检测专业标准共计约 110 项。

国际标准化组织（ISO）标准的发布要经全体成员国表决通过，求同存异，难以满足各方面的要求。因此，区域性标准、各国国家标准、协会/团体标准至今仍在发挥作用。

10.2.3.2　重要的区域性标准

国际上具有权威的区域性标准有欧洲标准化委员会所制订的标准。欧洲标准化委员会（CEN）也发布一系列无损检测标准，以（EN）作为代号，其中一些标准被作为制定 ISO 标准的参考。

10.2.3.3　重要的国家标准

世界发达国家制定的国家标准，例如：美国标准（ANSI）、英国标准（BS），德国标准（DIN），法国标准（NF），日本工业标准（JIS），俄罗斯国家标准（ГОСТ）均为重要的国家标准。其中一些标准对我国同类标准的制定有重要影响。

10.2.3.4 重要的协会/团体标准

国际上一些重要的协会/团体标准包括：美国材料与试验协会标准（ASTM）、美国石油学会标准（API）、美国军用标准（MIL）、美国机械工程师协会标准（ASME）、美国自动化工程师协会标准（SAE）、英国劳氏船级社《船舶入级规范和条例》等。与我国航空工业相关的无损检测标准，主要有 ASTM 标准、MIL 标准和 SAE 标准。其中一些协会/团体标准的发布机构为：

（1）美国材料试验协会，是美国规模最大的标准化学术团体之一。ASTM 下设的一百多个技术委员会中，从事无损检测技术的标准化工作委员会为 E-7 委员会，现有 11 个起草标准的分委员会。E7 技术委员会编制的无损检测标准很多，在各国各团体标准中，是种类与范围最全的系列标准。

（2）美国军用标准体系是美国国防部为保障武器装备的设计、研制、工程、采购、制造、维护和供应管理工作而制定的一套完整的技术文件系统。美国军用标准（MIL）体系包括以下 5 种类型的军用标准文件：1）军用规范（Military Specification）；2）军用标准（Military Standard）；3）军用标准图样（Military Standard Drawing）；4）军用手册（Military Hand-book）；5）合格产品目录（Qualified Product Lists，即 QPL）。

（3）美国自动化工程师协会是美国建立较早的学术团体，也是美国最大的起草航空航天标准的学术团体。它的主要任务是在自动推进动力机械及其部件和有关设备领域，促进科学技术的发展。SAE 标准数量仅次于 ASTM 标准，居美国工业界标准的第二位。

10.3 技术资格鉴定与认证

随着现代工业的发展，对无损检测技术的需求越来越多、要求越来越高，应用的无损检测仪器设备也越来越先进，无损检测人员必须不断提高技术水平，才能保证有效地实施无损检测和可靠的检测结果。此外，无损检测人员必须具有良好的职业道德，不能伪造和虚报检测结果，在检测作业中遵守安全制度和环保制度。

由此看来，对无损检测人员进行定期的技术资格鉴定与技术考核认证，确认其具备相应的技术水平，就非常必要了。我国自 20 世纪 80 年代开始把无损检测人员技术资格鉴定与认证纳入了国家标准。所有执行无损检测任务的人员都必须进行资格鉴定与认证，持证上岗。无损检测人员的视力、知识、技能、培训和实践经历等执行检测任务的能力必须满足相关标准规定的要求。

10.3.1 认证标准与组织机构

关于无损检测人员技术资格鉴定与认证标准，不同国家有不同但相似的认证标准，一些先进国家的不同行业协会还有自己的认证要求。国际标准化组织 ISO 9712 Qualification and Certification for Nondestructive Testing Personnel（无损检测人员资格鉴定与认证），美国无损检测学会（ASNT）的无损检测人员技术资格鉴定认证标准，可作为各行业无损检测人员技术资格鉴定的基础。此外还有美国机械工程师协会（ASME）、美国军用标准

（MIL）、美国航空与宇航标准（NAS）、美国石油协会标准（API）、美国波音公司（BAC）等都有适合本行业要求的无损检测人员技术资格鉴定认证条例。其他还有如欧洲标准化委员会标准（EN 473）、日本非破坏检查协会标准（NDIS）、法国标准（NF）、德国标准（DIN）、英国标准（BS）等。

我国目前现有的主要无损检测人员技术资格鉴定与认证种类有：中国机械工程学会无损检测学会无损检测人员技术资格鉴定与认证（纳入国家标准的 GB/T 9445《无损检测人员资格鉴定与认证》，并已得到国际互认）；国防科技工业系统的无损检测人员技术资格鉴定与认证 GJB 9712《无损检测人员的资格鉴定与认证》；还有航空工业系统、航天工业系统、中国民航系统、中国船级社（船舶工业系统）、核工业系统、特种设备、冶金、石油管材、铁道、水利电力等系统或行业的无损检测人员资格鉴定与认证。

10.3.2　方法分类和等级要求

关于要求实行无损检测人员资格鉴定与认证的无损检测方法，我国的国家标准 GB/T 9445-2008/ISO 9712：2005《无损检测人员资格鉴定与认证》中规定有：超声检测（UT）、射线照相检测（RT）、渗透检测（PT）、磁粉检测（MT）、涡流检测（ET）、声发射检测（AT 或 AE）、红外热成像检测（TT）、泄漏检测（LT）、应变检测（ST）、目视检测（VT）10 项。我国的国防科技工业系统还增加了计算机层析成像检测（CT）、激光全息干涉/错位散斑干涉检测（H/S）。此外，超声 TOFD 检测、工业 X 射线实时成像检测（RRTI）、超声相控阵检测（PAUT）也列入鉴定项目。在欧美国家还把中子射线照相检测（NRT）纳入了无损检测人员资格鉴定与认证的无损检测方法项目。

世界各国把无损检测人员技术资格鉴定与认证按检测方法分类，并在每一类别中划分为 Ⅰ 级（初级）、Ⅱ 级（中级）和 Ⅲ 级（高级）三个等级，各有不同的技术水平要求和职责要求。不同国家或不同行业、相同技术等级的无损检测人员的职责是大同小异的，以下是三个等级的无损检测技术人员的职责和能力要求：

Ⅰ 级持证人员应在 Ⅱ 级或 Ⅲ 级人员监督下，具有按 NDT 作业指导书实施 NDT 的能力，完成调整设备、执行检测、记录信息、报告结果的工作。Ⅰ 级人员不负责选择检测方法或技术，也不对检测结果作评价。

Ⅱ 级持证人员应具有选择无损检测方法，熟悉 NDT 规范和标准，制定 NDT 作业指导书的能力；具有调整和验证设备，执行和监督检测，解释和评价检测结果的能力；填写 NDT 报告并对检测结果负责。

Ⅲ 级持证人员应对检测设施，检测方法和检测人员负全部责任；制定和验证 NDT 作业指导书和工艺规程，制定验收标准；解释规范、标准、技术条件和工艺规程，评定和解释结果的能力；实施和监督无损检测全部工作，为各等级的 NDT 人员提供指导。

10.3.3　培训要求和实践经历

申请进行无损检测人员资格鉴定与认证的人员需要具备一定的学历（最低要求为高中毕业）、接受培训的课时（表 10-4）、一定时间的实践经历（表 10-5）和身体状况（主要指视力）四方面的基本条件。一般要求先从报考 Ⅰ 级资格开始，报考 Ⅱ 级的人员应有 Ⅰ 级资格证书。直接报考 Ⅱ 级的人员应有大专（3 年制理工科专业）学历，并有 1 年专业实践工作经验。对于本科学历，则需要有半年专业实践工作经验。

表 10-4　GB/T 9445—2008 规定的最低培训学时　　　　　　　（学时）

NDT 方法	I 级	II 级（含 I 级）	III 级（含 II 级）
UT	40	120	160
RT	40	120	160
ET	40	104	150
MT	16	40	60
PT	16	40	60

表 10-5　GB/T 9445—2008 规定的最低实践经历要求

NDT 方法	I 级	II 级（含 I 级）	III 级（含 II 级）
UT、RT、ET、AT、TT、LT	3 个月	12 个月	30 个月
MT、PT、ST、VT	1 个月	4 个月	16 个月

　　申请 I 级和 II 级认证的人员需接受认证机构指定的专门培训，通过笔试和操作合格后取得资格证书。申请 III 级认证的人员可以通过参加培训班、学术会议或研讨会，研读有关文献资料，提交技术报告等多种方式，通过笔试和答辩合格后取得资格证书。

　　根据 GB/T 9445—2008 标准，各级证书的有效期一般为 5 年，到期时经过简化考核，合格后延续 5 年。取得资格证书 10 年时，需要重新认证。

　　对于无损检测人员来说，要求在申请鉴定与认证之前具有一定的无损检测专业实践工作经验，即实践经历要求。

　　不同部门（行业）的同种证书（如同样是超声 II 级）一般不能通用，原因是不同行业的检测对象不同，检测工艺也不同。

10.3.4　资格鉴定考试规定

　　无损检测人员的资格鉴定考试是由国家部门或行业协会认证机构建立的、或经其批准的考试中心负责并实施。按照 GB/T 9445—2008 的有关规定，简述如下：

　　I 级无损检测人员，按照给定的 NDT 方法和应用的产品门类或工业门类进行考试，考试项目包括通用考试、专业考试、实际操作考试。

　　II 级无损检测人员，按照给定的 NDT 方法和应用的产品门类或工业门类进行考试，考试项目包括通用考试、专业考试、实际操作考试、作业指导书编写。

　　III 级无损检测人员，按照给定的 NDT 方法和应用的产品门类或工业门类进行考试，考试项目包括基础考试（包括材料科学、加工工艺和不连续类型等技术知识，有关无损检测人员资格鉴定与认证体系的知识，至少 4 种 NDT 方法相当于 II 级要求的通用知识，并且至少包括 UT 或 RT）、主要方法考试（包括所申请检测方法有关的 III 级知识，NDT 方法在相关门类中的应用，包括应用规范、标准、技术条件和工艺规程，编写 NDT 工艺规程）。

产品门类：铸件、锻件、焊缝、金属管道、型材（板材、棒材、条材）。

工业门类：金属、非金属、复合材料；制造中的产品、役前检测和在役检测等。

———— 本 章 小 结 ————

要保证无损检测的技术水平和产品质量，就必须对检测工作进行全方位、全过程的质量控制，使检测工作各要素处于全面受控状态。这些要素包括：人员素质与资格；检测仪器和计量校准；辅助材料与消耗材料；检测标准和有关文件；检测操作；检测环境条件。

从业人员是决定工作质量和产品把关的首要因素。对无损检测应用的正确性和有效性在很大程度上取决于检测人员的能力和责任。对检测人员能力的确认是通过技术资格鉴定与认证的管理标准和实施过程来保证的。

无损检测标准是无损检测质量控制的重要依据，也是产品质量仲裁的依据。无损检测标准分为基础标准、管理标准、专业标准三类。我国无损检测标准有国家标准（GB）、国家军用标准（GJB）、行业标准或团体标准、企业标准四级。

复习思考题

10-1 名词解释：检定、校准、标定；标准、规范、规程；ISO、ASTM。

10-2 无损检测机构的必备资源可以根据为"人、机、料、法、环"五个方面，请展开说明。

10-3 按照标准的用途和级别，我国无损检测标准分为几个类别，几个级别？

10-4 我国无损检测人员资格鉴定与认证标准规定了哪些检测方法？检测人员分为几个级别，报考条件有几个方面？

参 考 文 献

[1] 李家伟，陈积懋，等. 无损检测手册 [M]. 2版. 北京：机械工业出版社，2012.

[2] 金宇飞. 面对工业4.0的中国无损检测 [J]. 无损检测，2016，38（5）：58-62.

[3] 李国华，吴淼. 现代无损检测与评价 [M]. 北京：化学工业出版社，2009.

[4] 林俊明，沈建中. 电磁无损检测集成技术及云检测/监测 [M]. 北京：机械工业出版社，2021.

[5] 夏纪真. 无损检测导论 [M]. 2版. 广州：中山大学出版社，2016.

[6] 刘贵民，马丽丽. 无损检测技术 [M]. 2版. 北京：国防工业出版社，2011.

[7] 王自明. 航空无损检测概论 [M]. 北京：国防工业出版社，2019.

[8] 田贵云，何赟泽，高斌，等. 电磁无损检测传感与成像 [M]. 北京：机械工业出版社，2020.

[9] 张俊哲. 无损检测技术及其应用 [M]. 2版. 北京：科学出版社，2010.

[10] 石井勇五郎. 无损检测学 [M]. 吴义，等译. 北京：机械工业出版社，1986.

[11] 曾繁清，杨业智. 现代分析仪器原理 [M]. 武汉：武汉大学出版社，2000.

[12] 王雪梅. 无损检测及其在轨道交通中的应用 [M]. 成都：西南交通大学出版社，2010.

[13] 施克仁. 无损检测新技术 [M]. 北京：清华大学出版社，2007.

[14] 胡春亮. 无损检测概论 [M]. 北京：机械工业出版社，2019.

[15] 陈文革. 无损检测原理及技术 [M]. 北京：冶金工业出版社，2019.

[16] 张小海，金信鸿. 无损检测专业英语 [M]. 北京：机械工业出版社，2014.

[17] 郑世才，王晓勇. 数字射线检测技术 [M]. 3版. 北京：机械工业出版社，2019.

[18] 王建华，李树轩. 射线成像检测 [M]. 北京：机械工业出版社，2018.

[19] 范弘. 金属材料的涡流检测 [M]. 北京：中国科学技术出版社，2006.

[20] 康宜华，武新军. 数字化磁性无损检测技术 [M]. 北京：机械工业出版社，2007.

[21] 任吉林，林俊明. 电磁无损检测 [M]. 北京：科学出版社，2008.

[22] 国防科技工业无损检测教材编委会. 声发射检测 [M]. 北京：机械工业出版社，2015.

[23] 国防科技工业无损检测教材编委会. 超声检测 [M]. 北京：机械工业出版社，2015.

[24] 国防科技工业无损检测教材编委会. 涡流检测 [M]. 北京：机械工业出版社，2014.

[25] 国防科技工业无损检测教材编委会. 磁粉检测 [M]. 北京：机械工业出版社，2015.

[26] 国防科技工业无损检测教材编委会. 无损检测综合知识 [M]. 北京：机械工业出版社，2018.

[27] 耿荣生，景鹏. 绿色无损检测：NDT技术的未来发展之路 [J]. 无损检测，2011，33（9）：1-7.

[28] 王爱珍. 工程材料及成形工艺 [M]. 5版. 北京：机械工业出版社，2014.

[29] 张力重，杜新宇. 图解金工实训 [M]. 2版. 武汉：华中科技大学出版社，2014.

[30] 王仲生，万小朋. 无损检测诊断现场实用技术 [M]. 北京：机械工业出版社，2000.

[31] 中国机械工程学会无损检测分会. 射线检测 [M]. 北京：机械工业出版社，2014.

[32] 唐超群. 现代物理测试技术 [M]. 武汉：华中理工大学出版社，2000.

[33] 美国无损检测学会. 美国无损检测手册：电磁卷 [M].《美国无损检测》译审委员会，译. 上海：上海世界图书出版公司，1999.

[34] 李科杰. 新编传感器技术手册 [M]. 北京：国防工业出版社，2002.

[35] 林玉池，曾周末. 现代传感技术与系统 [M]. 北京：机械工业出版社，2009.

[36] 周浩敏，钱政. 智能传感技术与系统 [M]. 北京：北京航空航天大学出版社，2008.

[37] 郑少强，张靖. 现代传感器技术：面向物联网应用 [M]. 2版. 北京：电子工业出版社，2016.

［38］董永贵．微型传感器［M］．北京：清华大学出版社，2007.

［39］万升云，贾敏．超声波检测技术及应用［M］．北京：机械工业出版社，2017.

［40］付亚波．无损检测实用教程［M］．北京：化学工业出版社，2018.

［41］胡学知．渗透检测［M］．2版．北京：中国劳动社会保障出版社，2007.

［42］李文峰，李淑颖，袁海润．现代显示技术及设备［M］．北京：清华大学大学出版社，2016.

［43］白培瑞，任延德，刘庆一．现代成像原理与技术［M］．北京：清华大学大学出版社，2023.

［44］王永红．自动检测技术与控制装置［M］．2版．北京：化学工业出版社，2020.

［45］郑中兴．材料无损检测与安全评估［M］．北京：中国标准出版社，2004.

［46］潘孟春，何赟泽，陈棣湘．涡流热成像检测技术［M］．北京：国防工业出版社，2013.

［47］钟义信．信息科学原理［M］．5版．北京：北京邮电大学出版社，2013.

［48］钟义信．智能科学技术导论［M］．北京：北京邮电大学出版社，2006.

［49］朱名铨，李晓莹，刘笃喜．机电工程智能检测技术与系统［M］．北京：高等教育出版社，2012.

［50］班华，李长友．运动控制系统［M］．2版．北京：电子工业出版社．2019.

［51］哈肯·基洛卡．工业运动控制：电机 驱动器 控制器［M］．尹泉，等译．北京：机械工业出版社，2020.

［52］龚仲华，杨红霞．机电一体化技术与系统［M］．2版．北京：人民邮电出版社．2017.

［53］蔡萍，赵辉．现代检测技术与系统［M］．北京：高等教育出版社，2002.

［54］陈曾汉，刘明白，赵志强，等．工业PC及测控系统［M］．北京：机械工业出版社，2004.

［55］李杰，徐允谦．PLC在钢管自动超声探伤系统的应用［J］．新技术新工艺，2002，3：4-6.

［56］李杰，侯志坚．无损检测仪器的智能化和设备的自动化［J］．冶金分析，2004，24：50-53.

［57］何宾．STC单片机原理及应用——从器件到系统的分析和设计［M］．北京：清华大学出版社，2015.

［58］刘燕德．无损智能检测技术及应用［M］．武汉：华中科技大学出版社，2007.

［59］工控帮教研组．机器视觉原理与案例详解［M］．北京：电子工业出版社．2020.

［60］Lin J M, Li H L, Zhao J C. Study on dynamic monitoring technology of aero-engine blade［C］. 9th international Symposium on NDT in Aerospace, Xiamen, 2017：32-37.

［61］Yang J W, Jiao S N, Zeng Z W, et al. Skin effect in eddy current testing with bobbin coil and encircling coil［J］. Progress in Electromagnetics Research, 2018, 65（4）：137-150.

［62］Zeng Z W, Li Y S, Huang L, et al. Frequency-domain defect characterization in pulsed eddy current testing［J］. Int. J. Appl. Electrom., 2014, 45（1/2/3/4）：621-625.

［63］陈孝文，张德芬，周培山．无损检测［M］．北京：石油工业出版社，2020.

［64］李杰．无损检测概论［M］．北京：北京科技大学印刷厂，2020.

［65］李喜孟．无损检测［M］．北京：机械工业出版社，2012.

［66］生利英．超声波检测技术［M］．北京：化学工业出版社，2014.

［67］孙金立．无损检测及其航空维修中的应用［M］．北京：国防工业出版社，2004.

［68］张广纯，陈玉金，杨学智．金属材料的超声波探伤［M］．北京：冶金无损检测鉴委会，2008.

［69］蒋危平，方京．超声检测学［M］．武汉：武汉测绘科技大学出版社，1995.

［70］任吉林，林俊明，高春法．电磁检测［M］．机械工业出版社，2010.

［71］陶旺斌，周在杞．电磁检测［M］．北京：航空工业出版社，1995.

［72］李杰．电磁检测概论［M］．北京：北京科技大学印刷厂，2005.

［73］刘卓然．漏磁检测［M］．北京：中国科学技术出版社，2007.

[74] 郑晖，林树青. 超声检测 [M]. 2版. 北京：中国劳动社会保障出版社，2008.

[75] 黄松岭. 电磁无损检测新技术 [M]. 北京：清华大学出版社，2014.

[76] 沈建中，林俊明. 现代复合材料的无损检测技术 [M]. 北京：国防工业出版社，2016.

[77] 史亦韦，梁菁，何方成. 航空材料与制件无损检测技术新进展 [M]. 北京：国防工业出版社，2012.

[78] 武新军，张卿，沈功田. 脉冲涡流无损检测技术综述 [J]. 仪器仪表学报，2016，37（8）：1698-1712.

[79] 胡美些. 金属材料检测技术 [M]. 北京：机械工业出版社，2011.

[80] Feng, F, Lin, S. The band gaps of lamp waves in a ribbed plate：A semi-analytical calculation approach [J]. Journal of Sound and Vibration, 2014, 333（1）：124-131.

[81] Klysz G, Ferrieres X, Balayssac J P, et al. Simulation of direct wave propagation by numerical FDTD for a GPR coupled antenna [J]. NDT&E International. 2006, 39：338-347.

[82] Bernard H, Michel C. FE modeling of Lamb mode diffraction by defects in anisotropic viscoelastic plates [J]. NDT&E International, 2006, 39：195-204.

[83] 李杰，陈映宣. 微波传输线法快速测定物料水分 [J]. 北京科技大学学报，2001，12：21-24.

[84] 刘永成，李杰. 复介电常数在水土污染监测中的应用研究 [J]. 环境科学与技术，2006，29（8）：34-36.

[85] 程路，李杰. 金属磁记忆检测技术的研究现状与展望 [J]. 冶金分析，2010，30（9）：45-47.

[86] 高庆敏，丁红胜，刘波. 金属磁记忆信号的有限元模拟与影响因素 [J]. 无损检测，2015，37（6）：86-91.

[87] Li X M, Ding H S. Research on the stress-magnetism effect of ferromagnetic materials based on three-dimensional magnetic flux leakage testing [J]. NDT&E International, 2014, 62：50-54.

[88] 胡磊，丁红胜，潘礼庆. PD3型高铁钢轨力磁效应的有限元模拟 [J]. 无损检测，2014，36（3）：25-29.

[89] 李晓萌，丁红胜，郭国明，等. Q235钢力-磁效应的数值模拟研究 [J]. 测试技术学报，2013，27（2）：168-173.

[90] 郭国明，丁红胜，谭恒，等. 铁磁性材料的力磁效应机理探讨与实验研究 [J]. 测试技术学报，2012，26（5）：369-376.

[91] 张波，吕广炎，陈小丽，等. 用于实验室环境磁场检测的高灵敏度GMI磁传感器研制 [J]. 实验技术与管理，2022，39（11）：111-116.

[92] 张波，胡成浩，孙哲，等. 实验环境中主动消磁器的研究与设计 [J]. 实验技术与管理，2020，37（5）：116-119.

[93] 陈小丽，张波，李杰，等. 非接触电感式角位移传感器的设计与校准 [J]. 仪器仪表学报，2022：43（2）：36-42.

[94] 张波，李杨，陈小丽，等. 用于伺服定位实验系统的高精度磁编码器设计与研制 [J]. 实验技术与管理，2021，38（10）：183-192.

[95] 张波，陈小丽，郭赫男，等. 可寄生式双极电感绝对角度传感器研究 [J]. 电子与信息学报，2023，45（6）：1944-1951.

[96] 沈功田，王尊祥. 红外检测技术的研究和发展现状 [J]. 无损检测，2020，42（4）：1-5.

[97] 沈功田，戴光，刘时风. 中国声发射检测技术发展：学会成立25周年纪念 [J]. 无损检测，2013，

35（6）：302-307.

[98] 沈建中. 超声智能化检测与评估 [R]. 上海：年会，2018.

[99] 梁世蒙，高海良，赵广波. 数字化射线检测技术在船舶领域的应用 [J]. 无损检测，2020，42（2）：25-29.

[100] 王应焘，李彦军，芮执元. 超声检测缺陷三维成像技术 [J]. 无损检测，2019，41（12）：7-10.

[101] 章东，桂杰，周哲海. 超声相控阵全聚焦无损检测技术概述 [J]. 声学技术，2018，37（4）：320-325.

[102] 姚君，刘光磊，张伟. 大口径管材在线相控阵超声探伤的工艺设计 [J]. 物理测试，2017，35（3）：35-38.

附录 A　国际单位制

附表 A1　国际单位制的基本单位

量的名称	单位名称	英文	单位符号
长度	米	Meter	m
质量	千克	Kilogram	kg
时间	秒	Second	s
电流	安［培］	Ampere	A
热力学温度	开［尔文］	Kelvin	K
物质的量	摩［尔］	Mole	mol
发光强度	坎［德拉］	Candela	cd

附表 A2　国际单位制的辅助单位

量的名称	单位名称	英文	单位符号
平面角	弧度	Radian	rad
立体角	球面度	Steradian	sr

附表 A3　国际单位制中具有专门名称的导出单位

量的名称	单位名称	英文	单位符号	其他形式
频率	赫［兹］	Hertz	Hz	s^{-1}
力，重力	牛［顿］	Newton	N	$kg \cdot m/s^2$
压强，应力	帕［斯卡］	Pascal	Pa	N/m^2
能量，热量，功	焦［耳］	Joule	J	$N \cdot m$
功率，辐射通量	瓦［特］	Watt	W	J/s
电量，电荷	库［伦］	Coulomb	C	$A \cdot s$
电位，电压，电势，电动势	伏［特］	Volt	V	W/A
电容	法［拉］	Farad	F	C/V
电阻	欧［姆］	Ohm	Ω	V/A
电导	西［门子］	Siemens	S	A/V

量的名称	单位名称	英　文	单位符号	其他形式
磁通量	韦［伯］	Weber	Wb	$V \cdot s$
磁感应强度，磁通密度	特［斯拉］	Tesla	T	Wb/m^2
电感	亨［利］	Henry	H	Wb/A
摄氏温度	摄氏度	Celsius degree	℃	—
光通量	流［明］	Lumen	lm	$cd \cdot sr$
光照度	勒［克斯］	Lux	lx	lm/m^2
放射性活度	贝可［勒尔］	Becquerel	Bq	s^{-1}
吸收剂量	戈［瑞］	Gray	Gy	J/kg
剂量当量	希［沃特］	Sievert	Sv	J/kg

附录 B 无损检测专业网址

1. 中国无损检测学会网 http://www.chsndt.com
2. 中国无损检测资讯网 http://www.ndtinfo.net
3. 中国无损检测标准网 http://www.chinandt.org
4. 中国材料与测试网 http://www.mat-test.com.cn
5. 中国特种检验网 http://www.tejian.org
6. 国防科技工业无损检测信息网 http://www.dindt.com.cn
7. 中国金属学会冶金无损检测网 http://www.yjndt.org.cn
8. 国际无损检测委员会（ICNDT）http://www.icndt.org
9. 国际标准化组织（ISO）http://www.iso.org
10. 欧洲无损检测联盟（EFNDT）http://www.efndt.org
11. 美国无损检测学会（ASNT）http://www.asnt.org
12. 美国材料试验学会（ASTM）http://www.astm.org
13. 美国机械工程师学会（ASME）http://www.asme.org
14. 美国无损检测在线 http://www.ndt.org
15. 英国无损检测学会（BINDE）http://www.bindt.org
16. 德国无损检测学会（DGZFP）http://www.dgzfp.de
17. 法国无损检测学会（COFREND）http://www.cofrend.corn
18. 俄罗斯无损检测与技术诊断学会 http://www.rsnttd.ru
19. 日本无损检测学会（JSNDI）http://www.soc.nii.ac.jp
20. 加拿大无损检测学会（CINDE）http://www.csndt.org